国家科学技术学术著作出版基金资助出版

电磁波时程精细积分法

马西奎 等 著

科学出版社

北 京

内 容 简 介

本书系统地总结了作者及其学术团队20余年来对电磁波时程精细积分法的科学研究成果,使读者在阅读本书以后能具备用电磁波时程精细积分法处理实际问题的必要知识,掌握计算机编程的明确途径。本书共9章。第1章简要介绍计算电磁学的产生和意义,以及几种重要的电磁场数值计算方法。第2章介绍瞬态微分方程问题的时程精细积分法。第3章介绍基于2阶空间中心差分格式的电磁波时程精细积分法。第4章介绍瞬态涡流场分析中的时程精细积分法。第5章介绍基于4阶空间中心差分格式的电磁波时程精细积分法。第6章介绍电磁波时程精细积分法应用中的子域技术。第7章介绍小波Galerkin电磁波时程精细积分法。第8章介绍广义小波Galerkin电磁波时程精细积分法。第9章介绍柱坐标系中的电磁波时程精细积分法。

本书可供在计算电磁学、电磁场理论、电磁场工程等领域从事科学研究和开发工作的科技人员参考,也可作为高等学校相关专业高年级本科生和研究生的教学参考书。

图书在版编目(CIP)数据

电磁波时程精细积分法/马西奎等著. —北京:科学出版社,2015.6
ISBN 978-7-03-044436-3

Ⅰ. ①电… Ⅱ. ①马… Ⅲ. ①电磁波－积分法 Ⅳ. ①O441.4

中国版本图书馆 CIP 数据核字(2015)第 114191 号

责任编辑:耿建业 陈构洪 高慧元 / 责任校对:桂伟利
责任印制:徐晓晨 / 封面设计:耕者设计工作室

科学出版社 出版
北京东黄城根北街 16 号
邮政编码:100717
http://www.sciencep.com

北京京华虎彩印刷有限公司 印刷
科学出版社发行 各地新华书店经销

*

2015 年 6 月第 一 版 开本:720×1 000 1/16
2018 年 1 月第三次印刷 印张:17
字数:323 000
定价:96.00 元
(如有印装质量问题,我社负责调换)

本书撰写人员

马西奎　西安交通大学

白仲明　西北民族大学

赵鑫泰　东南大学

孙　刚　西安高压电器研究院有限责任公司

前　　言

　　电磁场理论及其应用的发展与数学物理方程的发展是并行的、不可分割的过程。早在 1873 年，电磁场基本方程就由 Maxwell 建立起来。从物理角度来说，Maxwell 方程定义了所有可能知道的一切。因此，普经出现过这样一种说法：作为一门学科，电磁学已经完全"结束"了。但是，我确言电磁学的发展还远未"结束"。实际上，对于一个工程电磁场问题，若找不出 Maxwell 方程在给定条件下的解答，问题还是不能解决。电磁场的分析与计算是电磁场理论应用中的重要课题之一。在电气设备绝缘设计、放电现象分析、电子透镜设计、雷达技术、微波和天线技术、电波传播、光纤通信、电磁探测、电磁成像、电磁兼容等领域中，都需要应用电磁场的分析与计算。在这些领域中，如果没有电磁场计算，其他分析计算几乎都不能进行，而且决定结构形状和大小设计的大部分工作都是通过电磁场计算来进行的。换句话说，求解是通向应用的必经之路，对于 Maxwell 方程在给定条件下的求解方法至今尚需研究和发展，也是当前艰巨的任务。

　　在一些简单的情况下，例如，区域的边界面与坐标面相重合的情况，可以用解析方法精确地求解电磁场问题。解析法是计算机问世之前被使用的唯一求解方法，但它能够求解的问题十分有限。今天，以电磁场理论为基础，以计算机为工具和以高性能科学计算技术为手段，运用计算数学提供的各种方法，在电磁场与微波技术学科中诞生了一门解决复杂电磁场理论和工程问题的应用科学——计算电磁学。或者可以这样说，用计算数学的方法求解电磁场问题就称为计算电磁学。随着计算电磁学的建立和发展，已经提出求解电磁场基本方程的许多有意义的数值解法，它们已经成为解决复杂工程电磁场问题不可缺少的重要工具，已经不是配角而是主角，极大地推动了电磁场理论应用的发展。很多无法直接通过理论分析或者通过实验手段来得到结果的实际工程问题，往往可以通过采用数值计算方法来得到符合工程精度的解答。不仅如此，它甚至给某些领域的设计方法和分析计算方法带来了革命性的变革。理论分析方法、实验方法和数值计算方法已经成为当代电磁场工程领域的三大支柱，满足高性能科学计算的各种电磁场数值计算方法的研究已经成为当前电磁场理论及其应用发展的一个重要方向。随着电磁场理论的广泛应用和计算机技术的发展，各种电磁场数值计算方法的研究也在不断地深入。

　　耦合问题、逆问题、瞬态问题和非线性问题都代表了电磁场数值分析研究的前沿课题。就计算电磁学发展的实际情况来看，在静态电磁场和稳态电磁场分析计算取得巨大成果的形势下，目前瞬态电磁场问题（尤其是特快速电磁瞬态过程）已自然地被推到了前台。实现瞬态电磁场的高精度、稳定和快速计算无疑是一个引人注目的课题，也是颇具挑战性的难题。例如，只有应用计算电磁学进行严格的电磁仿真分析，来预测超高速窄脉冲信号在复杂互连封装系统中的传输结果，才可以为超高速集成电路的高密度封装、高可靠度互连提供理论依据和设计参数。再如，为在相同的绕组和电流的情况下获得更大的磁能，电工设备中大量地使用了铁磁材料，在设计中就需要对其中的电磁场瞬态变化过程进行计算，从而准确地估计涡流的大小。当前熟知的瞬态电磁场求解算法是时间差分法（如中心差分法、Newmark 法等）。例如，K. S. Yee 于 1966 年提出的时域有限差分法自 20 世纪 80 年代后期备受人们的青睐，被列为重要的时域电磁场数值方法之一，它在各个领域中的应用尤为突出。国际学术界对时域有限差分法的理论、计算技术以及应用都做了大量的工作。

时域有限差分法以 Yee 元胞为空间离散单元，首先对时间和空间偏微分算子均采用差分算子近似，将两个旋度 Maxwell 方程转化为差分方程，然后在时间轴上逐步推进地计算，就可以方便地给出电磁场随时间推进的时间演化过程。实质上，时域有限差分法是在计算机所能提供的离散数值时空中仿真再现电磁现象发生的物理过程，容易可视化。Yee 元胞反映了现实世界中电场和磁场互为因果的物理本质，符合电磁波在空间传播的规律性。以它为基础编写的计算程序，对解决几乎所有的电磁问题具有通用性。但是，时域有限差分法的最大缺陷是，将微分算子转化为差分算子而带来了稳定性与计算精度的问题。采用并论述瞬态电磁场问题 FDTD 解的文章数以千计，总得涉及此问题，这就限制了时域有限差分法的应用。例如，对弯曲表面或倾斜表面的阶梯近似所引起的误差是由最大网格尺寸决定的，但是为了缩小网格尺寸却必须使用很小的时间步长，从而导致数值色散误差积累会随计算时间增加而变得不容忽略。对于电大目标电磁问题，减小网格是不现实的，否则会由于计算时间长和成本高，使得时域有限差分法的使用更困难。对于具有局部细微结构的电磁问题，由于目标离散精度的要求，网格应当足够小以便能精确模拟目标几何形状和电磁参数，因此时域有限差分法的计算效率可能很低。期望的算法是既具有隐式差分格式的无条件稳定性又具备显式差分格式计算相对简单的优点。1999 年，T. Namiki 提出了著名的交变隐式差分方向方法，具备了期望的特性。然而，其计算精度明显地低于时域有限差分法，采用交变隐式差分方向方法的难点在于缺乏高效、准确的人工边界条件，以及 PML 边界条件难以纳入这一算法；另一方面，增大的数值色散误差和附加的截断误差也都是交变隐式差分方向方法在应用中的主要困难。

不难看出，时域有限差分法是将偏微分方程直接转化为代数方程来近似原问题的解，它实质上是一种面向代数方程的求解方法。然而，在偏微分方程和全离散后的代数方程之间，存在着一类半解析半离散的常微分方程。例如，Kantorovich 半解析法，这类方法可以归类为面向常微的方法，即以常微分方程解来近似偏微分方程解的方法，它比面向代数方程的方法在求解方式上高一个层次，也更接近于原工程问题的偏微分方程模型。回顾近 30 年来计算电磁学的蓬勃发展，发现人们的研究有所偏废，往往忽视了充分发挥近百年来已打下坚实基础的解析法在解决电磁场问题中所应有的作用。

虽然纯解析法能解决的问题范围有限已是不争的事实，但能否利用它来弥补纯数值解法的不足呢？实际上，解析法和数值法的结合——半解析数值方法正是解决问题的有效途径。它至少可以借用部分解析研究成果以减少纯数值方法的计算工作量。

基于上述思想，马西奎等在开展瞬态电磁场问题分析的半解析数值方法研究中，提出了面向常微求解瞬态电磁场问题的一种半解析数值方法——电磁波时程精细积分法。它对两个旋度 Maxwell 方程只在空间中进行差分离散，但保留时间微分算子，从而建立起对时间的常微分方程组，然后采用钟万勰院士在计算力学领域中所提出的计算矩阵指数的精细积分法进行时程积分求解。这是一种面向常微的半解析数值方法，它放弃了通常对时间坐标的差分离散，而是利用精细算法能够在计算机字长范围内精确计算矩阵指数的特点，可在计算机上得到对于时间的常微分方程组事实上的精确解。这种方法不仅可以将时程积分的计算精度大幅度提高，并且稳定性好，其稳定性判据是时域有限差分法稳定性判据的 2^N 倍（一般取 $N = 20$），要远远比时域有限差分方法的 CFL 条件宽松得多。特别是，它解决了时间差分方法难于处理的长时间过渡问题以及计算误差随计算时间增长而急剧增加的问题。在电磁波时程精细积分法的应用中，就允许时间步长的选择来说只需考虑精度的要求而几乎不用受稳定性评估的约束，可以采用很大的时间步长来进行计算，大的时间步长可以缩短计算的时间和提高计算效率。还有，时程精细积分方法的数值色散特性完全不受时间步长取值的影响。电磁波时程精细积分方法创立的一个重要意义是改变了目前大多数现存时域方法中以求解差分方程为基本手段的现状，不仅由差分方程的求解上升到常微分方程的求解这一更高档次的计算平台，而且更接近于原求解问题的理论模型。电磁波时程精细积分法在各个领域中已经有了很多成功的应用，具有良好的发展前景。它不仅为工程电磁场问题分析开辟了一条新的途径，也符合现代计算电磁学的发展趋势——主要体现在对各种快速算法的研究上，将对其发展起到积极的推动作用，给学科的发展增添活力。

时程精细积分法在电磁波问题分析中应用的初期研究是在 20 世纪 90 年代。迄今为止，由西安交通大学马西奎教授领导的科研小组对电磁波时程精细积分法的基本理论、实施方法及其应用进行了系统深入的研究。在开展电磁波时程精细积分法的研究过程中，先后有六位博士生和两位硕士生参加了这一课题的研究。以获得博士学位或硕士学位的先后时间为序，他们分别是赵进全博士、唐旻硕士、杨梅硕士、赵鑫泰博士、白仲明博士和孙刚博士。还有正在攻读博士学位的刘琦和康祯。他们是完成这一课题研究工作的生力军，作出了创造性贡献，并在国内外学术期刊上发表了一系列论文。这些研究成果既为面向常微的电磁波时程精细积分法建立了稳定性分析和误差估计的理论体系，也为用有限常微分方程组的解任意逼近偏微分方程的解及其推广应用奠定了理论和技术基础。本书实际上就是我们就这一课题研究成果进行的系统总结。本书试图详细介绍电磁波时程精细积分法的基本内容，使读者在阅读本书以后能具备用电磁波时程精细积分法处理实际问题的能力，掌握计算机编程的明确途径。

在开展电磁波时程精细积分法这一课题的研究过程中，先后得到了国家自然科学基金、教育部高等学校博士学科点专项科研基金和教育部高等学校骨干教师资助计划的资助；本书的出版得到了 2014 年度国家科学技术学术著作出版基金的资助；本书在编写和出版过程中也得到了西安交通大学电气工程学院、电力设备电气绝缘国家重点实验室以及科学出版社的大力支持，我们在此一并表示衷心的感谢。

　　马西奎、白仲明、赵鑫泰和孙刚参加了本书的撰写工作。

　　本书的出版与作者课题组多年来的科研工作是密不可分的，在此向为本书所包括的研究成果作出宝贵贡献的研究生表示感谢。同时感谢所有协助本书出版的人们。特别是，我要感谢有一个耐心和支持我工作的家庭，感谢我的妻子丁西亚教授和我的女儿马丁，她们在我多年的教学和科研工作中给予了许多理解和默默的支持。

　　限于我们的学识水平，虽然数易其稿，书中可能会有不足和疏漏，热忱欢迎各位提出宝贵意见。

马西奎

2014 年 10 月

于西安交通大学

目　　录

第1章 绪 论

在本章中，首先概述了科学计算的作用和追求的目标，计算电磁学的产生和意义。其次，简要介绍了计算电磁学中几种重要的电磁场数值计算方法。最后，比较详细地介绍了时程精细积分法的研究现状和存在问题。

1.1 计算电磁学的产生和意义

1.1.1 科学计算的作用和追求的目标

实验是一切科学知识和真理的试金石和唯一鉴定者。但是知识的源泉是什么？又是从哪里产生了那些需要检验的定律？从某种意义说，实验为我们提供了种种线索而促成了这些定律的产生。然而，要从这些线索中作出有价值的判断而得到几条新定律，却需要完成想象、猜测、推演和论证这一系列理论分析工作，并最终得到实验的鉴定。这已足以说明理论分析与科学实验有着内在的联系。实验需要理论的指导，理论却反过来需要实验的验证。理论分析与科学实验早已是人们进行研究工作的两种科学研究方法和手段。在电子计算机广泛应用的今天，科学计算也已成为另一种科学研究方法。长久以来，计算仅被看做一种为了尽可能正确地进行定量分析的手段，只是在数值计算方法与计算机技术结合后，才使它在科学研究中成为一个十分重要的武器。现代科学研究与工程设计向我们提出了越来越多的复杂问题，这些问题的解决几乎都离不开近似解，科学计算已成为一个不可缺少的有力工具。

与理论分析和科学实验一样，科学计算今天也已成为现代科学研究所采用的基本方法和手段之一。科学研究工作的早期发展与理论分析和科学实验都是分不开的。今天，理论分析、科学实验和科学计算三者之间已呈现出互相联系、互相依赖和互相推动的发展趋势。对于理论模型十分复杂的问题，科学计算可以为理论分析提供进行复杂的数值及解析运算的方法、手段和计算结果；而对于实验费用十分昂贵甚至根本无法进行的实验，科学计算却可以获得由实验很难得到甚至根本得不到的数值模拟和动态显示的科学结果[1]。反过来，理论分析的研究也为科学计算研究提供了基本的理论依据和数学方程，进而验证其计算结果；科学实验也为之提供实验结果，以验证其计算结果的正确性。历史的发展已经表明，科学计算对于任何一门科学理论发展的影响和工程问题的解决绝不仅仅是提供了一个计算工具，而是为其研究开辟了一条新的途径。

科学计算追求的目标是高性能科学计算技术，它通常包含科学的建模、精密的参数、高效良好的算法以及高性能计算机,是一种综合的能力[2, 3]。随着国家经济、国防建设和科学技术的不断发展和国际竞争的日益激烈,越来越多的行业和领域意识到了高性能科学计算的重要性。许多国家投入大量的资金和人力用于加强对高性能计算的研究和开发。目前,高性能科学计算已经渗透到原子能、航空、航天、激光、气象、石油、海洋、天文、地震、生物、材料、医药、化工等各个方面。例如,全球气候变化和天气预报、生物分子结构探索、湍流研究、新材料探索以及不少国防研究课题,都迫切需要高性能的科学计算[2~4]。可以这样说,定量化和精确化几乎是今天所有学科的发展趋势之一,从而在近 30 年来产生了诸如计算力学、计算物理、计算化学、计算生物学、计算气象学、计算材料学、计算传热学、计算流体力学和计算电磁学等一系列的计算性学科分支。

1.1.2　计算电磁学的产生及其重要性

电磁场理论及其应用的发展与数学物理方程的发展是并行的、不可分割的过程。早在 1873 年,电磁场基本方程就由 Maxwell 建立起来,但是在给定的条件下若找不出其解,问题还是不能解决。因此,求解是通向应用的必经之路,对于它的求解方法至今尚需研究和发展,也是当前艰巨的任务。解析法是计算机问世之前被使用的唯一求解方法,但它能够求解的问题十分有限。今天,以电磁场理论为基础,以计算机为工具和以高性能科学计算技术为手段,运用计算数学提供的各种方法,在电磁场与微波技术学科中诞生出了一门解决复杂电磁场理论和工程问题的应用科学——计算电磁学(computational electromagnetics)[1~3, 5, 6]。或者可以这样说,用计算数学的方法求解电磁场问题就称为计算电磁学。

随着计算电磁学的建立和发展,已经提出求解电磁场基本方程的许多有意义的数值解法,列如,矩量法(method of moment,MoM)、有限差分法(finite difference method,FDM)、有限元法(finite element method,FEM)、边界元法(boundary element method,BEM)、有限体积法(finite volume method,FVM)、模拟电荷法(charge simulation method,CSM)、等效源法(equivalent source method,ESM)、时域有限差分法(finite difference time-domain method,FDTD)等。特别是有限元法和时域有限差分法以其灵活性和通用性强、解题能力广等优点而受到普遍欢迎。目前,电磁场数值计算方法的研究及其应用已深入到高电压设备的绝缘设计、放电现象的分析、电子透镜的设计、雷达技术、微波和天线技术、电波传播、光纤通信、电磁探测、电磁成像、电磁兼容等领域。在这些领域中,如果没有电磁场计算,几乎任何分析计算都不能进行,而且决定结构形状和大小的设计的大部分工作都是通过电磁场计算来进行的。只有依靠电磁场数值计算方法,这些复杂的电磁场计算问题才有可能得到解决。在这里,电磁场数值计算方法已经成为解决复杂电磁场工程问题的一种不可缺少的重要工具,已经不是配角,而是主角。很多无法直接通过理论分析或者通过实验手段来得到结果的实际工程问题,往往可以通过采用数值计算的方法来解决。不仅如此,它甚至给某些领域的设计方法和分析计算方法带来了革命性的变革。理论分析方法、实验方法和数值计算方法已经成为当代电磁场工程领域的三大支柱[1, 5~8]，满足高性能科学计算的各种电磁场数值计算方法的研究已经成为当前电磁场理论及其应用发展的一个重要方向。随着电磁场理论的广泛应用和计算机技术的发展，各种电磁场数值计算方法的研究也在不断地深入。

　　耦合问题（coupled problem）、逆问题（inverse problem）、瞬态问题和非线性问题都代表了电磁场数值分析研究的前沿课题。就计算电磁学建立和发展的实际情况来看，在静态电磁场和稳态电磁场分析计算取得巨大成果的形势下，目前，瞬态电磁场问题（尤其是特快速电磁瞬态过程）已自然地被推到了前台。实现瞬态电磁场的高精度、稳定和快速计算无疑是一个引人注目的课题，也是颇具挑战性的难题。例如，专家指出，封装和互连设计作为信息高速公路建设重要基础之一的超高速集成电路研制中的一项关键技术，其实现强烈地影响着超高速集成电路系统速度的提高。只有应用计算电磁学进行严格的电磁仿真分析，来预测超高速窄脉冲信号在复杂互连封装系统中的传输结果，才可以为超高速集成电路的高密度封装、高可靠度互连提供理论依据和设计参数[1]。再如，为在相同的绕组和电流的情况下获得更大的磁能，在电工设备中大量地使用了铁磁材料，而铁磁材料中的涡流不仅使得其内部的磁场不能迅速增加或减小，同时会产生损耗，导致效率减低。因此，在设计电磁器件及装备时，需要对其中的电磁场瞬态变化过程进行计算，从而准确地估计涡流的大小[9, 10]。

1.2　几种重要的电磁场数值计算方法

　　计算电磁学乃是利用数值方法把连续变量函数离散化，把微分方程化为差分方程，或把积分方程化为有限和的形式，从而建立起收敛的代数方程组，然后分别利用计算机进行求解。综观目前电磁场数值分析中常用的各种方法，如矩量法、有限元法、边界元法、有限差分法、时域有限差分法等几种重要的电磁场数值计算方法，都是想方设法将问题转化为代数问题，以代数方程的解答来近似原问题的解答。因此从共性上来讲，目前的绝大多数方法都是面向"代数方程"的求解方法[11]。在这些方法中，两项普通而又关键的技术，即微分/积分方程的空间离散和时间离散，以及代数方程组的计算机解的应用，使得它们得到了革命性的推动与发展。

　　由于任何方法的优越性都是相对的，所以对于一个具体的问题，选择哪种数值计算方法就变成了一个很重要的问题。初始选择一般依据待解问题的结构，通过几方面性能（计算的难易、计算效率、计算成本、结果的精度、存储要求、多功能性等）进行比较后来决定。算法选取的好坏是影响到能否计算出结果、精度的高低或计算量大小的关键。一般来说，利用计算机进行求解之前，数值方法都需要进行解析预处理。预处理工作量越少，该方法实现起来就越容易。在本节中，将简要介绍电磁场数值计算中广泛应用的矩量法、有限元法、边界元法和时域有限差分法等几种重要的方法。

1.2.1 矩量法

矩量法[12]是由 Harrington 于 1968 年提出的一种求解泛函方程问题的普遍方法。它既适用于求解微分方程，又适用于求解积分方程。其核心思想是先用预先选取的一组基函数的线性组合来表示待求函数并将其代入待求函数所满足的算子方程，然后再用一组选定的权函数对所得的方程采用加权余量方法进行加权平均，从而将需要求解的算子方程转换为一组线性代数方程组，最后就是通过利用计算机对该线性代数方程组的求解来得到其数值解。

目前，矩量法大都用来求解积分方程，已成功地用于人们感兴趣的电磁问题，例如，静电场和静磁场计算问题、天线和天线阵的辐射特性确定问题、二维和三维散射计算问题、微波结构特性确定问题、微带贴片天线分析问题、电磁波传播及人体电磁吸收等。对电小尺寸问题，矩量法非常有效，其计算结果也很精确。但对电大尺寸问题，由于求解问题被转化为含有很多个未知量的线性代数方程组，通常需要大量的数值计算，一般的计算机难以完成计算任务。必须指出的是，对于积分方程问题的求解，采用矩量法离散后的代数方程组的系数矩阵通常为满矩阵；对于微分方程问题的求解，采用矩量法离散后的代数方程组的系数矩阵通常为大型病态稀疏矩阵。无论满矩阵还是大型病态稀疏矩阵的快速计算，其所需的计算机硬件速度、内存容量与计算工作量都浩大惊人，造成理论上矩量法都能解决，而实际上由于经费、计算机条件所限，在工程上又难以实现的状态。可以说，计算电磁学中有关矩量法研究的很多工作都是为了克服这一困难的，如何在建模时就采用快速算法模型和对矩阵进行快速计算一直都是人们努力的方向。

人们认识到，基函数和权函数对于算子方程离散化后得到的代数方程组的系数矩阵的性质起着决定性的作用。近年来，小波基函数和样条基函数已被成功地应用到矩量法中作为基函数[1]。例如，由于小波具有局部化、正负对消和多分辨率特性，使得矩量法所得系数矩阵中离开对角线距离较远的非对角元素的值迅速减小，系数矩阵可以化为准对角矩阵，在一定程度上克服了传统矩量法的缺点。此外，在代数方程组的计算机求解方面，提出了区域分解快速算法、快速多重多极子算法、共轭梯度算法等。

1.2.2 有限元法

有限元法是求微分方程边值问题近似解的一种极为有效的数值计算方法。应该指出，数学家、物理学家和工程师分别独立地创立了这个重要的方法。这种方法最早见于数学家柯朗（Courant）1943 年的一篇论文[13]。他在这篇文章中，首次使用一组"三角形元素"来求解力学中的一个扭转问题。但在当时人们并没有重视这一思想和意识到这一方法的应用前景。只是在过了大约 10 年后，才有人做过类似的工作。到了 20世纪 50 年代，首先在力学领域中开始把有限元法用于飞机的设计。后来，该方法在理论上和应用方面都得到了快速的发展，应用范围越来越广泛。目前，有限元法已广泛应用于物理学、化学工程、固体力学、材料力学、流体力学、结构分析、热传导、电磁场与电磁波、等离子体力学和其他工程科学中。1970 年，Silvester 等合作把有限元法引入到电磁场边值问题的数值计算中[14]，这是电磁场数值计算方法研究中的一个重要转折点。有限元法以其灵活性和通用性强、解题能力广等优点而在电磁场工程领域受到了普遍欢迎，其研究和应用取得了巨大进展和丰硕的成果。

有限元法有两种经典方法，一种是基于里茨（Ritz）变分法，另一种是基于伽辽金（Galerkin）方法，它们构成了现代有限元法的理论基础[6]。一般来说，有限元法在电磁场工程领域中的应用在理论上以变分原理为基础，在具体方法上则利用网格单元离散处理的思想。首先把要求解的微分方程边值问题化为等价的泛函求极值的变分问题，然后将场域划分为有限个小的单元。这样，便将变分问题近似转化为有限子空间中的多元函数求极值问题，最终变成一组代数方程求解，从而把其解作为所求原微分方程边值问题的近似解。由于采用灵活的网格单元剖分，有限元法十分适用于复杂结构、复杂边界情况的电磁场边值问题；由于采用分片插值基函数，其系数矩阵具有十分稀疏的特点，从而降低了对计算机内存的要求。有限元法计算的各个环节易于标准化，非常适合于编程计算，可以编写出能够处理任意边界和许多不同问题的通用有限元法计算程序。不少成熟的电磁场分析软件已经商品化，资源相对较多，应用起来也很方便。

但是，随着对有限元法的研究，特别是在工程上实际应用的深入，一些问题也随之出现。例如，当用节点基单元来表示矢量电场和矢量磁场时，可能会遇到由于未强加散度条件而引起的非物理的或所谓的伪解的出现、在媒质分界面和导体表面强加边界条件的不方便，以及由于与结构相关的场奇异性所造成的处理导体和介质边缘和角的困难等[6]。在这些问题中，由于缺少通用的处理方法，最后一个问题比其他两个问题更严重。幸运的是，一种使用所谓矢量基或矢量元的矢量有限元法（或棱边有限元法）已在 20 世纪 80 年代末 90 年代初被发现。它将自由度赋予棱边而不是单元节点，因此又称为棱边元（edge element）。正是这种新型单元的应用才使得有限元分析可直接用矢量电场和矢量磁场来表示，克服了传统有限元法的缺点，从而使电磁场有限元法的研究进入了新的时代。在过去的十几年中，已经开展了大量的研究和许多成功的应用，人们已经充分认识到了棱边元的重要性。

此外，求解精度与计算量之间的矛盾是制约着有限元法应用的一个瓶颈问题。在利用计算机计算三维问题和无界域问题时，这一矛盾表现得尤其突出。在天线辐射分析、散射特性分析、涡流分析、高压静电场计算等领域中经常会遇到开放的无限区域，计算这些问题通常是有限元法的难点之一，也一直是非常吸引人们去研究的课题[15]。至今已提出了很多种算法，包括有限元法-吸收（渐近）边界条件方法、有限元法-边界积分方法、有限元法-本征函数展开方法、有限元法-不变性测度方程方法等混合法。吸收（渐近）边界条件方法可以保证有限元矩阵的稀疏性，但缺点是计算区域太大。

边界积分方法和本征函数展开方法在大多数情况下都能够减少计算区域，但却会破坏有限元矩阵的稀疏性。虽然这些混合法都大大地推进了有限元法在无界域电磁场问题分析中的应用，但研究如何能够以比较低的计算成本来精确地对无界域问题进行有限元计算仍然具有十分重要的理论意义和应用价值。

最后，值得一提的是无单元法，它只需节点信息，不需单元信息，从而摆脱了单元的限制。对于诸如小气隙、薄板介质、运动线圈等特殊问题，有限元网格剖分困难，计算精度难以保证，无单元法却能作为有限元法一个有力的补充[16]。

总之，有限元法以其独特的优点，在稳态电磁场数值分析领域中越来越占据着主导地位。时至今日，有限元法在理论上也还在发展，其数值处理技术也在不断地提高。特别是新兴、交叉学科发展给电磁场有限元数值分析提出了许多新的要求，赋予了其很广阔的研究和应用前景。

1.2.3　边界元法

上面所讨论的矩量法和有限元法都可称为区域型方法。这些方法所选择的试探函数完全地或局部地满足问题的边界条件，而在所求解问题的区域中用这些试探函数去逼近区域内微分方程。对于非均匀介质或各向异性介质中的场以及某些非线性问题，应用有限元法都可以得到比较精确的数值计算结果。但是，真正要说有限元法是十全十美的以及可以运用于相当广阔的领域，这却是言过其实的。首先，有限元法作为一种区域型方法，它需要将区域离散化，导致需要组成复杂的数据结构以及求解大型代数方程组占用过多的机时问题等。特别是使用有限元法求解三维问题就更困难了。其次，对于无界域问题，由于计算域延拓至无穷时导致其上边界条件处理的困难，使得难以对有限元法计算结果的误差进行控制。在这种情况下，人们不断地寻求和发展新的方法：边界元法就是一种与有限元法这种区域型方法相对应的方法。边界元法是一种边界型方法，它所选择的试探函数满足区域内的微分方程，但并不满足边界条件，而后再用这些函数去逼近边界条件。

边界元法是由英国 Southampton 大学土木工程系于 20 世纪 70 年代首创的[17]。它可以理解成边界积分法和有限元法的混合技术，即将边界广义位移和广义力作为独立变量，且同时以满足场方程的奇异函数为加权函数，采用加权余量法把微分方程变成感兴趣边界上的积分方程，然后通过类似于有限元法中应用的离散化过程进行求解。不严格地说，边界元法就是解边界积分方程的有限元法。它把区域的边界分割成许多单元，像有限元那样选取在各个单元上的插值函数，可以具有各种形式。与以前的积分方程近似解法所采用的点匹配法不同，边界元法没有把独立变量集中到区域边界的许多点上，而现在没有这个限制，这一点是很重要的。

由于边界元法是把边界积分法与有限元法的离散方式相结合的计算方法，所以它兼备了这两种方法的优点。与有限元法相比较，边界元法的最大优点首先是它可以用做边界积分方程将问题的维数降低一维，可将原来三维的问题降为二维问题，原来二维的问题降为一维问题。其次，它只需在所研究区域的边界上离散化，而不像有限元法需将区域离散化，所划分的单元数目远少于有限元法，这就可以减少代数方程的数目和简化技术所需要的数据结构，大大节约计算机时以及克服对计算机内存容量的过高要求。这一点对二、三维问题更为显著。还有，由于使用了复杂的曲面边界单元，因此就能更好地吻合或描述区域的外边界表面。另外，由于它是直接建立在微分方程的基本解和边界条件的基础上，具有解析与离散相结合的特点，所以解的精度较高。同时，它不需要事先寻找任何泛函，对自伴算子问题和复杂的非自伴算子问题都可以应用。最后，边界元法还可以求解区域型方法所难于处理的无界域这一类的问题。基于这些优点，边界元法已经被广泛地应用于解决与各种工程有关的固体力学、断裂力学、材料力学、弹性力学、流体力学、土壤力学、电动力学、电磁波传播、电磁散射与绕射、天线辐射、港湾反响等方面的实际问题。将边界元法移植到电磁场领域则是20 世纪 80 年代的事，它已经深入到电磁场与电磁波的各个分支中，正在发挥着极大的作用。

当然，边界元法也有它的不足之处。例如：①离散化方程组的系数矩阵不是稀疏矩阵，且不对称，这样，一方面矩阵中的全部元素都需要由数值积分来求出，使得计算成本不能降得更低一些；另一方面，解的收敛性态不十分理想；②由于利用了自由空间的基本解，因此不适合于求解含有性质很复杂（如层状材料、非均匀材料、各向异性材料或非线性材料）媒质的边值问题，其难点在于求取相应的基本解；对于含有分片均匀媒质的边值问题也不很适用，用有限元法更合适；③如果需要求解区域内部多个点的场值，由于每次都要重新计算矩阵元素的值，使得计算显得烦琐；④难以编写出能够处理任意边界和许多不同问题的通用边界元法计算程序。

总之，有限元法和边界元法更像一对孪生子，它们各有优缺点，在解某些电磁场边值问题时，可以联合使用它们，发挥各自的优点，以提高解题效能。例如，对于某些特殊问题，其部分区域的特性适合于用有限元方式来表示，而剩余区域则用边界元法较好,这样使用有限元与边界元的组合方式比单独使用一种方法时计算效能要更高。目前，边界元法仍然受到人们的普遍重视并对它进行深入研究，在非线性问题、时变问题中的应用也都是重要的研究课题。

1.2.4 时域有限差分方法

在电磁场数值计算方法中，有限差分法是应用最早的一种经典方法。它在计算机出现之前就已被采用，可以追溯到高斯年代。它以概念简单、方法直观等特点而在电磁场数值计算领域中得到广泛的应用。虽然由于近代电子计算机速度快、储存量大，各种电磁场数值计算方法得到了飞速发展，但有限差分法以其固有的特点仍然是一种不容忽视的数值计算方法。例如，基于 Maxwell 旋度直接离散化为差分方程的时域有限差分法就是从传统有限差分法中脱颖而出的。时域有限差分法使电磁场数值计算从稳态问题发展到瞬态问题，已被广泛地应用于电波传播、辐射、散射等电磁波工程问题的数值计算中。

有限差分法的基本思想是把场域用网格来进行分割形成离散节点的集合，用离散的、只含有限个未知数的差分方程来近似代替具有连续变量的微分方程及其边界条件，并把相应差分方程的解作为原微分方程边值问题的近似解。借助于现代电子计算机，有限差分法对于许多问题都能够得到足够高精度的计算结果。但是当场域边界形状比较复杂或媒质分布复杂时，有限差分法的适应性较差，并且计算结果的误差也较大。近 20 多年来，以方法简明、部分结构与有限差分法相容、计算效率高、收敛快速等特点，多重网格法在电磁场有限差分解法中得到了应用，它为有限差分法的进一步发展和应用注入了活力[8]。就目前的应用情况来看，电磁场有限差分解法一般都是在频域中进行的。

上面介绍的矩量法、有限元法和边界元法一般都是用于计算电磁场频域问题，其局限性是不能直接得到电磁场量的时域波形。对于宽频问题，由于每一个扫频点都需要对问题求解一次，使得总的计算工作量相当巨大，有时甚至无法完成计算。为了解决这一问题，就需要在时域内对 Maxwell 方程直接求解，即建立电磁场时域计算方法。应用电磁场时域计算方法计算，在直接得到电磁场量的时域波形后，对时域波形进行 Fourier 变换分析也能得到所需要的频域信息。因此，对于宽频问题，应用时域方法只需对问题求解一次。

1966 年，Yee 首次提出了求解电磁场问题的时域有限差分方法的基本原理[18]。之后的 20 余年，它的研究进展十分缓慢，只是有很少的一些初步实际应用。到了 20 世纪 80 年代初，荷兰科学家 Mur 建立了吸收边界条件后[19]，这个方法才真正得到快速发展，才有可能解决实际工程问题。历经 30 余年的发展，以其简单直观的直接时域计算模式、宽广的适应性、经济的存储要求等特点，时域有限差分方法已成为几种重要的电磁场数值计算方法之一，备受人们的青睐。时域有限差分方法的应用范围已十分广泛，涉及电磁辐射、电波传播、电磁散射、电磁兼容、微波器件和导波结构、微波与毫米波集成电路、电磁封装、生物电磁效应、核电磁脉冲的传播和散射、微光学元器件中光的传播和衍射特性等[1, 5]。

时域有限差分方法是通过对时间和空间偏微分算子作有限差分近似来直接求解两个旋度 Maxwell 方程。它对电场分量 E 和磁场分量 H 采用在空间和时间上交替抽样的离散方式，每一个电场分量的周围围绕着四个磁场分量，而同时每一个磁场分量的周围也同样有四个电场分量围绕。在空间和时间上采用中心差分格式进行离散，将含有时间变量的两个旋度 Maxwell 方程离散化为一组差分方程，然后通过在时间上的逐步递推来求得 Maxwell 方程的数值解，可以方便地给出电磁场随时间推进的时间演化过程。实质上是在计算机所能提供的离散数值时空中仿真再现电磁现象发生的物理过程，容易可视化地显示。Yee 提出的这种抽样方式后来被称为 Yee 元胞。Yee 元胞反映了现实世界中电场和磁场互为因果的物理本质，因此也就符合电磁波在空间传播的规律性。以它为基础编写的计算程序，对解决几乎所有的电磁问题具有通用性。

吸收边界条件是时域有限差分方法[1]的三大要素之一，它在时域有限差分方法的求解中极为重要。一般来说，在电磁辐射、散射等问题中，电磁场占据无限大空间，有着开放的边界。由于计算机内存和计算速度的有限，时域有限差分方法的计算不可能到达无穷远区域，只能在有限区域内进行。为了能计算开放边界问题，时域有限差分网格必须在某处被截断，并在截断边界处给出吸收边界条件，使传输到截断边界处的波被吸收而不产生反射。早期的吸收边界采用简单的插值边界[5]以及基于 Sommerfild 辐射条件的 Bayliss-Turke 吸收边界，后来广泛采用 Mur 吸收边界以及利用插值技术的著名廖氏吸收边界。这些吸收边界的吸收特性都不十分理想，它们在计算区域外边界存在 0.5%～5.0%的数值反射。1994 年，法国学者 Berenger 提出了完全匹配层（perfectly matched layer，PML）边界条件，它在理论上可以吸收来自不同方向、不同频率的电磁波，使得时域有限差分法能够计算的最大动态范围达到 80dB[1]。这与现代微波暗室处于同样的动态范围。PML 边界条件在吸收边界条件研究中引起了一场革命，使吸收边界条件的研究向前迈进了一大步。今天，减小 PML 边界条件的数值反射仍然是许多研究工作者关心的一个课题，也提出了许多改善方案和改进措施。

时域有限差分法的创立给电磁场数值计算领域带来了两个极有意义的重大发展：一是从处理稳态问题发展到瞬态问题；二是从处理标量场问题发展到直接处理矢量场问题。但是，随着时域有限差分法的广泛研究和应用，它本身也需要不断地完善和发展。时域有限差分法的最大缺陷是，将微分算子化成为差分算子而带来了稳定性与计算精度的问题。采用并论述瞬态电磁场问题 FDTD 解的文章数以千计，总得涉及此问题，这就限制了时域有限差分法的应用。例如，对弯曲表面或倾斜表面的阶梯近似所引起的误差是由最大网格尺寸决定的[20]，但是为了缩小网格尺寸却必须使用很小的时间步长，从而导致内存需求增大，以及数值色散误差积累会随计算时间增加而变得不容忽略。对于电大目标电磁问题，减小网格是不现实的。对于具有局部细微结构的电磁问题，由于目标离散精度的要求，网格应当足够小以便能精确模拟目标几何形状和电磁参数，因此时域有限差分法的计算效率可能很低。为了解决这些困难，已经试验了如弯曲表面共形、子网格加密、非均匀网格剖分等各种技术，取得了比较好的效果。期望的算法是既具有隐式差分格式的无条件稳定性又具备显式差分格式计算相对简单的优点[1]。1999 年，Namiki 首先将 Peaceman 和 Rachford 提出的著名的交变隐式差分方向法（alternating-direction implicit method，ADI 方法）的原理应用于 FDTD 法，提出了 ADI-FDTD 方法[21]，具备了期望的特性，但其计算精度略低于 FDTD 方法。然而，采用 ADI-FDTD 算法的难点在于缺乏高效、准确的人工边界条件，以及 Berenger 和 Gedney 的 PML 边界条件过于复杂，难以纳入 ADI-FDTD 算法；另一方面，增大的数值色散误差和附加的截断误差也都是 ADI-FDTD 算法在应用中的主要困难。

时至今日，时域有限差分法的理论研究和应用方兴未艾，不断有文献报道新的研究成果，每年发表的相关研究论文几乎是按指数增长[22~27]。

1.3　时程精细积分方法及其存在的问题

如前面所述，像时域有限差分法这一类时间差分数值计算方法，需在经历的时间域上每一步都对所给定的空域解一次稳定问题。由于对时间步长很敏感，为了解的稳定性和精度，通常时间步长都必须取得很小。当时间历程较长时，就需要很多步长的迭加，使求解颇为困难，也增加了误差积累的可能性。

与时间差分法不同，在时程积分法中，由于它不把时间微分算子化为差分算子来近似，而是仅对空间微分算子采用差分近似，因此偏微分方程将被化为关于时间的一阶常微分方程组，写成矩阵形式为

$$\mathrm{d}\boldsymbol{u}(t)\,/\,\mathrm{d}t = \boldsymbol{mu}(t) + \boldsymbol{f}(t) \tag{1.3.1}$$

根据常微分方程组的基本理论，它的解可以表示为

$$\boldsymbol{u}(t) = \mathrm{e}^{mt}\boldsymbol{u}(0) + \int_0^t \mathrm{e}^{m(t-\tau)}\boldsymbol{f}(\tau)\mathrm{d}\tau \tag{1.3.2}$$

由式（1.3.2）不难得到，在各个时间离散点 $t_k = k\Delta t(k=0,1,2,\cdots)$ 上的 $u^{(k)}$ 值，有

$$\boldsymbol{u}^{(k+1)} = \mathrm{e}^{m\Delta t}\boldsymbol{u}^{(k)} + (\mathrm{e}^{m\Delta t} - \boldsymbol{I})\boldsymbol{m}^{-1}\boldsymbol{f}(k\Delta t) \tag{1.3.3}$$

式中，$\boldsymbol{I}$ 为单位矩阵。其中，在进行式（1.3.2）右端的积分时，一般取 $\boldsymbol{f}(t)$ 近似为分段常数。

可以看出，求解式（1.3.3）的关键是精确计算矩阵指数 $\boldsymbol{T} = \mathrm{e}^{m\Delta t}$。这个矩阵指数虽然被广泛应用，但过去并没有满意的算法。1994 年，钟万勰院士推出了一种计算矩阵指数的精细算法[28, 29]。采用精细算法计算矩阵指数在数值精度和稳定性两方面都表现出极其明显的特征，达到了在计算机字长范围内几乎是精确的数值解，并且在计算机上可以很方便地完成。

但是，随着对时程精细积分方法应用研究工作的深入，发现当空间离散后未知数非常多时，矩阵指数的阶数急剧上升，在数值计算与存储方面将产生困难，这又阻碍了其应用。为此，钟万勰院士又提出了基于子域技术的时程精细积分法[30]，使精细算法具备实际的应用成为可能。其基本思想是，当对 Δt 步长积分某空间离散网格节点 j 时，只需考虑其相邻的几个节点，称为子域，而不必考虑全部空间节点（全域）。对子域采用精细算法计算，其计算工作量与存储占用量大幅度下降，可克服全域精细积分算法的缺点。

目前，这种基于子域技术的时程精细积分方法尚未得到很好的实际应用。实际计算经验表明，这种算法的时间步长 Δt 仍然不可取得太大。当时间步长 Δt 增大时，空间位置相隔较远的节点间的相互作用将明显增大，而这种作用在这种算法中并没有体现。还有，在处理非齐次项积分时取被积函数近似为常数的假设也不能够成立，这些都将引起显著的误差积累效应，甚至数值结果不稳定。此外，在对单个子域进行精细积分算法的递推格式中需要对矩阵求逆，不仅计算量大、数值稳定性不好，有时还会

遇到逆矩阵不存在的问题。正是上述三点制约了基于子域技术的精细积分算法的实际应用。在实践中，应在计算量、计算精度和稳定性之间作出适当的权衡和取舍[30]，还有子域的选择和计算格式的选择都具有很大的技艺成分，这些都给基于子域技术的精细积分算法研究工作留下了大量有待解决的理论与应用问题。因此，进一步发展更为有效的基于子域技术的精细积分算法势在必行，有望在多方面发挥作用。

1.4 电磁波时程精细积分方法及其存在的问题

1997 年 6 月，赵进全、马西奎和邱关源将精细积分算法引入到计算电磁学领域[31]。他们应用精细积分算法分析了多导体传输线的瞬态响应，解决了传统方法难以处理的长时间过渡问题和频变参数传输线的瞬态响应计算问题[32]。2005 年 1 月，杨梅和马西奎又将这种方法用于计算瞬态电磁脉冲在非线性导电媒质中的传播特性[33]。2006 年 7 月，马西奎、赵鑫泰和赵彦珍提出了求解三维 Maxwell 方程的时程精细积分方法（precise integration time-domain method，PITD 方法）[34]。2007 年 6 月，Chen 等对求解三维 Maxwell 方程的时程精细积分方法的数值色散特性和稳定性条件进行了系统深入的研究[35, 36]。目前，时程精细积分方法已经在电磁场工程领域中得到了一定的应用。研究结果表明，该方法较其他时域方法有着明显的优越性，具有良好的发展前景。

已有研究结果表明，电磁波时程精细积分方法的稳定性条件要远远比时域有限差分方法的 CFL 条件宽松得多，可以采用很大的时间步长来进行计算[35]，大的时间步长可以缩短计算的时间和提高计算效率。还有，时程精细积分方法的数值色散特性完全不受时间步长取值的影响。在分析扩散方程问题时，该方法较时域有限差分方法有着很大的优势，其计算精度远高于时域有限差分方法。但在分析波动方程问题时，时程精细积分方法的计算精度却略低于在同等条件下的时域有限差分方法[37, 38]。与时域有限差分方法相比较，时程精细积分方法对硬件设备的要求更高，其在计算过程中占用内存很大。但是，电磁波时程精细积分方法创立的一个重要意义是改观了目前大多数现存时域方法中以求解差分方程为基本手段的现状，不仅由差分方程的求解上升到常微分方程的求解这一更高档次的计算平台，而且更接近于原求解问题的理论模型。如何提高时程精细积分方法的计算精度、减小计算时间、减小该方法对内存的需求和将时程精细积分方法推向实际应用，这些都是需要研究的问题。不过，要实现这一改观以及使其在计算电磁学领域中占有一席之地，绝非轻而易举的事情。实现后可望使电磁场计算能力得到明显改善，为工程电磁场问题分析开辟一条新路，也符合现代计算电磁学的发展趋势——主要体现在对各种快速算法的研究上，将对其发展起到积极的推动作用，给学科的发展增添活力。

另一方面，从长远观点来看，除了基础理论研究以外，还应注意方法的工程应用范围推广和软件开发。在实际应用方面，将方法应用于复杂非线性瞬态涡流问题计算、复杂机箱孔缝结构在电磁干扰环境下的特性分析等，做到理论研究与工程实践密切相结合，解决工程设计问题。

电磁波时程精细积分方法是求解 Maxwell 微分方程的直接时域方法,经过十多年的研究和发展已取得了显著的进展,应用的范围也越来越广。下面简单回顾电磁波时程精细积分方法的发展。

(1) 1997 年,赵进全、马西奎和邱关源将 PI 方法引入到电磁场时域计算领域中,计算了多导体耦合传输线的时域响应[31, 39]。

(2) 1998~2002 年,在上述工作的基础上,PI 方法被应用于计算非均匀耦合传输线的时域响应、耦合长线的暂态分析、任意负载有损耗传输线的时域响应和变电站空载母线的波过程[40~45]。

(3) 2004 年,唐旻和马西奎将 PI 方法应用于高速超大规模集成电路中频变互连线瞬态响应的计算[32]。

(4) 2005 年,杨梅和马西奎将 PI 方法应用于铁磁材料中电磁脉冲传播特性的计算[33]。

(5) 2006 年,马西奎、赵鑫泰和赵彦珍将 PI 方法应用于求解三维 Maxwell 旋度方程组,提出了 PITD 方法[34]。

(6) 2007 年,Chen 等分析了在无损耗介质中 PITD 方法的数值稳定性条件和数值色散特性[35, 36]。

(7) 2007 年,赵鑫泰、马西奎和赵彦珍将 PITD 方法拓展到三维圆柱坐标系下 Maxwell 旋度方程组的求解[46]。

(8) 2008 年,Jia 等将 PITD 方法应用于非均匀传输线的电磁暂态计算[47]。

(9) 2008 年和 2009 年,赵鑫泰、王志功和马西奎将 PITD 方法拓展到三维正交坐标系下 Maxwell 旋度方程组的求解,并提出了 PITD 方法中系数矩阵是否可逆的判据,以及系数矩阵不可逆的解决方案[48, 49]。

(10) 2010 年,孙刚、马西奎和白仲明提出了基于小波伽辽金空间差分格式的低色散特性电磁波时程精细积分方法[50]。白仲明、赵彦珍和马西奎将子域精细积分法应用于求解电磁波问题[51]。

(11) 2011 年,白仲明、马西奎和孙刚提出了基于 4 阶空间差分格式的 PITD(4)方法[37]。

(12) 2011 年和 2012 年,孙刚、马西奎和白仲明分析了在有耗介质中 PITD 方法的数值稳定性条件和数值色散特性[38, 52, 53],并提出了一种基于蛙跳格式的 PITO 方法[54]。

(13) 2013 年,康祯和马西奎等提出了一种适用于长直不变波导结构的二维紧凑格式 PITD 方法[55],大大降低了对计算机内存的要求。

(14) 2013 年,刘琦和马西奎等提出了一种分裂步长 PITD 方法[56],大大降低了对计算机内存的要求。

在开展电磁波时程精细积分法的研究过程中,赵进全博士、唐旻硕士、杨梅硕士、赵鑫泰博士、白仲明博士、孙刚博士、颛孙旭博士、刘琦博士和唐祯博士都作出了创造性贡献[57~71],他们是完成这一研究工作的生力军。

1.5　本书的目的和内容

　　本书将介绍电磁波时程精细积分方法的基本原理，给读者一个比较完整、详细的关于该方法基本内容的叙述。在阅读本书以后，读者能够容易地理解和掌握电磁波时程精细积分方法的基本内容，具备用该方法处理实际问题的必要知识，并能明确进行计算机编程计算的途径。

　　第 2 章以一维瞬态涡流问题为例，介绍时程精细积分法的基本原理和步骤，以及矩阵指数的精细算法，从稳定性出发讨论空间步长和时间步长的选取原则，以及矩阵指数精细算法的误差上界与逼近机理。第 3 章讨论基于 2 阶空间差分格式的电磁波时程精细积分法，给出 Maxwell 旋度方程在直角坐标系中的空间离散形式，包括三维、二维和一维情况，介绍时程精细积分解的稳定性和数值色散特性。第 4 章介绍铁磁材料内电磁波传播问题计算中时程精细积分法的应用。第 5 章介绍基于 4 阶空间差分格式的电磁波时程精细积分法，应用 4 阶精度的中心差分格式替代 2 阶精度的中心差分格式对 Maxwell 旋度方程进行空间离散，不仅能有效地改善电磁波时程精细积分法的数值色散特性，同时对其数值稳定性条件的影响也很小，它是一种同时兼具良好数值色散特性和宽松数值稳定性条件的方法。第 6 章介绍基于子域技术的电磁波时程精细积分法的基本原理和步骤、子域的划分原则、子域边界的处理方法和全域计算结果的合成方法。第 7 章介绍一种基于小波 Galerkin 空间差分格式的电磁波时程精细积分法。第 8 章介绍一种电磁波时程精细积分法——广义 WG-PITD 方法，把高阶 Daubechies 尺度函数和 Coifman 尺度函数作为基函数应用于 WG-PITD 方法的空间离散之中，来建立一种广义 WG-PITD 方法，并着重分析不同的尺度函数对广义 WG-PITD 方法的数值稳定性条件和数值色散特性的影响。第 9 章介绍柱坐标系中的电磁波时程精细积分法。

参 考 文 献

[1] 王秉中. 计算电磁学[M]. 北京: 科学出版社, 2002.

[2] 夏培肃, 胡伟武. 高性能计算技术展望[J]. 中国科学院院刊, 1998, 5: 336—339.

[3] 周毓麟, 沈隆钧. 高性能计算的应用及战略地位[J]. 中国科学院院刊, 1999, 3: 184—187.

[4] 韩冀中, 韩承德. 高性能计算技术的发展现状及趋势[J]. 中国工程科学, 2000, 2 (1): 85—86.

[5] 葛德彪, 闫玉波. 电磁波时域有限差分方法[M]. 西安: 西安电子科技大学出版社, 2005.

[6] 金建铭. 电磁场有限元法[M]. 西安: 西安电子科技大学出版社, 1998.

[7] 马西奎. 电磁场理论及应用[M]. 西安: 西安交通大学出版社, 2000.

[8] 倪光正, 杨仕友, 钱秀英, 等. 工程电磁场数值计算[M]. 北京: 机械工业出版社, 2004.

[9] Antonio C F, Stephen W. Time stepping finite-element analysis of brushless doubly fed machine taking on loss and saturation into account[J]. IEEE Transactions on Industry Applications, 1999, 35 (3): 583—588.

[10] Boglietti A, Lazzari M, Pastorelli M. Predicting iron losses in soft magnetic materials with arbitrary voltage supply: An engineering approach [J]. IEEE Transactions on Magnetics, 2003, 39 (2): 981—988.

[11] 袁驷. 计算力学的有限元线法[J]. 力学进展, 1992, 22 (2): 208—216.

[12] Harrington R F. Field Computation by Moment Method[M]. New York: Macmillan, 1968.

[13] 刘诗俊. 变分法、有限元和外推法[M]. 北京: 中国铁道出版社, 1986.

[14] Silvester P, Chari M V K. Finite element solution of saturable magnetic field problems[J]. IEEE Transactions on Power Apparatus and Systems, 1970, 89 (7): 1642—1651.

[15] Ma X K, Han S J. A theoretical study of asymptotic boundary conditions for the numerical solutions of open-boundary static electromagnetic-field problems[J]. Science in China (Series E), 2002, 45 (5): 541—551.

[16] 颜威利, 杨庆新, 汪友华, 等. 电气工程电磁场数值分析[M]. 北京: 机械工业出版社, 2005.

[17] Brebbia C A. Boundary Element Techniques in Engineering[M]. Boston: Newnes-Butterworths, 1980.

[18] Yee K S. Numerical solution of initial boundary value problems involving Maxwell's equations in isotropic media[J]. IEEE Transactions on Antennas and Propagation, 1966, 14 (3): 302—307.

[19] Mur G. Absorbing boundary-conditions for the finite-difference approximation of the time-domain electromagnetic-field equations[J]. IEEE Transactions on Electromagnetic Compatibility, 1981, 23 (4): 377—382.

[20] 杨儒贵. 高等电磁理论[M]. 北京: 高等教育出版社, 2008.

[21] Namiki T. A new FDTD algorithm based on alternating-direction implicit method[J]. IEEE Transactions on Microwave Theory and Techniques, 1999, 47 (10): 2003—2007.

[22] Taflove A, Hagness S C. Computational Electrodynamics: the Finite-Difference Time-domain Method[M]. Norwood, Massachusetts: Artech House, 2005.

[23] Chu S T, Chaudhuri S K. A finite-difference time-domain method for the design and analysis of guided-wave optical structures[J]. Journal of Lightwave Technology, 1989, 7 (12): 2033—2038.

[24] Schneider J, Hudson S. The finite-difference time-domain method applied to anisotropic material[J]. IEEE Transactions on Antennas and Propagation, 1993, 41 (7): 994—999.

[25] Taniguchi Y, Baba Y, Nagaoka N, et al. An improved thin wire representation for FDTD computations[J]. IEEE Transactions on Antennas and Propagation, 2008, 56 (10): 3248—3252.

[26] Shibayama J, Muraki M, Takahashi R, et al. Performance evaluation of several implicit FDTD methods for optical waveguide analyses[J]. Journal of Lightwave Technology, 2006, 24 (6): 2465—2472.

[27] Liu S B, Mo J J, Yuan N C. Piecewise linear current density recursive convolution FDTD implementation for anisotropic magnetized plasmas[J]. IEEE Microwave and Wireless Components Letters, 2004, 14 (5): 222—224.

[28] 钟万勰. 结构动力方程的精细时程积分法[J]. 大连理工大学学报, 1994, 34 (2): 131—136.

[29] 钟万勰, 朱建平. 对差分法时程积分的反思[J]. 应用数学和力学, 1995, 16 (8): 663—668.

[30] 钟万勰. 子域精细积分及偏微分方程数值解[J]. 计算结构力学及其应用, 1995, 12 (3): 253—260.

[31] 赵进全, 马西奎, 邱关源. 有损传输线时域响应的精细积分法[J]. 微电子学, 1997, 27 (3): 181—185.

[32] 唐旻, 马西奎. 一种用于分析高速 VLSI 中频变互联瞬态响应的精细积分算法[J]. 电子学报, 2004, 32 (5): 787—790.

[33] 杨梅, 马西奎. 板状铁磁材料中电磁脉冲传播特性计算的一种半积分方法[J]. 电工技术学报, 2005, 20 (1): 89—94, 107.

[34] Ma X K, Zhao X T, Zhao Y Z. A 3-D precise integration time-domain method without the restraints of the Courant-Friedrich-Levy stability condition for the numerical solution of Maxwell's equations[J]. IEEE Transactions on Microwave Theory and Techniques, 2006, 54 (7): 3026—3037.

[35] Chen Z Z, Jiang L L, Mao J F. On the numerical stability of the precise integration time-domain (PITD) method[J]. IEEE Microwave and Wireless Components Letters, 2007, 17 (7): 471—473.

[36] Chen Z Z, Jiang L L, Mao J F. Numerical dispersion characteristics of the three-dimensional precise integration time-domain method[C]. 2007 International Microwave Symposium (IMS 2007), Honolulu, 2007: 1971—1974.

[37] Bai Z M, Ma X K, Sun G. A Low-dispersion realization of precise integration time-domain method using a fourth-order accurate finite difference scheme[J]. IEEE Transactions on Antennas and Propagation, 2011, 59 (4): 1311—1320.

[38] Sun G, Ma X K, Bai Z M. Numerical stability and dispersion analysis of the precise-integration time-domain method in lossy media [J]. IEEE Transactions on Microwave Theory and Techniques, 2012, 60 (9): 2723—2729.

[39] 赵进全, 马西奎, 邱关源. 精细计算多导体耦合传输线时域响应[J]. 电路与系统学报, 1997, 2 (3): 13—17.

[40] 赵进全, 马西奎, 邱关源. 非均匀传输线时域响应的精细计算[J]. 西安交通大学学报, 1998, 32 (8): 5—7.

[41] 赵进全, 马西奎, 邱关源. 非均匀耦合传输线时域响应分析的精细积分法[J]. 光纤与电缆及其应用技术, 1999, (3): 3—6.

[42] 赵进全, 马西奎, 邱关源. 传输线时域响应灵敏度分析的精细积分法[J]. 无线电通信技术, 2000, 26 (4): 53—54.

[43] 赵进全, 马西奎, 李亦平, 等. 耦合长线电磁暂态分析的精细积分法[J]. 高电压技术, 2001, 27 (2): 3—4.

[44] 赵进全, 马西奎, 邱关源. 任意负载有损传输线时域响应的精细积分法[J]. 微电子学, 2001, 31 (6): 431—433, 436.

[45] 赵进全, 马西奎, 邱关源. 变电站空载母线波过程的精细积分计算方法[J]. 电力系统自动化, 2002, 26 (3): 52—55.

[46] Zhao X T, Ma X K, Zhao Y Z. An unconditionally stable precise integration time domain method for the numerical solution of Maxwell's equations in circular cylindrical coordinates[J]. Progress in Electromagnetics Research-Pier, 2007, 69: 201—217.

[47] Jia L, Shi W, Guo J. Arbitrary-difference precise-integration method for the computation of electromagnetic transients in single-phase nonuniform transmission line[J]. IEEE Transactions on Power Delivery, 2008, 23 (3): 1488—1494.

[48] Zhao X T, Wang Z G, Ma X K. Electromagnetic closed-surface criterion for the 3-D precise integration time-domain method for solving Maxwell's equations[J]. IEEE Transactions on Microwave Theory and Techniques, 2008, 56 (12): 2859—2874.

[49] Zhao X T, Wang Z G, Ma X K. A 3-D unconditionally stable precise integration time domain method for the numerical solutions of Maxwell's equation in circular cylindrical coordinates [J]. International Journal of RF and Microwave Computer-Aided Engineering , 2009, 19 (2): 230—242.

[50] Sun G, Ma X K, Bai Z M. A low dispersion precise integration time domain method based on Wavelet Galerkin scheme[J]. IEEE Microwave and Wireless Components Letters, 2010, 20 (12): 651—653.

[51] 白仲明, 赵彦珍, 马西奎. 子域精细积分方法在求解 Maxwell 方程组中的应用分析[J]. 电工技术学报, 2010, 25 (11): 1—9.

[52] 孙刚, 马西奎, 白仲明. 有耗介质中时域精细积分方法的数值色散特性分析[J]. 电波科学学报, 2012, 27 (2): 209—215.

[53] Sun G, Ma X K, Bai Z M. Stability condition and numerical dispersion of Wavelet Galerkin scheme-based precise integration time domain method[C]. Proceedings of the Asia-Pacific Microwave Conference, Melbourne, Australia, 2011: 74—77.

[54] Sun G, Ma X K, Bai Z M. A low-memory-requirement realization of precise integration time domain method using a leapfrog scheme [J]. IEEE Microwave and Wireless Components Letters, 2012, 22 (6): 294—296.

[55] Kang Z, Ma X K, Zhuansun X, et al. An efficient 2D compact precise-integration time-domain method for longitudinally invariant waveguiding structures[J]. IEEE Transactions on Microwave Theory and Techniques, 2013, 61 (7): 2535—2544.

[56] Liu Q, Ma X K, Chen F. Unified split-step precise integration time domain method for dispersive media[J]. Electronics Letters, 2013, 49 (18): 1135—1136.

[57] Zhuansun X, Ma X K. Integral-based exponential time differencing algorithms for general dispersive media and the CFS-PML[J]. IEEE Transactions on Antennas and Propagation, 2012, 60 (7): 3257—3264.

[58] Zhuansun X, Ma X K. Integral-based exponential time-differencing algorithm for the full-vectorial FDTD-PML analysis of PCF with material-dispersion [J]. IEEE Photonics Technology Letters, 2012, 24 (8): 676—678.

[59] Zhuansun X, Ma X K. Bilinear transform implementation of the SC-PML for general media and general FDTD schemes[J]. IEEE Transactions on Electromagnetic Compatibility, 2012, 54 (2): 343—350.

[60] 颛孙旭, 马西奎. 一种适用于任意阶空间差分时域有限差分方法的色散介质通用吸收边界条件算法[J]. 物理学报, 2012, 61(11): 110206-1—110206-6.

[61] Zhuansun X, Ma X K, Kang Z. Efficient FDTD-PML simulation of gain medium based on

exponential time differencing algorithm[J]. IEEE Transactions on Antennas and Propagation, 2013, 61 (4): 2123—2129.

[62] Liu Q, Ma X K , Bai Z M, et al. A slipt-step-scheme-based precise integration time domain method for solving wave equation[J]. COMPEL-The International Journal for Computation and Mathematics in Electrical and Electronic Engineering , 2014, 33 (1/2): 85—94.

[63] Bai Z M, Ma X K, Zhuansun X. An efficient application of PML in fourth-order precise integration time domain method for the numerical solution of Maxwell's equations[J]. COMPEL-The International Journal for Computation and Mathematics in Electrical and Electronic Engineering , 2014, 33 (1/2): 116—125.

[64] Zhuansun X, Ma X K, Liu Q. An exponential time differencing algorithm for the FDTD-PML analysis of nonlinear photonic bandgap structures[J]. IEEE Transactions on Magnetics, 2014, 50 (2): 7004604.

[65] 赵进全.多导体传输线时域响应分析中的精细积分法研究[D]. 西安: 西安交通大学博士学位论文, 1998.

[66] 赵鑫泰.瞬态电磁场问题分析中的时域精细积分方法研究[D]. 西安: 西安交通大学博士学位论文, 2007.

[67] 白仲明.电磁波四阶精度时域精细积分方法及其应用技术[D]. 西安: 西安交通大学博士学位论文, 2011.

[68] 孙刚.基于小波迦辽金空间差分格式的电磁波时域精细积分方法[D]. 西安: 西安交通大学博士学位论文, 2012.

[69] 颛孙旭. 色散介质电磁波时域有限差分分析与通用算法构造及其精度分析[D]. 西安: 西安交通大学博士学位论文, 2013.

[70] 唐旻. 高速 VLSI 中互连线瞬态响应分析的精细积分法[D]. 西安: 西安交通大学硕士学位论文, 2004.

[71] 杨梅. 非线性瞬态电磁场中的时空混沌现象与半积分方法的研究[D]. 西安: 西安交通大学硕士学位论文, 2005.

第 2 章　瞬态微分方程问题的时程精细积分方法

矩阵理论在现代科学和技术中有着广泛的应用，这个道理也越来越明显。例如，矩阵理论就是现代控制理论最重要的数学基础之一。在现代控制理论中，都是采用状态变量法来描述多输入多输出系统，并且为了运算时符号简单起见，将状态方程式写成矩阵形式。采用矩阵方程式不但可以利用矩阵的各种性质进行理论上的深入研究，而且具有适合在计算机上处理的优点。

在矩阵的运算中，矩阵的指数运算是一类特别重要的计算问题，它与许多科学计算工作有关，例如，力学中的动力学问题、控制理论中的最优控制计算问题和齐次/非齐次状态方程的求解问题，都主要是取决于矩阵指数的计算和近似。矩阵指数运算的计算量大而且相当复杂，被公认为是计算数学中的一个较难的课题，研究矩阵指数的高精度和高效率计算方法具有十分重要的意义。许多学者对矩阵指数的理论、计算方法和应用问题进行了研究。Moler 等在文献[1]中就矩阵指数计算问题的 19 种计算方法进行了评述，他们在论文题目中使用了"dubious"一词，借以说明问题的难度。

钟万勰等提出了矩阵指数运算的一种精细算法（precise integration method，PIM）[2~4]。该算法有两个要点：一是通过基于指数函数加法定理的 2^N 类运算的思想达到对矩阵指数的计算；二是将精细区段的不变主部与小增量分开计算和存储，以有效提高对小增量存储的有效数字，达到避免舍入误差。精细算法十分简单，在计算机上可以很方便地实现，可以达到在计算机字长范围内几乎是精确的数值解，为计算工作者提供了十分便利的计算工具。这个算法看来潜力很大，已经用于结构动力学方程、瞬态热传导方程、瞬态电磁场方程等问题的求解，发展成为一种求解瞬态方程问题的时程精细积分方法[5~9]。

瞬态问题的高精度计算无疑是一个引人注目的课题。常用的瞬态偏微分方程求解算法对时间坐标的离散几乎都用差分法，如中心差分法、Newmark 法、θ-时间差分法等。差分近似看来最自然且简单，然而将微分算子化成为差分算子却带来了稳定性与精度的问题。实际上，从数学上来说，求解瞬态偏微分方程问题也可以用半解析法，先对空间坐标离散建立起对于时间的常微分方程组，然后对常微分方程组采用非差分类算法进行时程积分求解。基于矩阵指数运算的精细算法，钟万勰院士提出了求解瞬态偏微分方程的时程精细积分方法。这是一种"面向常微"的半解析方法，它放弃了通常对时间坐标的差分离散，而是利用精细算法能够在计算机字长范围内精确计算矩阵指数的特点，可在计算机上得到对于时间的常微分方程组事实上的精确解。这种方法不仅可以将时程积分的计算精度大幅度提高，并且稳定性好，为瞬态偏微分方程问题的求解开辟了新的途径，在各个领域已经有了很多成功的应用。

在本章中，以瞬态涡流场问题为例，介绍时程精细积分方法求解瞬态偏微分方程问题的基本原理和步骤，并简要讨论其稳定性，以及算法在 2^N 类运算中递推阶数 N 值的选取和 Taylor 展开式中保留项数 L 的选取对计算效率和精度的影响。

2.1　瞬态涡流场的时程精细积分算法

电工设备中大量使用铁磁材料，这样在同样的绕组和激励电流下可以获得比较大的磁通。由于铁磁材料的导电性能，在磁通的建立过程中铁心中会产生涡流。涡流的磁场是趋向于抵消激励电流的作用，使铁磁材料内部的磁场不能迅速增加或减少，只能逐步达到稳态值，这一过程需要一定的时间。也就是说，电磁场在导电媒质内部的建立（或消失）要经历一段过渡过程。在各向同性、线性和均匀的导电媒质中，假设位移电流密度远小于传导电流密度，可以忽略不计，那么，暂态过程的分析都要从求解导电媒质内电磁场的涡流方程

$$\nabla^2 u - \mu\gamma\frac{\partial u}{\partial t} = 0 \tag{2.1.1}$$

入手。其中，变量 u 可以是电场强度 E、磁场强度 H 和电流密度 J；μ 为磁导率；γ 为电导率。

现在，考虑当绕组中电流突变时，变压器叠片铁心中的磁场分布。近似认为所有叠片中的磁场相同，所以只分析其中的一片。另外，假设叠片的宽度和长度都远远大于其厚度 a，因此对于磁场的突变只需考虑叠片的横向（分别取厚度沿 x 方向、长度沿 y 方向和宽度沿 z 方向）。这样，变压器叠片铁心中的磁场被开断过程可以表示为一维瞬态涡流问题：

$$\frac{\partial^2 u}{\partial x^2} - \mu\gamma\frac{\partial u}{\partial t} = 0, \quad 0 < x < a; \quad t > 0 \tag{2.1.2}$$

$$u(0,t) = 0, \quad u(a,t) = 0 \tag{2.1.3}$$

$$u(x,0) = H_0(x) \tag{2.1.4}$$

式中，变量 u 代表磁场强度 H 沿 y 方向的分量 H_y。

首先对式（2.1.2）进行空间坐标离散，在空间坐标上任一点 x_j 处有

$$\mu\gamma\frac{\partial u_j}{\partial t} = \frac{\partial^2 u}{\partial x^2}\bigg|_{x=x_j}, \quad 0 < x < a; \quad t > 0 \tag{2.1.5}$$

然后试图找到式（2.1.5）右端的差分替代项。对于均匀分布的网格 $x_j = j\Delta x(j = 0,1,\cdots,J)$，利用中心差分，在空间坐标离散后会导出常微分方程组：

$$\frac{\mathrm{d}u_j}{\mathrm{d}t} = \left[\frac{1}{\mu\gamma(\Delta x)^2}\right](u_{j+1} - 2u_j + u_{j-1}), \quad j = 1,2,\cdots,J-1 \tag{2.1.6}$$

式中，Δx 是空间步长。上述常微分方程组可以写为如下矩阵形式：

$$\frac{\mathrm{d}\boldsymbol{u}}{\mathrm{d}t} = \boldsymbol{m}\boldsymbol{u} + \boldsymbol{f}(t) \tag{2.1.7}$$

式中，$\boldsymbol{u} = [u_1, u_2, \cdots, u_{J-1}]^{\mathrm{T}}$ 为一个包含全部内部网格结点上 u 值的列向量；$\boldsymbol{f}(t) = [u_0, 0, 0, \cdots, 0, \cdots, u_J]^{\mathrm{T}}$ 为一个列向量，其中，u_0 和 u_J 是两端点处的 u 值；$\boldsymbol{m}$ 是一个对称的系数矩阵，其表达式为

$$\boldsymbol{m} = \frac{1}{\mu\gamma(\Delta x)^2} \begin{bmatrix} -2 & 1 & & & \\ 1 & -2 & 1 & & 0 \\ & 1 & -2 & 1 & \\ & 0 & & \cdots & 1 \\ & & & 1 & -2 \end{bmatrix} \tag{2.1.8}$$

根据常微分方程组理论，式（2.1.7）的解可由

$$\boldsymbol{u}(t) = \mathrm{e}^{\boldsymbol{m}(t-t_0)}\boldsymbol{u}(t_0) + \int_{t_0}^{t} \mathrm{e}^{\boldsymbol{m}(t-\tau)}\boldsymbol{f}(\tau)\mathrm{d}\tau \tag{2.1.9}$$

解析地给出。现在我们来讨论 $\boldsymbol{u}(t)$ 在采样时刻 $t_k = k\Delta t(k = 0,1,2,\cdots)$ 时数值 $\boldsymbol{u}^{(k)}$ 的数值计算方法。在式（2.1.9）中，令 $t = (k+1)\Delta t$，$t_0 = k\Delta t$，则有

$$\boldsymbol{u}^{(k+1)} = \mathrm{e}^{\boldsymbol{m}\Delta t}\boldsymbol{u}^{(k)} + \mathrm{e}^{\boldsymbol{m}(k+1)\Delta t}\int_{k\Delta t}^{(k+1)\Delta t} \mathrm{e}^{-\boldsymbol{m}\tau}\boldsymbol{f}(\tau)\mathrm{d}\tau \tag{2.1.10}$$

现在假设在采样区间 $[k\Delta t,(k+1)\Delta t]$ 上输入值 $\boldsymbol{f}(t)$ 一定（阶梯形曲线逼近），因为

$$\boldsymbol{f}(t) = \boldsymbol{f}(k\Delta t), \quad k\Delta t \le t \le (k+1)\Delta t$$

则式（2.1.10）的右端第二项与 $\boldsymbol{f}(k\Delta t)$ 呈线性关系，得到

$$\boldsymbol{u}^{(k+1)} = \mathrm{e}^{\boldsymbol{m}\Delta t}\boldsymbol{u}^{(k)} + \boldsymbol{g}\boldsymbol{f}(k\Delta t) \tag{2.1.11}$$

式中，$\boldsymbol{g} \triangleq \int_0^{\Delta t} \mathrm{e}^{\boldsymbol{m}\tau}\mathrm{d}\tau$。当初始值 $\boldsymbol{u}^{(0)}$ 给出时，按该式可以逐次计算出 $\boldsymbol{u}^{(k)}(k = 1,2,\cdots)$。

在式（2.1.11）的右边，包含 $\mathrm{e}^{\boldsymbol{m}\Delta t}$ 和积分项 $\boldsymbol{g}$。以后将会看到 $\boldsymbol{g}$ 与 $\mathrm{e}^{\boldsymbol{m}\Delta t}$ 的计算基本上是一样的。因此，求解式（2.1.11）的关键是矩阵指数 $\mathrm{e}^{\boldsymbol{m}\Delta t}$ 的有效数值计算。虽然矩阵指数被广泛应用，但一直没有得到过令人满意的算法。$\mathrm{e}^{\boldsymbol{m}\Delta t}$ 的数值解和解析计算法不同，我们不能假设 $\boldsymbol{m}$ 的特征值及其若当标准形是已知的。现在经常用到的计算方法包括：①取 $\mathrm{e}^{\boldsymbol{m}\Delta t}$ 的幂级数表示 $\sum_{k=1}^{\infty}(\boldsymbol{m}\Delta t)^k / k!$ 的有限项的方法；②巧妙地利用 Cayley-Hamilton 定理及 Leverrier-Faddeeva 算法等矩阵固有性质的方法；③利用拉普拉斯变换 $L[\mathrm{e}^{\boldsymbol{m}\Delta t}] = [s\boldsymbol{I} - \boldsymbol{m}]^{-1}$ 的方法等。在这些方法中，方法①在原理上最简单。设 $\mathrm{e}^{\boldsymbol{m}\Delta t}$ 的幂级数表示的前 N 项和为 $\boldsymbol{M}$，余下部分为 $\boldsymbol{R}$，当 N 取足够大时，$\mathrm{e}^{\boldsymbol{m}\Delta t} \approx \boldsymbol{M}$ 可以达到任意精度。为了满足给定的误差范围，N 确定到多大才可以呢？另外，在实际计算时 N 也

不能取得过大。因为在这个方法中必须计算 m 的幂 $m^k (k=0,1,2,\cdots,N-1)$，所以计算量比方法②大。在方法③中，不是从 $[s\boldsymbol{I}-\boldsymbol{m}]^{-1}$ 的拉普拉斯反变换中求 $\mathrm{e}^{m\Delta t}$，而是将 $\mathrm{e}^{m\Delta t}$ 展开成周期为 $2\Delta t$ 的傅里叶级数，其傅里叶系数由关系式 $[s\boldsymbol{I}-\boldsymbol{m}]L[\mathrm{e}^{m\Delta t}]=\boldsymbol{I}$ 来确定。当然，实际上傅里叶级数也是用有限项逼近。总的说来，该方法的计算量也与方法①相近。

　　1994 年，钟万勰院士提出了矩阵指数 $\mathrm{e}^{m\Delta t}$ 计算的精细算法，下面给出精细算法的计算过程。利用指数函数的加法定理，有

$$\boldsymbol{T}=\mathrm{e}^{m\Delta t}=[\mathrm{e}^{m\frac{\Delta t}{l}}]^l=[\mathrm{e}^{m\tau}]^l \tag{2.1.12}$$

式中，$\tau=\Delta t/l$。例如，取 $l=2^N$。当取 $N=20$ 时，则 $l=1048576$。这样，对于给定时间步长 Δt，τ 则是非常小的时间区段。计算矩阵指数一般可分为如下两步。

　　（1）将矩阵指数 $\mathrm{e}^{m\tau}$ 展开为 Taylor 级数：

$$\mathrm{e}^{m\tau}=\boldsymbol{I}+\boldsymbol{T}_a \tag{2.1.13}$$

$$\boldsymbol{T}_a=m\tau+(m\tau)^2/2!+(m\tau)^3/3!+(m\tau)^4/4!+\cdots+(m\tau)^L/L! \tag{2.1.14}$$

式中，L 表示 Taylor 展开式中保留项数的阶数。这里取

$$\boldsymbol{T}_a\approx m\tau+(m\tau)^2/2!+(m\tau)^3/3!+(m\tau)^4/4! \tag{2.1.15}$$

　　显然，$\boldsymbol{T}_a$ 矩阵是一个小量。在计算过程中，至关重要的一点是矩阵指数的存储只能是 $\boldsymbol{T}_a$ 而不是 $(\boldsymbol{I}+\boldsymbol{T}_a)$。因为 $\boldsymbol{T}_a$ 很小，当它与单位矩阵 $\boldsymbol{I}$ 相加时，就成为其尾数，在计算机的舍入操作中其精度将丧失殆尽。

　　（2）为避免丧失有效位数，在计算 $\boldsymbol{T}$ 阵时，应先对 $\boldsymbol{T}$ 阵作如下分解：

$$\boldsymbol{T}=[\mathrm{e}^{m\tau}]^l=(\boldsymbol{I}+\boldsymbol{T}_a)^{2^N}=(\boldsymbol{I}+\boldsymbol{T}_a)^{2^{N-1}}(\boldsymbol{I}+\boldsymbol{T}_a)^{2^{N-1}} \tag{2.1.16}$$

这种分解一直作下去共 N 次，当循环结束后才能作 $\boldsymbol{T}=\boldsymbol{I}+\boldsymbol{T}_a$。注意到

$$(\boldsymbol{I}+\boldsymbol{T}_a)^2=\boldsymbol{I}+2\boldsymbol{T}_a+\boldsymbol{T}_a\times\boldsymbol{T}_a \tag{2.1.17}$$

这样，通过下列格式：

$$\boldsymbol{T}_a^{(i)}=2\boldsymbol{T}_a^{(i-1)}+\boldsymbol{T}_a^{(i-1)}\times\boldsymbol{T}_a^{(i-1)},\quad i=1,2,\cdots,N \tag{2.1.18}$$

计算得到 $\boldsymbol{T}^{(N)}$，则 $\boldsymbol{T}_a=\boldsymbol{T}^{(N)}$。而 $\boldsymbol{T}$ 应为

$$\boldsymbol{T}=\boldsymbol{I}+\boldsymbol{T}_a \tag{2.1.19}$$

　　实际上，式（2.1.18）和式（2.1.19）的计算相当于执行语句：

$$\text{for}(i=1;i\leqslant N;i++)\quad\{\boldsymbol{T}_a=2\boldsymbol{T}_a+\boldsymbol{T}_a\times\boldsymbol{T}_a\};\quad\boldsymbol{T}=\boldsymbol{I}+\boldsymbol{T}_a; \tag{2.1.20}$$

　　按式（2.1.19）计算 $\boldsymbol{T}$ 阵的结果几乎是数值上的精确解。在精细算法中唯一引入近似的是式（2.1.14），由于 τ 非常小，因此在通常情况下即使采用 4 阶近似展开，也能获得比较理想的精度，是其他算法无法比拟的。

　　直接积分方法包括中心差分方法、Wilson 方法、Newmark 方法和 Houbolt 方法等都普遍存在计算精度不够理想的问题，尤其在高频阶段更是如此。精细算法过滤高频的性能很好，计算数值精度很高。精细算法引入 2^N 类算法，对于大多数工程问题，可以不考虑方法初始时间步长的限制。同时由于指数函数定理的引入，仅通过 N 次递推即能得到一个时间步长的矩阵指数，使实际计算成为可能。

　　总之，精细算法中矩阵指数 T 的计算是用 Taylor 级数展开式来表示的，并利用指数函数的加法定理，将初始时间步长划分为 2^N 等份。并通过 N 次递推而得

$$T = \mathrm{e}^{m\Delta t} = \left[\mathrm{e}^{\frac{m\Delta t}{2^N}} \right]^{2^N} = \left[I + \sum_{k=1}^{L} \frac{\left(\frac{m\Delta t}{2^N} \right)^k}{k!} \right]^{2^N} \tag{2.1.21}$$

显然，精细积分算法的主要计算工作是进行矩阵乘法，这在计算机上很容易实现。但是，当 T 维数非常大时，矩阵相乘计算工作量及存储量随维数迅速增长。

2.2　基于子域技术的时程精细积分算法

　　利用能够在计算机字长范围内精确计算矩阵指数的特点，精细算法可在计算机上得到对于时间的常微分方程组事实上的精确解。如前面所述，精细算法涉及大量的矩阵乘法运算。当空间离散后方程未知数非常多、矩阵尺度很大且 T 一般不具备对称和窄带宽特性时，大量满秩矩阵相乘使得时程精细积分方法的计算工作量及存储空间占用的大量增加成了其应用的最大障碍。因此，应设法改进时程精细积分方法的效率。

　　钟万勰院士在文献[5]中提出了子域精细积分方法，在这里我们予以详细介绍。它是一种基于子域技术的时程精细积分法，采用子域技术可以进一步提高算法的计算效率与降低存储空间占用量。从物理学观点来说，当时间步长 Δt 小于一定值时，连续介质中相隔较远的空间点之间只有非常小的作用。这一点可以由扩散方程的点源影响函数的特性或波动方程解的有限波速清楚地看出。这一物理事实说明当时间步长 Δt 很小时，矩阵指数 $T(\Delta t)$ 也可以近似认为是小带宽的。因此，当在时间段 Δt 内积分某节点 j 时，只需考虑分布在其邻近区域（称为子域）内的有限几个节点的作用，而不必考虑子域以外空间节点的作用。对于子域内的若干个节点采用精细算法，其计算工作量与存储空间占用量都要比采用全域时程精细积分算法小得多，从而使得精细积分法的实际应用成为可能。回顾对时间采用差分离散的差分类算法，它们也都利用了连续介质偏微分方程的特点。差分法的优点是在一个时间步长内，对于一个给定点来说，其相关的空间点只是与该点相邻的几个节点，而不是全部的空间点。例如，对式（2.1.6）方程左边的时间微分采用差分近似，则 j 点的计算只涉及与其相邻的 $j+1$ 和 $j-1$ 两点。因此如用矩阵来表示，有一个窄带宽。基于子域技术的时程精细积分法正是利用了差分法窄带宽的特点。

　　在这里，我们仍然通过 2.1 节给出的变压器叠片铁心中磁场被开断过程的一维瞬态涡流问题，来介绍基于子域技术的时程精细积分法的计算方案和步骤。不失一般性地，设式（2.1.2）中的 $\mu\gamma = 1.0$，式（2.1.3）中的 $a = 2.0$。在式（2.1.4）中，当 $0 \leqslant x \leqslant 1$ 时，有 $H_0(x) = 10x$；当 $1 \leqslant x \leqslant 2$ 时，有 $H_0(x) = 10(2-x)$。那么，用差分法对空间坐标 x 等分离散后，得到的常微分方程具体形式为

$$\frac{\mathrm{d}u_j}{\mathrm{d}t} = \frac{u_{j+1} - 2u_j + u_{j-1}}{(\Delta x)^2}, \quad j = 1, 2, \cdots, J-1 \tag{2.2.1}$$

或写成矩阵形式为

$$\left[\frac{\mathrm{d}u}{\mathrm{d}t}\right] = \frac{1}{(\Delta x)^2}\begin{bmatrix} -2 & 1 & & & \\ 1 & -2 & 1 & & 0 \\ & 1 & -2 & 1 & \\ & 0 & & \cdots & 1 \\ & & & 1 & -2 \end{bmatrix}[u] \tag{2.2.2}$$

若设 $J = 20$ 等分，则从边界条件式（2.1.3）不难看出，$u_0 = u_{20} = 0$，因此非齐次项列向量 $f(t) = [u_0, 0, 0, \cdots, 0, \cdots, u_J]^{\mathrm{T}} = \mathbf{0}$；式（2.2.2）中的 $[u]$ 是一个 19 维列向量。采用全域精细积分法求解，其数值结果见表 2.2.1。注意求得的数值解对于微分方程式（2.2.2）是精确的。

表 2.2.1　式（2.2.2）对于全域的时程精细积分解[5]（$x > 1.0$ 的数值对于中心点 $x = 1.0$ 对称）

t ＼ u ＼ x	0.2	0.4	0.6	0.8	1.0
0.05	1.98725	3.92850	5.69615	7.01085	7.50904
0.10	1.87919	3.63355	5.10390	6.09979	6.45430
0.15	1.70667	3.26669	4.53104	5.35979	5.64899
0.20	1.52349	2.90645	4.01211	4.72768	4.97546
0.25	1.35300	2.57588	3.54934	4.17625	4.39268
0.30	1.19802	2.27955	3.13885	3.69121	3.88167
0.35	1.05983	2.01618	2.77548	3.26319	3.43129
0.40	0.93726	1.78286	2.45404	2.88504	3.03357
0.45	0.82375	1.57641	2.16979	2.55079	2.68208
0.50	0.73277	1.39383	1.91845	2.25529	2.37136

　　如果采用子域时程精细积分法求解，则每次只需用到式（2.2.2）中的若干个方程。例如，若取节点 j 为中央点，那么节点 j 和与其紧邻的左右两个节点 $j-1$ 和 $j+1$ 就可以构成一个子域，此时共有三行需要同时积分，有

$$\begin{bmatrix} \dfrac{\mathrm{d}u_{j-1}}{\mathrm{d}t} \\[2mm] \dfrac{\mathrm{d}u_j}{\mathrm{d}t} \\[2mm] \dfrac{\mathrm{d}u_{j+1}}{\mathrm{d}t} \end{bmatrix} = \frac{1}{(\Delta x)^2}\begin{bmatrix} 1 & -2 & 1 & & \\ & 1 & -2 & 1 & \\ & & 1 & -2 & 1 \end{bmatrix}\begin{bmatrix} u_{j-2} \\ u_{j-1} \\ u_j \\ u_{j+1} \\ u_{j+2} \end{bmatrix}$$

或写为

$$\begin{bmatrix} \dfrac{\mathrm{d}u_{j-1}}{\mathrm{d}t} \\ \dfrac{\mathrm{d}u_j}{\mathrm{d}t} \\ \dfrac{\mathrm{d}u_{j+1}}{\mathrm{d}t} \end{bmatrix} = \frac{1}{(\Delta x)^2}\begin{bmatrix} -2 & 1 & \\ 1 & -2 & 1 \\ & 1 & -2 \end{bmatrix}\begin{bmatrix} u_{j-1} \\ u_j \\ u_{j+1} \end{bmatrix} + \frac{1}{(\Delta x)^2}\begin{bmatrix} u_{j-2} \\ 0 \\ u_{j+2} \end{bmatrix}, \quad j=2,\cdots,J-2 \quad (2.2.3)$$

从数学形式上看，这是一个非齐次常微分方程组，其非齐次项由子域外节点 $j-2$ 和 $j+2$ 的值 u_{j-2} 和 u_{j+2} 所决定。设在时刻 $t=k\Delta t$ 处，已经求得空间各节点的 $u_j^{(k)}$ 值，现在要计算出经过一个时间步长 Δt 后，即在 $t=(k+1)\Delta t$ 时刻的 $u_j^{(k+1)}(j=1,2,\cdots,J-1)$。

显然，在应用精细积分算法求解式（2.2.3）时将涉及如何近似处理 u_{j-2} 和 u_{j+2} 的问题。当时间步长 Δt 比较小时，可以将它们近似看做常数或时间的线性函数。相应地就有显式格式和隐式格式两类算法。

1. 显式格式

若在步长 Δt 积分时间段内，认为 u_{j-2} 和 u_{j+2} 分别保持为在 $t=k\Delta t$ 时刻的值 $u_{j-2}^{(k)}$ 和 $u_{j+2}^{(k)}$，这就是显式格式。此时，式（2.2.3）可写为如下矩阵形式：

$$\frac{\mathrm{d}u}{\mathrm{d}t}=mu+f^{(k)}, \quad \Delta t < t < (k+1)\Delta t \quad (2.2.4)$$

式中，$u=[u_{j-1},u_j,u_{j+1}]^{\mathrm{T}}$；$f^{(k)}=\dfrac{1}{(\Delta x)^2}[u_{j-2}^{(k)},0,u_{j+2}^{(k)}]^{\mathrm{T}}$；$m$ 是一个对称的系数矩阵，其表达式为

$$m=\frac{1}{(\Delta x)^2}\begin{bmatrix} -2 & 1 & \\ 1 & -2 & 1 \\ & 1 & -2 \end{bmatrix} \quad (2.2.5)$$

因此，矩阵指数是 $T=e^{m\Delta t}$，可以采用前面介绍的算法进行计算。注意到，m 矩阵与下标 j 无关，所以只需计算一次。显式格式的计算公式为

$$u^{(k+1)}=Tu^{(k)}+(T-I)m^{-1}f^{(k)} \quad (2.2.6)$$

在 $u^{(k+1)}$ 中，其中央点的 $u_j^{(k+1)}$ 值最重要，当然也已经同时算出了 $u_{j-1}^{(k+1)}$ 和 $u_{j+1}^{(k+1)}$ 的值。除了边界附近 $u_1^{(k+1)}$ 和 $u_{J-1}^{(k+1)}$ 之外，其余的 j 可以仍由式（2.2.6）的中央点计算而得。如果要节约计算工作量，则式（2.2.6）只需要对 $j=2,4,6,\cdots,J-2$ 执行，而 j 为奇数的点可由子域积分得到的值平均得到。

与差分法显式积分格式一样，基于子域技术的时程精细显式积分也有一个误差积

累问题，但其效果比差分法显式积分格式要好得多。如果采用蛙跳方法，则可以获得很好的效果。此时除第一步用向前精细积分外，以后各步应采用公式：

$$T = \mathrm{e}^{2m\Delta t} \tag{2.2.7}$$

和

$$u^{(k+1)} = Tu^{(k-1)} + (T - I)m^{-1}f^{(k)} \tag{2.2.8}$$

分别去代替指数矩阵 $T = \mathrm{e}^{m\Delta t}$ 和式（2.2.6）。

　　由于蛙跳格式对于子域两端边界点的插值具有 $(\Delta t)^2$ 量级的精度，所以式（2.2.8）的效果比式（2.2.6）好，当然比向前差分的 $(\Delta t)^1$ 更要好得多。应当强调指出，控制对子域两端边界点的插值误差，使它不要太大，这是一种提高基于子域技术的时程精细积分法计算精度很重要的手段。

　　2. 隐式格式

　　从计算精度要求来看，选用梯形插值格式（Crank-Nicolson）更为合适。此时，应该用

$$f = f^{(k)} + \frac{(f^{(k+1)} - f^{(k)})(t - k\Delta t)}{\Delta t} = r_0 + r_1(t - k\Delta t) \tag{2.2.9}$$

$$r_0 = f^{(k)}, \quad r_1 = \frac{f^{(k+1)} - f^{(k)}}{\Delta t} \tag{2.2.10}$$

来代替式（2.2.4）中的非齐次项 $f^{(k)}$ 列向量。按照文献[2]积分得到

$$u^{(k+1)} = T\left[u^{(k)} + m^{-1}(r_0 + m^{-1}r_1) \right] - m^{-1}\left[r_0 + m^{-1}r_1 + r_1\Delta t \right] \tag{2.2.11}$$

由于式（2.2.11）右端中的 r_1 仍需要在时刻 $(k+1)\Delta t$ 的 $u_{j-2}^{(k+1)}$ 和 $u_{j+2}^{(k+1)}$ 的值，但它们却也是待求的，因此这是一个隐式公式。

　　虽然隐式格式不存在稳定性问题，但计算起来很不方便，并且增加了许多工作量。所以，一般不采用隐式格式。

　　最后需要指出，子域的选择和划分都是任意的，并不是一定要如上面那样从全部方程中取三行。子域之间也可以是互相覆盖的，也不要求各个子域的大小都是相同的。若将子域取成全域，就成为全域时程精细积分。子域技术的计算误差除了与空间坐标离散有关，还与子域的带宽和积分步长有关。若带宽（相应于子域大小）选取越大、时间步长选取越小，则计算精度也就越高，否则计算误差较大。因为当时间步长增大时，相隔较远的空间点之间的作用将增大。而在该算法中没有体现这种作用，因此将引起误差。要减少这种误差，就要注意子域的划分尺度不能太小。在实际使用基于子域技术的时程精细积分方法时，需要在计算量与计算精度之间作出一定的权衡。计算经验表明，子域技术在存储量和算法用时上都具有一定的优势。

　　如图 2.2.1（a）所示，三个内点的子域的长度为四个空间步长 Δx，全域共有九个

子域，其中央点分别是 $2,4,6,\cdots,18$。显然它们之间互相有覆盖。图 2.2.1（b）是七个内点的子域划分，各子域的长度为八个空间步长 Δx，共有中央点为 $4,8,12,16$ 的四个子域，也是互相覆盖的。从表 2.2.2 和表 2.2.3 中可以看出，一个内点的子域划分的数值结果远不如三个内点的子域划分，而七个内点的子域划分比三个内点的子域划分其精度又有较大的提高。这表明子域选得越大，精度就会越高。换句话说，子域边界离中央点远一些，就不容易造成误差。此外，显式格式的效果已很好，没有采用隐式格式的必要。

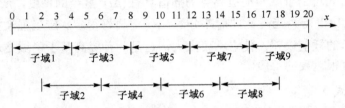

(a) 各子域有三个内点，四个区间，全域共有九个子域。中央点分别是2,4,6,…,18

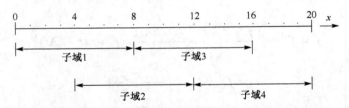

(b) 各子域有七个内点，八个区间，全域共有四个子域。中央点分别是4,8,12,16

图 2.2.1　子域划分示意图[5]

对式（2.2.2）进行数值求解，若按下列差分法显式积分格式：

$$\left(u_j^{(k+1)} - u_j^{(k)}\right)\big/\Delta t = \left(u_{j+1}^{(k)} - 2u_j^{(k)} + u_{j-1}^{(k)}\right)\big/(\Delta x)^2 \qquad (2.2.12)$$

来计算。其稳定性条件为

$$\Delta t \leqslant (\Delta x)^2\big/2 \qquad (2.2.13)$$

那么，对等分 $\Delta x = 0.1$，向前差分的稳定性条件为 $\Delta t \leqslant 0.005$。现在，如果取 $\Delta t = 0.005$，采用向前差分公式计算就很冒险。然而，采用基于子域技术的时程精细积分，就比较放心。如果采用基于子域技术的时程精细积分法的显式格式进行计算，则对于不同的子域划分（式（2.2.3）相当于三个内点），分别取 $p = 1,3,7,9$ 个内点的四种子域划分，其数值结果见表 2.2.2。表中，$p = 19$ 为全域。

从表中可以看出，$p = 7,9$ 个内点的两种子域划分的计算结果与全域精细积分的计算结果最为接近。

采用蛙跳格式（只有第一步采用向前格式），对于 $p = 1,3,7,9$ 个内点的四种子域划分，其数值结果见表 2.2.3。表中，$p = 19$ 为全域。

表 2.2.2　基于子域技术的时程精细积分法显式格式[5]（$\Delta t = 0.005$，不同子域
内点当 $t = 0.50$ 时的结果）

p \ u \ x	0.2	0.4	0.6	0.8	1.0
1	1.14851	2.18502	3.00815	3.53698	3.71928
3	0.83719	1.59401	2.19473	2.58046	2.71338
7	0.75496	1.43797	1.98251	2.33075	2.45218
9	0.74636	1.42078	1.95873	2.30354	2.42226
19	0.73277	1.39383	1.91845	2.25529	2.37136

表 2.2.3　基于子域技术的时程精细积分法蛙跳格式[5]（$\Delta t = 0.005$，不同子域
内点当 $t = 0.50$ 时的结果）

p \ u \ x	0.2	0.4	0.6	0.8	1.0
1	0.98282	1.86954	2.57337	3.02535	3.18111
3	0.73701	1.40244	1.93056	2.26965	2.38650
7	0.73263	1.39349	1.91787	2.25531	2.37089
9	0.73289	1.39405	1.91906	2.25513	2.37203
19	0.73277	1.39383	1.91845	2.25529	2.37136

上述数值结果都是使用同一个时间步长 $\Delta t = 0.005$ 来计算的。现在，我们考虑不同时间步长对计算结果的影响，其数值结果见表 2.2.4。从表中可以看出，蛙跳格式对时间步长不甚敏感，尤其是当子域选得较大时。例如，7 个内点的子域划分对 10 倍大的时间步长仍然能给出较好的结果。

表 2.2.4　对于 $p = 3,7$ 个内点的两种子域划分，蛙跳格式在不同时间步长的结果[5]（当 $t = 0.50$ 时）

p	Δt \ u \ x	0.2	0.4	0.6	0.8	1.0
3	0.005	0.73701	1.40244	1.93056	2.26965	2.38650
	0.010	0.76993	1.46537	2.01733	2.37174	2.49386
	0.020	0.93779	1.79237	2.45664	2.90070	3.03691
7	0.005	0.73263	1.39349	1.91787	2.25531	2.37089
	0.010	0.73164	1.39125	1.91711	2.25271	2.37040
	0.020	0.72974	1.38797	1.92402	2.24964	2.38002
	0.050	0.76675	1.48050	2.09811	2.40196	2.59668

2.3　时程精细积分算法的稳定性分析

由于某种原因，任何一种数值方法在运用于实际计算过程中总会不可避免地引入舍入误差。一般来说，某一步产生的舍入误差虽然只是一个很微小的扰动，但这类小扰动都会在以后的逐步计算中传播下去和积累起来。很显然，在传播过程中这类小扰动的积累势必会给计算结果造成一定的影响。然而，我们关心的是它会不会恶性地增长，以至于给计算结果造成难以估量的影响。我们希望一种数值方法，任一步（如开

始时）产生的误差，最好在以后的计算过程中能够被控制，甚至是逐步削弱的。如果是这样，称这种数值方法是绝对稳定的。

　　在讨论精细积分算法的稳定性之前，我们先对稳定性概念作一个简单的介绍。收敛性和稳定性是数值分析方法研究中两个重要的概念，在数值分析的不同分支，它们的含义可以不同。一般来说，收敛性反映了递推公式本身的截断误差对计算结果的影响，也就是指当步长（空间、时间）趋于 0 时，递推公式的真解是否能逼近于微分方程的解。稳定性则反映了在某一计算步骤中产生的误差对计算结果的影响，是指用一个递推公式进行实际计算时，由于舍入误差的影响，一般所得到的并不是该递推公式的真解，而是近似解，如果舍入误差的积累使得近似解远远偏离真解，则该递推公式是不稳定的，否则是稳定的。数值算法的稳定性是与计算过程中所使用的递推步长 h 密切相关的。就某一种数值算法来说，它在一种步长下是稳定的递推公式，取大一点的步长可能就会变得不稳定。在实际计算中，只有既收敛而又稳定的数值算法才可以运用。一般来说，要证明一种数值方法的收敛性是比较困难的，而判别它的稳定性相对要容易得多。事实上，Lax 等价定理指明，在一定条件下，稳定性和收敛性是等价的[10,11]。从而收敛性问题的讨论可由稳定性问题的讨论得到解决。因此，我们在本书中只讨论精细积分算法的稳定性问题。

2.3.1　试验方程检验方法

　　在数值分析中，通常都是针对初值问题式（2.3.1）的形式来检验一种数值算法计算的稳定性，而不失一般性。

$$\frac{\mathrm{d}y}{\mathrm{d}t} = \lambda y, \quad y(t=0) = y^{(0)} \tag{2.3.1}$$

式中，λ 为常数，可以是复数，且 $\mathrm{Re}(\lambda) < 0$。把式（2.3.1）中的常微分方程称为实验方程或试验方程。把某一种数值方法以定步长 h 用于解这个实验方程时，如果只是在计算开始时产生误差，而这误差以后逐步削弱，我们就说这解法相对该步长 h 是绝对稳定的。或者说，当递推步数 $k \to \infty$ 时，方程的解 $y_k \to 0$，则称这解法相对该步长 h 是绝对稳定的。只在一定条件下才稳定的方法，称为条件稳定的；否则，称为不稳定的。一般来说，h 的全体称为绝对稳定区域，绝对稳定区域越大，这种解法的绝对稳定性越好。

　　如果对式（2.3.1）采用精细算法求解，则有

$$y^{(k+1)} = T^{k+1} y^{(0)} \tag{2.3.2}$$

式中

$$T = \mathrm{e}^{\lambda \Delta t} \tag{2.3.3}$$

所以，若 $y^{(0)}$ 有一个扰动 $\varepsilon^{(0)}$，则它所引起 $y^{(k+1)}$ 的偏差显然为

$$\varepsilon^{(k+1)} = T^{k+1} \varepsilon^{(0)} \tag{2.3.4}$$

因此，为了使 $\left| \varepsilon^{(k+1)} \right| \leqslant \left| \varepsilon^{(0)} \right|$，就必须要求

$$|T| \leqslant 1 \tag{2.3.5}$$

满足这个条件的 Δt 区域称为精细算法的绝对稳定区域。

在运用精细算法计算 $T = e^{\lambda \Delta t}$ 时，有

$$T = e^{\lambda \Delta t} = [e^{\lambda \tau}]^l = [1 + \lambda \tau + (\lambda \tau)^2 / 2! + (\lambda \tau)^3 / 3! + (\lambda \tau)^4 / 4! + \cdots + (\lambda \tau)^L / L!]^l \tag{2.3.6}$$

式中，$\tau = \Delta t / l$。例如，取 $l = 2^N$。因此，式（2.3.5）所表示的稳定性条件就转化为

$$\left| 1 + \lambda \tau + (\lambda \tau)^2 / 2! + (\lambda \tau)^2 / 3! + (\lambda \tau)^4 / 4! + \cdots + (\lambda \tau)^L / L! \right| \leqslant 1 \tag{2.3.7}$$

显然，如果在运用精细算法计算时，取截断阶数 $L \to \infty$，则式（2.3.7）可表达为

$$\left| 1 + \lambda \tau + (\lambda \tau)^2 / 2! + (\lambda \tau)^3 / 3! + (\lambda \tau)^4 / 4! + \cdots + (\lambda \tau)^n / n! + \cdots \right| = \left| e^{\lambda \tau} \right| \leqslant 1 \tag{2.3.8}$$

因为 $\mathrm{Re}(\lambda) < 0$，这说明在取截断阶数 $L \to \infty$ 时，对于步长 Δt 的任何取值来说，精细算法都是稳定的。

但是，在运用精细算法进行实际计算时，截断阶数 L 的取值总是有限的。这时，从式（2.3.7）不难看出，精细算法是条件稳定的。例如，如果取 $\lambda = \mathrm{j}$（其中，j 是虚数单位），则有如下结果。

（1）当取 1 阶 Taylor 级数展开时，有 $|1 + \lambda \tau| = |1 + \mathrm{j}\tau| = \sqrt{1 + \tau^2} > 1$。这说明对于任何步长 Δt 的取值，精细积分算法都是不稳定的。

（2）当取 2 阶 Taylor 级数展开时，有 $\left| 1 + \lambda \tau + (\lambda \tau)^2 / 2! \right| = \left| 1 + \mathrm{j}\tau + (\mathrm{j}\tau)^2 / 2! \right| = \sqrt{1 + \tau^4 / 4}$ > 1。也同样说明对于任何步长 Δt 的取值，精细算法都是不稳定的。

（3）当取 3 阶 Taylor 级数展开时，有

$$\left| 1 + \lambda \tau + (\lambda \tau)^2 / 2! + (\lambda \tau)^3 / 3! \right| = \left| 1 + \mathrm{j}\tau + (\mathrm{j}\tau)^2 / 2! + (\mathrm{j}\tau)^3 / 3! \right| = \sqrt{1 - \tau^4 / 12 + \tau^6 / 36}$$

不难求得，稳定性条件式（2.3.7）成立的条件为

$$\tau \leqslant \sqrt{3} \tag{2.3.9}$$

这说明当步长 $\Delta t \leqslant \sqrt{3} l = 2^N \sqrt{3}$ 时，精细算法才是稳定的。否则，将是不稳定的。

（4）当取 4 阶 Taylor 级数展开时，有

$$\left| 1 + \lambda \tau + (\lambda \tau)^2 / 2! + (\lambda \tau)^3 / 3! + (\lambda \tau)^4 / 4! \right| = \left| 1 + \mathrm{j}\tau + (\mathrm{j}\tau)^2 / 2! + (\mathrm{j}\tau)^3 / 3! + (\mathrm{j}\tau)^4 / 4! \right|$$

$$= \sqrt{1 - \tau^6 / 72 + \tau^8 / 576}$$

不难求得，稳定性条件式（2.3.7）成立的条件为

$$\tau \leqslant 2\sqrt{2} \tag{2.3.10}$$

这说明当步长 $\Delta t \leqslant 2\sqrt{2} l = 2^{N+1} \sqrt{2}$ 时，精细算法才是稳定的。否则，将是不稳定的。

（5）当取其他阶 Taylor 级数展开时，稳定性条件会变得复杂一些。

从应用的角度来看，按式（2.3.10），只要取 $L = 4$，$N = 20$，则如果要发生算法

失稳，就要使用步长 Δt 取值超过 2965821，而实际上这是不可能发生的。总之，上述分析结果说明精细算法的稳定是有条件的。

2.3.2　稳定性分析的直接方法

现在，我们来研究递推公式（2.1.11）的稳定性，它可以表示为如下的一般形式：

$$u^{(k+1)} = Tu^{(k)} + f^{(k)} \tag{2.3.11}$$
$$u^{(0)} = C$$

式中，$T = \mathrm{e}^{m\Delta t}$。递推公式（2.3.11）的近似解 $\tilde{u}^{(k)}$ 应满足

$$\tilde{u}^{(k+1)} = T\tilde{u}^{(k)} + f^{(k)} \tag{2.3.12}$$
$$\tilde{u}^{(0)} = C + \varepsilon^{(0)}$$

式中，$\varepsilon^{(0)}$ 为初始时刻的误差向量。若记

$$\varepsilon^{(k)} = \tilde{u}^{(k)} - u^{(k)} \tag{2.3.13}$$

则由式（2.3.11）和式（2.3.12）得到

$$\varepsilon^{(k+1)} = T\varepsilon^{(k)}$$

所以，有

$$\varepsilon^{(k)} = T^k \varepsilon^{(0)} \tag{2.3.14}$$

不难看出，若对于任意的正整数 k，有 $\|T\|^k \leqslant D$（D 为与空间步长 Δx 和时间步长 Δt 无关的常数），则

$$\|\varepsilon^{(k)}\| \leqslant D\|\varepsilon^{(0)}\|$$

这表明初始误差 $\varepsilon^{(0)}$ 对以后递推结果的影响是有界的。特别地，当 $\|T\| < 1$ 时，则误差将逐步地减小。或者说，当 $\|T\| < 1$ 时，递推公式（2.3.11）是稳定的。

虽然 $\|T\| < 1$ 是判断递推公式稳定性的充分必要条件，但由于计算矩阵范数十分困难，所以在具体应用中并不方便。在实际应用中，递推公式（2.3.11）稳定的必要条件为[11]

$$\rho(T) \leqslant 1 + O(\Delta t) \tag{2.3.15}$$

式中，$\rho(T)$ 为矩阵 T 的谱半径。这个必要条件对于稳定性的具体判断十分重要，在许多情况下它也是充分的。特别地，若 T 是实对称矩阵，则式（2.3.15）就是稳定性的充分必要条件。我们把这种利用矩阵的谱半径来判断一种数值方法稳定性的方法，称为研究稳定性的直接方法。在下面内容中，我们就用这种直接方法来判断时程精细积分算法的稳定性。

利用矩阵理论，指数矩阵 $T = \mathrm{e}^{m\Delta t}$ 中的矩阵 m（其表达式见式（2.1.8））可以分解成

$$m = \gamma \mathrm{diag}(\lambda_i)\gamma^{-1} \tag{2.3.16}$$

式中，γ 和 λ_i 分别是矩阵 m 的本征列向量和本征值。对于式（2.1.8）给出的矩阵 m 有

$$\lambda_i = -\frac{4}{\mu\gamma(\Delta x)^2}\sin^2\left(\frac{i\pi}{2M}\right), \quad i = 1, 2, \cdots, M-1 \tag{2.3.17}$$

在应用精细算法实际计算 $\boldsymbol{T} = \mathrm{e}^{m\Delta t}$ 时，有

$$\boldsymbol{T} = [\boldsymbol{I} + m\tau + (m\tau)^2/2! + (m\tau)^3/3! + (m\tau)^4/4! + \cdots + (m\tau)^L/L!]^l \tag{2.3.18}$$

式中，$\tau = \Delta t/l$。把式（2.3.16）代入式（2.3.18），容易得到

$$\boldsymbol{T} = \gamma\,\mathrm{diag}(r_i)\gamma^{-1} \tag{2.3.19}$$

式中，r_i 是矩阵 $\boldsymbol{T}$ 的本征值，有

$$r_i = \left[1 + \lambda_i\tau + \frac{(\lambda_i\tau)^2}{2!} + \frac{(\lambda_i\tau)^3}{3!} + \frac{(\lambda_i\tau)^4}{4!} + \cdots + \frac{(\lambda_i\tau)^L}{L!}\right]^l, \quad i = 1, 2, \cdots, M-1 \tag{2.3.20}$$

或者

$$r_i = \left[1 + \frac{\lambda_i\Delta t}{l} + \frac{(\lambda_i\Delta t)^2}{2!l^2} + \frac{(\lambda_i\Delta t)^3}{3!l^3} + \frac{(\lambda_i\Delta t)^4}{4!l^4} + \cdots + \frac{(\lambda_i\Delta t)^L}{L!l^L}\right]^l, \quad i = 1, 2, \cdots, M-1 \tag{2.3.21}$$

所以有

$$\rho(\boldsymbol{T}) = \max_i|r_i|$$

欲使时程精细积分方法稳定，就应有

$$\left|1 + \frac{\lambda_i\Delta t}{l} + \frac{(\lambda_i\Delta t)^2}{2!l^2} + \frac{(\lambda_i\Delta t)^3}{3!l^3} + \frac{(\lambda_i\Delta t)^4}{4!l^4} + \cdots + \frac{(\lambda_i\Delta t)^L}{L!l^L}\right| \leqslant 1, \quad i = 1, 2, \cdots, M-1 \tag{2.3.22}$$

由于

$$\lim_{M\to\infty}\sin\frac{(M-1)\pi}{2M} = 1$$

所以，由式（2.3.17）得

$$\lambda_i = -\frac{4}{\mu\gamma(\Delta x)^2}$$

将其代入式（2.3.22），得到

$$\left|1 - \frac{4\Delta t}{\mu\gamma l(\Delta x)^2} + \frac{16(\Delta t)^2}{2!(\mu\gamma l)^2(\Delta x)^4} - \frac{64(\Delta t)^3}{3!(\mu\gamma l)^3(\Delta x)^6} + \frac{256(\Delta t)^4}{4!(\mu\gamma l)^4(\Delta x)^8} + \cdots + \frac{(-4\Delta t)^L}{L!(\mu\gamma l)^L(\Delta x)^{2L}}\right| \leqslant 1$$

$$\tag{2.3.23}$$

这时，不难从式（2.3.23）中看出，时程精细积分方法是条件稳定的。其稳定性条件的具体形式与截断阶数 L 和预先所选取的正整数 N（注意到 $l = 2^N$）都有关，为了节省篇幅，这里不再赘述。特别应该注意到，若取 1 阶 Taylor 级数展开，且选取 $N = 0$，则由式（2.3.23）得到

$$\frac{\Delta t}{\mu\gamma(\Delta x)^2} \leqslant \frac{1}{2} \tag{2.3.24}$$

大家对式（2.3.24）都十分熟悉，它就是普通的差分 FTCS（front time central space，时间向前空间中心）显式格式的稳定性条件[12]。这也说明，若取 1 阶 Taylor 级数展开，且选取 $N=0$，则精细积分法将退化为普通的差分 FTCS 显式格式。

需要指出的是，利用矩阵的谱半径来判断一种数值方法稳定性的这种直接方法，在实际应用时常会遇到困难，对于多维情形更是如此。von Neumann 方法是一种更为实用的方法，也称为按傅里叶展开的分离变量法[11]。

2.3.3　稳定性分析的一种简化方法

实际上，我们也可以假设除某个节点 i 之外，而在其他节点 $(j \neq i)$ 上始终没有舍入误差，它们都为真解。若节点 i 上在初始时刻有舍入误差，即 $\tilde{u}_i^{(0)} = u_i^{(0)} + \varepsilon^{(0)}$，现在考察在以后的计算过程中这个误差 $\varepsilon^{(0)}$ 的传播情况将如何。

由式（2.1.6）可知，节点 i 上的 u_i 满足如下微分方程：

$$\frac{\mathrm{d}u_i}{\mathrm{d}t} = -\frac{2}{\mu\gamma(\Delta x)^2}u_i + \frac{1}{\mu\gamma(\Delta x)^2}(u_{i+1}+u_{i-1}) \tag{2.3.25}$$

现在引入近似，若将右端项 $(u_{i+1}+u_{i-1})$ 看做常值 $(u_{i+1}^{(k)}+u_{i-1}^{(k)})$，就不难得到 $u_i(t)$ 在采样时刻 $t_k=(k+1)\Delta t$ $(k=0,1,2,\cdots)$ 时数值 $u^{(k+1)}$ 为

$$u_i^{(k+1)} = \mathrm{e}^{m\Delta t}u_i^{(k)} + \frac{1}{2}(u_{i+1}^{(k)}+u_{i-1}^{(k)})(1-\mathrm{e}^{m\Delta t}) \tag{2.3.26}$$

式中，$m=-\dfrac{2}{\mu\gamma(\Delta x)^2}$，这就是 $u_i(t)$ 的时程积分公式；$T=\mathrm{e}^{m\Delta t}$ 可以采用精细算法计算得到。

设引入舍入误差后的解为 $\tilde{u}_i^{(k)}$，显然 $\tilde{u}_i^{(k)}$ 满足下列方程：

$$\tilde{u}_i^{(k+1)} = \mathrm{e}^{m\Delta t}\tilde{u}_i^{(k)} + \frac{1}{2}(u_{i+1}^{(k)}+u_{i-1}^{(k)})(1-\mathrm{e}^{m\Delta t}) \tag{2.3.27}$$

令误差 $\varepsilon^{(k)}=\tilde{u}_i^{(k)}-u_i^{(k)}$，则易知 $\varepsilon^{(k)}$ 应满足

$$\varepsilon^{(k+1)}=T\varepsilon^{(k)}=T^{k+1}\varepsilon^{(0)} \tag{2.3.28}$$

因此，为了使 $\left|\varepsilon^{(k+1)}\right| \leqslant \left|\varepsilon^{(0)}\right|$，就必须要求

$$|T| \leqslant 1 \tag{2.3.29}$$

在运用精细积分算法计算 $T=\mathrm{e}^{m\Delta t}$ 时，有

$$T = \mathrm{e}^{m\Delta t} = [\mathrm{e}^{m\tau}]^l = [1+m\tau+(m\tau)^2/2!+(m\tau)^3/3!+(m\tau)^4/4!+\cdots+(m\tau)^L/L!]^l \tag{2.3.30}$$

式中，$\tau=\Delta t/l$。例如，取 $l=2^N$。因此，式（2.3.29）所表示的稳定性条件就转化为

$$\left|1 + m\tau + (m\tau)^2 / 2! + (m\tau)^3 / 3! + (m\tau)^4 / 4! + \cdots + (m\tau)^L / L!\right| \le 1 \qquad (2.3.31)$$

这时，不难从式（2.3.31）中看出，精细积分算法是条件稳定的。其稳定性条件的具体形式与截断阶数 L 和预先所选取的正整数 N（注意到 $l = 2^N$）都有关，为了节省篇幅，这里不再赘述。特别应该注意到，若取 1 阶 Taylor 级数展开，且选取 $N = 0$，则由式（2.3.31）得到

$$\frac{\Delta t}{\mu\gamma(\Delta x)^2} \le 1 \qquad (2.3.32)$$

这里应该注意到，当取 1 阶 Taylor 级数展开，且选取 $N = 0$ 时，式（2.3.26）就转化为如下差分 FTCS 格式：

$$u_i^{(k+1)} = \left(1 - \frac{2\Delta t}{\mu\gamma(\Delta x)^2}\right)u_i^{(k)} + \frac{\Delta t}{\mu\gamma(\Delta x)^2}(u_{i+1}^{(k)} + u_{i-1}^{(k)}) \qquad (2.3.33)$$

其稳定性条件却为[12]

$$\frac{\Delta t}{\mu\gamma(\Delta x)^2} \le \frac{1}{2} \qquad (2.3.34)$$

显然，稳定性条件式（2.3.32）要比稳定性条件式（2.3.34）宽松一些。这是由于在导出稳定性条件式（2.3.32）时，我们认为除节点 i 之外，在其他节点 $(j \ne i)$ 上始终没有舍入误差。换句话说，没有考虑其他节点 $(j \ne i)$ 上的舍入误差对节点 i 处 $u^{(k)}$ 计算稳定性的影响。

2.4　精细积分算法的精度分析——误差上界与逼近机理

在 2.3 节中我们已经指出，精细积分算法的实质不是直接计算矩阵指数的全量，而是通过只计算其在单位矩阵以外的增量，而达到使展开式的计算截断误差减小。当然，精细积分算法在计算效率优化，特别是递推阶数 N 值的选取与 Taylor 展开式中保留项数 L 值的选取上仍然留有问题需要研究[13~16]。因为这些参数的如何选取直接地影响着算法的效率和精度。另外，对于动力学问题来说[17~20]，积分时间步长的选取也是一个问题，特别是在结构自振频率未知的情况下，如何保证算法的精度仍然是值得研究的问题。

2.4.1　时间步长 Δt 的选择

不管时间步长 Δt 多大，只要 N 足够大，矩阵 T 就可以相当精确地计算出来，对 $t = k\Delta t$ 处的精度没有什么影响。实际上，在 N 足够大时，最大时间步长的选取将依赖于动力系统的自振频率。

从信号分析和处理的角度来看，离散间隔 Δt 表示了响应的采样间隔。对于无先验知识的一般信号，根据采样定理，$\pi/\Delta t$ 应大于分析频率。或者说，间隔为 Δt 的离散数据只能表示信号中频率低于 $\pi/\Delta t$ 的成分。

当 Δt 不满足采样定理时，要采用一定的数字滤波措施以降低混频。经过数字滤波处理后，可以放宽 Δt 的要求。

2.4.2 精细算法的误差上界

在应用精细积分算法对矩阵指数 $T = e^{m\Delta t}$ 进行高精度计算时，将积分步长 Δt 细分为 $l = 2^N$ 等份，每等份的长度 $\tau = \Delta t / l$，则

$$
\begin{aligned}
T &= e^{m\Delta t} = [e^{m\tau}]^{2^N} \\
&= [(I + T_a^{(0)})^2]^{2^{N-1}} \\
&= [(I + T_a^{(1)})^2]^{2^{N-2}} \\
&\quad \vdots \\
&= [(I + T_a^{(j)})^2]^{2^{N-(j+1)}} \\
&= [(I + T_a^{(j+1)})^2]^{2^{N-(j+2)}} \\
&\quad \vdots \\
&= [(I + T_a^{(N-1)})^2] \\
&= [I + T_a^{(N)}]
\end{aligned}
\tag{2.4.1}
$$

式中

$$
T_a^{(j+1)} = 2T_a^{(j)} + T_a^{(j)} \times T_a^{(j)}, \quad j = 0, 1, 2, \cdots, N-1 \tag{2.4.2a}
$$

$$
T_a^{(0)} = (m\tau) + (m\tau)^2 / 2! + (m\tau)^3 / 3! + (m\tau)^4 / 4! + \cdots + (m\tau)^L / L! + \cdots \tag{2.4.2b}
$$

不难看出，执行以下循环计算就等于式（2.4.1）、式（2.4.2a）所描述的逐步递推过程：

$$
\text{for} \quad (j = 0; j < N; j++) \quad T_a^{(j+1)} = 2T_a^{(j)} + T_a^{(j)} \times T_a^{(j)} \tag{2.4.3}
$$

当完成循环时，再作如下计算：

$$
T = I + T_a^{(N)} \tag{2.4.4}
$$

最后，就能得到矩阵指数 $T = e^{m\Delta t}$ 的精细计算结果。

在计算机进行实际运算时，总要把式（2.4.2b）右边的无限项之和截断成有限项数之和。如果把截取的前 $L(L \geq 1)$ 项之和记为 $\overline{T}_a^{(0)}$，并将剩余项之和记为 $\overline{R}_L^{(0)}$（称为初始截项误差），有

$$
T_a^{(0)} = \overline{T}_a^{(0)} + \overline{R}_L^{(0)} \tag{2.4.5}
$$

这样，由递推公式（2.4.2a），有

$$
\overline{T}_a^{(j+1)} + \overline{R}_L^{(j+1)} = 2(\overline{T}_a^{(j)} + \overline{R}_L^{(j)}) + (\overline{T}_a^{(j)} + \overline{R}_L^{(j)}) \times (\overline{T}_a^{(j)} + \overline{R}_L^{(j)}) \tag{2.4.6}
$$

分解式（2.4.6）右边，可以得到

$$
\overline{T}_a^{(j+1)} = 2\overline{T}_a^{(j)} + \overline{T}_a^{(j)} \times \overline{T}_a^{(j)}, \quad j = 0, 1, 2, \cdots, N-1 \tag{2.4.7a}
$$

$$\overline{R}_L^{(j+1)} = 2\overline{R}_L^{(j)} + \overline{R}_L^{(j)} \times \overline{R}_L^{(j)} + 2\overline{T}_a^{(j)} \times \overline{R}_L^{(j)}, \quad j = 0,1,2,\cdots,N-1 \quad (2.4.7b)$$

式（2.4.7a）即为文献[3]、[4]给出的精细计算公式，而式（2.4.7b）为文献[16]给出的精细算法的计算误差传播公式。

不难证明，有下列不等式成立：

$$
\begin{aligned}
\overline{R}_L^{(j+1)} &= 2\overline{R}_L^{(j)} + \overline{R}_L^{(j)} \times \overline{R}_L^{(j)} + 2\overline{T}_a^{(j)} \times \overline{R}_L^{(j)} \\
&\leqslant 2\overline{R}_L^{(j)}(I + \overline{R}_L^{(j)} + \overline{T}_a^{(j)}) \\
&= 2\overline{R}_L^{(j)}(I + T_a^{(j)})
\end{aligned}
\quad (2.4.8)
$$

由式（2.4.1）可看出

$$T = [(I + T_a^{(j)})^2]^{2^{N-(j+1)}} = [I + T_a^{(j)}]^{2^{N-j}} \quad \text{或} \quad I + T_a^{(j)} = T^{\left(\frac{1}{2}\right)^{N-j}} \quad (2.4.9)$$

将式（2.4.9）代入式（2.4.8），得到

$$\overline{R}_L^{(j+1)} \leqslant 2\overline{R}_L^{(j)} \times T^{\left(\frac{1}{2}\right)^{N-j}} \quad (2.4.10)$$

由式（2.4.10）可以归纳推出

$$
\begin{aligned}
\overline{R}_L^{(N)} &\leqslant \overline{R}_L^{(0)} \times 2^N \times T^{\sum_{j=1}^{N}\left(\frac{1}{2}\right)^j} \\
&= \overline{R}_L^{(0)} \times 2^N \times T^{1-2^{-N}}
\end{aligned}
\quad (2.4.11)
$$

另一方面，根据 Taylor 级数展开理论，在截断 $T_a^{(0)}$ 时所带来的初始截项误差为

$$\overline{R}_L^{(0)} = \frac{e^{\theta(m\tau)}}{(L+1)!}(m\tau)^{L+1}, \quad \theta \in (0,1) \quad (2.4.12)$$

将式（2.4.12）代入式（2.4.11），最后得到

$$
\begin{aligned}
\overline{R}_L^{(N)} &\leqslant \frac{e^{\theta(m\tau)}}{(L+1)!}(m\tau)^{L+1} \times 2^N \times T^{1-2^{-N}} \\
&= \left(\frac{1}{2^{N \times L}} \times \frac{e^{\theta(m\tau)} \times (m\Delta t)^{L+1}}{(L+1)!}\right) \times T^{1-2^{-N}}
\end{aligned}
\quad (2.4.13)
$$

式（2.4.13）给出了精细算法的误差上界。它表明误差上界随着保留项数 L 或递推阶数 N 的增大以指数方式减小，也就是说，其计算结果以指数方式收敛于其真值。当递推阶数 N 足够大（通常取值 $N \geqslant 15$，典型取值为 20）时，再继续增大 N，$1-2^{-N}$ 几乎不发生变化。这表明适当增加保留项数通常要比单独增加递推阶数的效果会更好。这是由于随着保留项数 L 的增加，$\dfrac{e^{\theta(m\tau)} \times (m\Delta t)^{L+1}}{(L+1)!}$ 迅速减小。

分析计算过程不难看出，精细算法中存在累积误差和舍入误差两种计算误差。累

积误差是在递推过程中由初始截项误差 $\bar{\pmb{R}}_L^{(0)}$ 不断地积累所形成；而舍入误差是由于计算机只能对有限位数进行计算，从而在运算的每一步都会产生舍入。关于如何控制舍入误差的问题，在数值计算方法中有更深入的讨论。一般的做法是采用按绝对值增大的顺序进行反向相加的逆向算法。例如，对于如下初始展开式：

$$\bar{\pmb{T}}_a^{(0)} = (m\tau) + (m\tau)^2 / 2! + (m\tau)^3 / 3! + (m\tau)^4 / 4! + \cdots + (m\tau)^L / L!$$

如果给 $\pmb{X}$ 置初值 $\pmb{X} = \pmb{I}$，且执行以下循环计算：

$$\text{for} \quad (k = L; k > 1; k--) \quad \pmb{X} = \pmb{I} + \frac{m\tau}{k}\pmb{X} \qquad (2.4.14)$$

当完成循环时，再作如下计算：

$$\bar{\pmb{T}}_a^{(0)} = m\tau \times \pmb{X} \qquad (2.4.15)$$

就能够用递推方式计算出 $\bar{\pmb{T}}_a^{(0)}$ 的结果。这种递推方式不仅能减少矩阵相乘的次数，更能减小计算机计算的舍入误差。这一点应当引起使用者的足够重视。

2.4.3 逼近机理

在计算比较准确、计算机计算的舍入误差很小时，计算结果的误差主要是由初始截项误差 $\bar{\pmb{R}}_L^{(0)}$ 及其他的累积造成的。因此，控制初始截项误差 $\bar{\pmb{R}}_L^{(0)}$，使它不要太大，这是一种提高精细算法计算精度很重要的手段。

在文献[16]中，董聪等通过分析在 $\bar{\pmb{T}}_a^{(j)} \to \bar{\pmb{T}}_a^{(j+1)}$ 递推过程中 $m\tau$ 各阶项系数的演化方式，对精细算法的误差逼近机理作了深入的研究，这里予以介绍。若记

$$\bar{\pmb{T}}_a^{(0)} = a_1^{(0)}(m\tau) + a_2^{(0)}(m\tau)^2 + a_3^{(0)}(m\tau)^3 + a_4^{(0)}(m\tau)^4 + \cdots + a_L^{(0)}(m\tau)^L \quad (2.4.16\text{a})$$

和

$$\begin{aligned} \bar{\pmb{T}}_a^{(j)} &= a_1^{(j)}(m2^j\tau) + a_2^{(j)}(m2^j\tau)^2 + a_3^{(j)}(m2^j\tau)^3 + a_4^{(j)}(m2^j\tau)^4 \\ &\quad + \cdots + a_L^{(j)}(m2^j\tau)^L + \cdots \end{aligned} \qquad (2.4.16\text{b})$$

式中，$a_i^{(0)} = a_i = 1/i! (i = 1, 2, \cdots, L)$。

由递推公式 $\bar{\pmb{T}}_a^{(j+1)} = 2\bar{\pmb{T}}_a^{(j)} + \bar{\pmb{T}}_a^{(j)} \times \bar{\pmb{T}}_a^{(j)}$，得到

$$a_i^{(j+1)} = 2a_i^{(j)}(1/2)^i + (a_1^{(j)}a_{i-1}^{(j)} + a_2^{(j)}a_{i-2}^{(j)} + \cdots + a_{i-2}^{(j)}a_2^{(j)} + a_{i-1}^{(j)}a_1^{(j)})(1/2)^i \quad (2.4.17\text{a})$$

考虑到 $a_i^{(0)} > 0 (i = 1, 2, \cdots, L)$，由式（2.4.17a）可得

$$\begin{aligned} a_i^{(i)} &= a_i^{(0)}(1/2)^i(1 + a_1^{(0)}a_{i-1}^{(0)}/a_i^{(0)} + a_2^{(0)}a_{i-2}^{(0)}/a_i^{(0)} + \cdots + a_{i-1}^{(0)}a_1^{(0)}/a_i^{(0)} + 1) \\ &= a_i^{(0)}(1/2)^i(1 + i + i(i-1)/2 + \cdots + i + 1) \\ &= a_i^{(0)}(1/2)^i(1+1)^i \\ &= a_i^{(0)} \\ &= a_i \end{aligned} \qquad (2.4.17\text{b})$$

若取保留前 $L(L \geqslant 1)$ 项的 $\overline{\boldsymbol{T}}_a^{(0)}$，则对递推 $\overline{\boldsymbol{T}}_a^{(j+1)} = 2\overline{\boldsymbol{T}}_a^{(j)} + \overline{\boldsymbol{T}}_a^{(j)} \times \overline{\boldsymbol{T}}_a^{(j)}$ 得到的 $\overline{\boldsymbol{T}}_a^{(j+1)}$（$j = 0$, $1, \cdots, N-1$），根据式（2.4.17a）或式（2.4.17b）采用归纳推理（过程省略），不难得到以下推论。

推论 2.4.1　$\overline{\boldsymbol{T}}_a^{(j+1)}(j = 0,1,\cdots,N-1)$ 的前 L 项与 $\boldsymbol{T}_a^{(j+1)}$ 直接展开式的前 L 项具有相同的系数。

推论 2.4.2　$\overline{\boldsymbol{T}}_a^{(j+1)}(j = 0,1,\cdots,N-1)$ 的 L 项之后的各项系数有以下关系：

$$a_i > a_i^{(j+1)} > a_i^{(j)}, \quad \forall L+1 \leqslant i \leqslant L \times 2^{(j+1)}, \quad j = 0,1,\cdots,N-1 \qquad (2.4.18a)$$

$$a_i^{(j+1)} > 0, \quad \forall L+1 \leqslant i \leqslant L \times 2^{(j+1)}, \quad j = 0,1,\cdots,N-1 \qquad (2.4.18b)$$

$$a_i > a_i^{(j+1)} = a_i^{(j)} = 0, \quad \forall i > L \times 2^{(j+1)}, \quad j = 0,1,\cdots,N-1 \qquad (2.4.18c)$$

上述关系揭示了保留项数 L 的扩展机制，说明保留项数 L 随递推过程的进行按指数方式拓展其影响域。

推论 2.4.3　$\overline{\boldsymbol{T}}_a^{(j+1)}(j = 0,1,\cdots,N-1)$ 的第 $L+1$ 项系数按指数方式单调逼近于 $\boldsymbol{T}_a^{(j+1)}$ 直接展开式的第 $L+1$ 项系数，且有以下关系：

$$a_{L+1}^{(j+1)} = (1 - 1/2^{L(j+1)})/(L+1)!, \quad j = 0,1,\cdots,N-1 \qquad (2.4.19)$$

它反映了精细算法实现高精度和高效率的指数型单调逼近机制。

推论 2.4.4　$\boldsymbol{T}_a^{(N)}$ 直接展开式中 L 项以后各项的系数可由递推公式 $\overline{\boldsymbol{T}}_a^{(j+1)} = 2\overline{\boldsymbol{T}}_a^{(j)} + \overline{\boldsymbol{T}}_a^{(j)} \times \overline{\boldsymbol{T}}_a^{(j)}$ 逐步递推予以逼近。其中，第 $L+1$ 项系数的逼近方式为指数方式，其余各项系数的逼近方式为拟指数方式。例如，第 $L-2$ 项的递推公式为

$$a_{L+2}^{(j+1)} = a_{L+2} + \left[\frac{a_{L+2} - a_{L+2}^{(j)}}{2^{L+1}}\right] - \left[\frac{a_{L+1} - a_{L+1}^{(j)}}{2^{L+1}}\right] a_1 \qquad (2.4.20)$$

式中，$a_{L+1} = 1/(L+1)!$。它反映了精细算法实现高精度和高效率的拟指数型单调逼近机制。

由推论 2.4.1～推论 2.4.3 可知，精细算法的理论误差阶不是人们预想或期望的 $O[(m\Delta t)^L]$，而是 $O[(m\tau)^L]$。推论 2.4.3 说明，精细算法的逼近精度通过增加保留项数 L 和增加递推阶数 N 均能以指数方式提高。在前面关于精细算法误差上界的分析也已经说明了这一点。但是，对提高精细算法的逼近精度来说，增加保留项数 L 和增加递推阶数 N 却有着不同的作用机理，这一点不难从式（2.4.19）中明显地看出。一个好的逼近起点是由保留项数 L 的大小所决定，而进行逼近则需要通过一定次数的递推计算才能实现。相对于单纯地增加递推阶数来说，适当增加初始展开式中的保留项数一般会更有利于提高逼近精度和加速逼近过程。

总之，指数矩阵 $\mathrm{e}^{m\tau}$ 的 Taylor 级数展开式的绝对收敛性和随着递推过程的进行，初始 Taylor 级数展开式中的有效展开项总数以指数方式扩展和新增有效展开项系数以指数或拟指数方式逼近其真值是实现精细算法高效率、高精度的内在机理和根本原因。

2.5　时程精细积分方法中积分项的计算

从对时程精细积分方法的稳定性及精度分析中，当取 $L=4$，$N \geqslant 15$ 时，精细算法中矩阵指数的计算可以认为接近其精确解答。然而，时程精细积分方法中积分项的计算仍然是一个需要研究的问题。如果矩阵指数采用精细计算，而积分项采用粗略算法就会严重影响精细积分法的应用范围。

一般说来，积分项解析形式的精度取决于激励拟合精度、时间步长及矩阵 m 的求逆问题。

为了完整起见，现在将式（2.1.10）重写如下：

$$u^{(k+1)} = e^{m\Delta t} u^{(k)} + e^{m(k+1)\Delta t} \int_{k\Delta t}^{(k+1)\Delta t} e^{-m\tau} f(\tau) \mathrm{d}\tau \qquad (2.5.1)$$

2.5.1　激励的线性拟合

认为激励在时间步长 $[t_k, t_{k+1}]$ 内是线性的，即

$$f(t) = r_0 + r_1(t - t_k) \qquad (2.5.2)$$

式中，r_0 和 r_1 都是 n 维给定向量。此时，式（2.5.1）右边第二项的积分为

$$e^{m(k+1)\Delta t} \int_{k\Delta t}^{(k+1)\Delta t} e^{-m\tau} f(\tau) \mathrm{d}\tau = e^{m(k+1)\Delta t} \int_{k\Delta t}^{(k+1)\Delta t} e^{-m\tau} [r_0 + r_1(\tau - k\Delta t)] \mathrm{d}\tau$$

$$= e^{m\Delta t} [m^{-1}(r_0 + m^{-1} r_1)] - m^{-1}[r_0 + m^{-1} r_1 + r_1 \Delta t]$$

而 $T = e^{m\Delta t}$ 是已知的，于是式（2.5.1）可写成

$$u^{(k+1)} = T[u^{(k)} + m^{-1}(r_0 + m^{-1} r_1)] - m^{-1}[r_0 + m^{-1} r_1 + r_1 \Delta t] \qquad (2.5.3)$$

这就是所要推导的时程积分公式。

这种解析形式的主要计算误差是激励拟合精度和矩阵 m 的求逆两个问题。激励拟合误差难以准确地定量描述。要减小这种计算误差，就必须选取较小的时间步长 Δt，这样就不可避免地增加了计算量。

2.5.2　辛普森积分法

辛普森积分法的计算格式较为简单同时精度又较高。这时，有

$$e^{m(k+1)\Delta t} \int_{k\Delta t}^{(k+1)\Delta t} e^{-m\tau} f(\tau) \mathrm{d}\tau = \int_{k\Delta t}^{(k+1)\Delta t} e^{m[(k+1)\Delta t - \tau]} f(\tau) \mathrm{d}\tau$$

$$= \frac{\Delta t}{6} [T f(k\Delta t) + 4 T_t f((k+1/2)\Delta t) + f((k+1)\Delta t)] \qquad (2.5.4)$$

$$+ O(\Delta t^5)$$

式中，$T = e^{m\Delta t}$；$T_t = e^{m\Delta t/2}$。因此，式（2.5.1）可写成

$$u^{(k+1)} = Tu^{(k)} + \frac{\Delta t}{6}[Tf(k\Delta t) + 4T_t f((k+1/2)\Delta t) + f((k+1)\Delta t)] + O(\Delta t^5) \quad (2.5.5)$$

这就是所要推导的时程积分公式。

2.5.3　高斯积分法

采用高斯积分法计算积分项时，有

$$\mathrm{e}^{m(k+1)\Delta t} \int_{k\Delta t}^{(k+1)\Delta t} \mathrm{e}^{-m\tau} f(\tau)\mathrm{d}\tau = \int_{k\Delta t}^{(k+1)\Delta t} \mathrm{e}^{m[(k+1)\Delta t - \tau]} f(\tau)\mathrm{d}\tau$$

$$= \frac{\Delta t}{2} \sum_{i=1}^{n} w_i \mathrm{e}^{\frac{\Delta t}{2}(1-x_i)m} \times f\left(k\Delta t + \frac{\Delta t}{2}(1+x_i)\right) + O(\Delta t^{2n}) \quad (2.5.6)$$

式中，n 为积分点的个数；x_i 为积分点的坐标；w_i 为加权系数。将式（2.5.6）代入式（2.5.1）可得所要推导的时程积分公式为

$$u^{(k+1)} = Tu^{(k)} + \frac{\Delta t}{2} \sum_{i=1}^{n} w_i \mathrm{e}^{\frac{\Delta t}{2}(1-x_i)m} \times f\left(k\Delta t + \frac{\Delta t}{2}(1+x_i)\right) + O(\Delta t^{2n}) \quad (2.5.7)$$

与前面几种方法相比，从计算工作量来看，高斯积分法的确增加了矩阵指数 $\mathrm{e}^{\frac{\Delta t}{2}(1-x_i)m}$ $(i=1,2,\cdots,n)$ 的计算，但取 $n=2$ 就能得到很高的计算精度，所以增加的计算量不大。另一方面，由于可以增大时间步长 Δt，从而又大幅度减少了计算时间。

参 考 文 献

[1] Moler C, Loan C V. Nineteen dubious ways to compute the exponential of a matrix[J]. SIAM Review, 1979, 20 (4):801—836.

[2] 钟万勰, 等. 计算结构力学与最优控制[M]. 大连: 大连理工大学出版社, 1993.

[3] 钟万勰. 结构动力方程的精细时程积分法[J]. 大连理工大学学报, 1994, 34 (2): 131—136.

[4] 钟万勰. 暂态历程的精细计算方法[J]. 计算结构力学及其应用, 1995, 12 (1): 1—6.

[5] 钟万勰. 子域精细积分及偏微分方程数值解[J] 计算结构力学及其应用, 1995, 12 (3): 253—259.

[6] 陈飚松, 顾元宪. 瞬态热传导方程的子结构精细积分方法[J]. 应用力学学报, 2001, 18 (1): 14—18.

[7] 顾元宪, 陈飚松, 张洪武, 等. 非线性瞬态热传导的精细积分方法[J]. 大连理工大学学报, 2000, 40 (增刊 1): 24—28.

[8] 顾元宪, 陈飚松. 瞬态热传导方程精细积分方法中对称性的利用[J]. 力学与实践, 2000, 22 (5): 19—22.

[9] 杨梅, 马西奎. 板状铁磁材料中电磁脉冲传播特性的一种半积分方法[J]. 电工技术学报, 2005, 20 (1): 89—94, 107.

[10] 邓建中, 葛仁杰, 程正兴. 计算方法[M]. 西安: 西安交通大学出版社, 1985.

[11] 徐自新. 微分方程近似解[M]. 上海: 华东化工学院出版社, 1990.

[12]　斯托尔 R L.涡流分析[M]. 史乃, 等译. 哈尔滨: 黑龙江科学技术出版社, 1983.

[13]　蔡志勤, 钟万勰. 子域精细积分的稳定性分析[J]. 水动力学研究与进展, 1995, 10 (6): 588—593.

[14]　张洪武, 钟万勰. 矩阵指数计算算法讨论[J]. 大连理工大学学报, 2000, 40 (5): 522—525.

[15]　陈奎孚, 张森文. 精细时程积分法的参数选择[J]. 计算力学学报, 1998, 15 (3): 301—305.

[16]　董聪, 丁李梓. 动力学系统精细算法的逼近机理与误差上界[J]. 计算力学学报, 1999, 16 (3): 253—259.

[17]　张洪武. 关于动力分析精细积分算法精度的讨论[J]. 力学学报, 2001, 33 (6): 847—852.

[18]　汪梦莆, 区达光. 精细积分方法的评估与改进[J]. 计算力学学报, 2004, 21 (6): 728—733.

[19]　孔向东, 钟万勰. 非线性动力系统刚性方程精细时程积分法[J]. 大连理工大学学报, 2002, 42 (6): 654—658.

[20]　张珝, 张晓丹. 解波动方程的精细积分法及其数值稳定性分析[J]. 石油大学学报 (自然科学版), 2004, 28 (6): 129—132.

第3章 电磁波时程精细积分法——2阶空间中心差分格式

电磁波时程精细积分法是直接求解微分形式的 Maxwell 旋度方程。首先，它只利用差分近似把旋度方程中的空间偏微分算子转换为差分形式，而保留旋度方程中的时间偏微分算子，从而将微分形式的 Maxwell 旋度方程化为一组常微分方程，这样达到在一定的空间体积内对连续电磁场的数据采样。然后，利用 2^N 类精细算法对这一组常微分方程组进行求解，就能得到在计算机精度范围内的电磁波时域解。

本章首先给出 Maxwell 旋度方程在直角坐标系中的空间离散形式及其时程精细积分解，包括三维、二维和一维情况，然后介绍解的稳定性和数值色散特性。

3.1 电磁波时程精细积分法的基本原理

本节将以一个媒质参数不随时间变化且各向同性的无源区域中的电磁波问题为例，介绍电磁波时程精细积分法的基本原理。

3.1.1 Maxwell 方程和 Yee 元胞

若在空间一个无源区域内，其媒质参数不随时间变化且各向同性，则 Maxwell 旋度方程可写为

$$\nabla \times \boldsymbol{H} = \varepsilon \frac{\partial \boldsymbol{E}}{\partial t} + \gamma \boldsymbol{E} \qquad (3.1.1a)$$

$$\nabla \times \boldsymbol{E} = -\mu \frac{\partial \boldsymbol{H}}{\partial t} \qquad (3.1.1b)$$

式中，$\boldsymbol{E}$ 是电场强度；$\boldsymbol{H}$ 是磁场强度；ε 是媒质的介电常数；μ 是媒质的磁导率；γ 是媒质的电导率。

在直角坐标系中，式（3.1.1a）和式（3.1.1b）可写成下列分量形式：

$$\begin{cases} \dfrac{\partial H_z}{\partial y} - \dfrac{\partial H_y}{\partial z} = \varepsilon \dfrac{\partial E_x}{\partial t} + \gamma E_x \\[3mm] \dfrac{\partial H_x}{\partial z} - \dfrac{\partial H_z}{\partial x} = \varepsilon \dfrac{\partial E_y}{\partial t} + \gamma E_y \\[3mm] \dfrac{\partial H_y}{\partial x} - \dfrac{\partial H_x}{\partial y} = \varepsilon \dfrac{\partial E_z}{\partial t} + \gamma E_z \end{cases} \tag{3.1.2a}$$

$$\begin{cases} \dfrac{\partial E_z}{\partial y} - \dfrac{\partial E_y}{\partial z} = -\mu \dfrac{\partial H_x}{\partial t} \\[3mm] \dfrac{\partial E_x}{\partial z} - \dfrac{\partial E_z}{\partial x} = -\mu \dfrac{\partial H_y}{\partial t} \\[3mm] \dfrac{\partial E_y}{\partial x} - \dfrac{\partial E_x}{\partial y} = -\mu \dfrac{\partial H_z}{\partial t} \end{cases} \tag{3.1.2b}$$

上面六个耦合偏微分方程是电磁波时程精细积分法的基础。

与时域有限差分（FDTD）法相同[1, 2]，时程精细积分法也需要对空间偏微分算子进行差分近似，唯一不同的是它保留了时间偏微分算子。下面我们来考虑式（3.1.2）的时程精细积分法中的空间差分离散。1966 年，Yee 对上述六个耦合偏微分方程引入了一种空间离散形式，分别沿 x、y、z 方向用直角坐标网格对计算区域进行离散，在空间中建立起矩形立方网格。网格节点与一组相应的整数标号一一对应：

$$(i, j, k) = (i\Delta x, j\Delta y, k\Delta z) \tag{3.1.3}$$

则该点的场分量 $f_\alpha(x, y, z, t)$（其中，α 为 x、y 或 z；f_α 为电场强度 E 或磁场强度 H 在直角坐标系中某一分量）在时刻 t 的值可以表示为

$$f_\alpha(i, j, k, t) = f_\alpha(i\Delta x, j\Delta y, k\Delta z, t) \tag{3.1.4}$$

式中，Δx、Δy 和 Δz 为矩形立方网格分别沿 x、y 和 z 方向的空间步长。

在空间离散中，按照 Yee 的定义，把矩形立方网格分成电网格和磁网格两类，它们分别用于划分电场和磁场。所谓的 Yee 元胞通常是指电网格。在电网格单元中，电场采样与电网格单元的棱边重合，磁场采样则位于电网格表面的中心且与电网格表面垂直。同样，在磁网格单元中，磁场采样与磁网格单元的棱边重合，电场采样则位于磁网格表面的中心且与磁网格表面垂直[3]。在图 3.1.1 所示的 Yee 元胞中，给出了电场和磁场各节点在空间离散中的空间排布，同时给出了电网格单元与磁网格单元的相互位置关系。可以看出，每一个磁场分量由四个电场分量环绕；同样，每一个电场分量由四个磁场分量环绕。这种电磁场分量的空间取样方式不仅符合电磁感应定律和安培环路定律的自然结构，而且电磁场各分量的空间相对位置也适合 Maxwell 旋度方程的差分计算。

Yee 采用了具有二阶精度的中心差分来近似对空间坐标的偏微分，即

$$
\begin{cases}
\left.\dfrac{\partial f_\alpha(x,y,z)}{\partial x}\right|_{x=i\Delta x} \approx \dfrac{f_\alpha\left(i+\dfrac{1}{2},j,k\right)-f_\alpha\left(i-\dfrac{1}{2},j,k\right)}{\Delta x} \\[3ex]
\left.\dfrac{\partial f_\alpha(x,y,z)}{\partial y}\right|_{y=i\Delta y} \approx \dfrac{f_\alpha\left(i,j+\dfrac{1}{2},k\right)-f_\alpha\left(i,j-\dfrac{1}{2},k\right)}{\Delta y} \\[3ex]
\left.\dfrac{\partial f_\alpha(x,y,z)}{\partial z}\right|_{z=i\Delta z} \approx \dfrac{f_\alpha\left(i,j,k+\dfrac{1}{2}\right)-f_\alpha\left(i,j,k-\dfrac{1}{2}\right)}{\Delta z}
\end{cases}
\tag{3.1.5}
$$

显然，式（3.1.15）假设了在网格单元的棱边上或单元网格表面上场量均匀分布。在按照 Yee 元胞对空间偏微分采用式（3.1.5）的差分近似后，可以将 Maxwell 旋度方程化为一组关于时间的常微分方程。

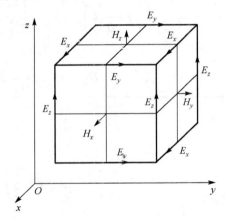

(a) 三维Yee元胞

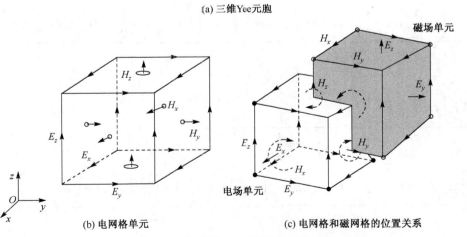

(b) 电网格单元   (c) 电网格和磁网格的位置关系

图 3.1.1   三维 FDTD 计算中 Yee 的差分网格（Yee 元胞）

1. 直角坐标系中的时程精细积分法——三维形式

按照 Yee 元胞的离散原则和式（3.1.5）所示的差分近似，由式（3.1.2）可得

$$
\frac{dE_x\left(i+\frac{1}{2},j,k\right)}{dt}=\frac{1}{\varepsilon\left(i+\frac{1}{2},j,k\right)}\left\{-\gamma\left(i+\frac{1}{2},j,k\right)E_x\left(i+\frac{1}{2},j,k\right)\right.
$$

$$
+\left[\frac{H_z\left(i+\frac{1}{2},j+\frac{1}{2},k\right)-H_z\left(i+\frac{1}{2},j-\frac{1}{2},k\right)}{\Delta y}-\frac{H_y\left(i+\frac{1}{2},j,k+\frac{1}{2}\right)-H_y\left(i+\frac{1}{2},j,k-\frac{1}{2}\right)}{\Delta z}\right]\right\}
$$

$$
\text{（3.1.6a）}
$$

$$
\frac{dE_y\left(i,j+\frac{1}{2},k\right)}{dt}=\frac{1}{\varepsilon\left(i,j+\frac{1}{2},k\right)}\left\{-\gamma\left(i,j+\frac{1}{2},k\right)E_y\left(i,j+\frac{1}{2},k\right)\right.
$$

$$
+\left[\frac{H_x\left(i,j+\frac{1}{2},k+\frac{1}{2}\right)-H_x\left(i,j+\frac{1}{2},k-\frac{1}{2}\right)}{\Delta z}-\frac{H_z\left(i+\frac{1}{2},j+\frac{1}{2},k\right)-H_z\left(i-\frac{1}{2},j+\frac{1}{2},k\right)}{\Delta x}\right]\right\}
$$

$$
\text{（3.1.6b）}
$$

$$
\frac{dE_z\left(i,j,k+\frac{1}{2}\right)}{dt}=\frac{1}{\varepsilon\left(i,j,k+\frac{1}{2}\right)}\left\{-\gamma\left(i,j,k+\frac{1}{2}\right)E_z\left(i,j,k+\frac{1}{2}\right)\right.
$$

$$
+\left[\frac{H_y\left(i+\frac{1}{2},j,k+\frac{1}{2}\right)-H_y\left(i-\frac{1}{2},j,k+\frac{1}{2}\right)}{\Delta x}-\frac{H_x\left(i,j+\frac{1}{2},k+\frac{1}{2}\right)-H_x\left(i,j-\frac{1}{2},k+\frac{1}{2}\right)}{\Delta y}\right]\right\}
$$

$$
\text{（3.1.6c）}
$$

$$
\frac{dH_x\left(i,j+\frac{1}{2},k+\frac{1}{2}\right)}{dt}=-\frac{1}{\mu\left(i,j+\frac{1}{2},k+\frac{1}{2}\right)}
$$

$$
\text{（3.1.6d）}
$$

$$
\times\left[\frac{E_z\left(i,j+1,k+\frac{1}{2}\right)-E_z\left(i,j,k+\frac{1}{2}\right)}{\Delta y}-\frac{E_y\left(i,j+\frac{1}{2},k+1\right)-E_y\left(i,j+\frac{1}{2},k\right)}{\Delta z}\right]
$$

$$\frac{dH_y\left(i+\frac{1}{2},j,k+\frac{1}{2}\right)}{dt}=-\frac{1}{\mu\left(i+\frac{1}{2},j,k-\frac{1}{2}\right)}$$

(3.1.6e)

$$\times\left[\frac{E_x\left(i+\frac{1}{2},j,k+1\right)-E_x\left(i+\frac{1}{2},j,k\right)}{\Delta z}-\frac{E_z\left(i+1,j,k+\frac{1}{2}\right)-E_z\left(i,j,k+\frac{1}{2}\right)}{\Delta x}\right]$$

$$\frac{dH_z\left(i+\frac{1}{2},j+\frac{1}{2},k\right)}{dt}=-\frac{1}{\mu\left(i+\frac{1}{2},j+\frac{1}{2},k\right)}$$

(3.1.6f)

$$\times\left[\frac{E_y\left(i+1,j+\frac{1}{2},k\right)-E_y\left(i,j+\frac{1}{2},k\right)}{\Delta x}-\frac{E_x\left(i+\frac{1}{2},j+1,k\right)-E_x\left(i+\frac{1}{2},j,k\right)}{\Delta y}\right]$$

式（3.1.6a）～式（3.1.6f）就是 Maxwell 旋度方程在应用时程精细积分法求解时的空间离散形式[4~7]。它们分别是 $E_x\left(i+\frac{1}{2},j,k\right)$，$E_y\left(i,j+\frac{1}{2},k\right)$，$E_z\left(i,j,k+\frac{1}{2}\right)$，$H_x\left(i,j+\frac{1}{2},k+\frac{1}{2}\right)$，$H_y\left(i+\frac{1}{2},j,k+\frac{1}{2}\right)$ 和 $H_z\left(i+\frac{1}{2},j+\frac{1}{2},k\right)$ 所满足的对于时间的一阶常微分方程，称为 PITD 方程。

2. 直角坐标系中的时程精细积分法——二维形式

对于二维问题，设所有物理量都与 z 坐标无关，即 $\partial/\partial z=0$，于是由式（3.1.1a）和（3.1.1b）可得

$$\begin{cases}\dfrac{\partial H_z}{\partial y}=\varepsilon\dfrac{\partial E_x}{\partial t}-\gamma E_x\\[2mm]-\dfrac{\partial H_z}{\partial x}=\varepsilon\dfrac{\partial E_y}{\partial t}+\gamma E_y\quad\text{(TE波)}\\[2mm]\dfrac{\partial E_y}{\partial x}-\dfrac{\partial E_x}{\partial y}=-\mu\dfrac{\partial H_z}{\partial t}\end{cases}$$

(3.1.7)

和

$$\begin{cases}\dfrac{\partial E_z}{\partial y}=-\mu\dfrac{\partial H_x}{\partial t}\\[2mm]\dfrac{\partial E_z}{\partial x}=\mu\dfrac{\partial H_y}{\partial t}\qquad\text{(TM波)}\\[2mm]\dfrac{\partial H_y}{\partial x}-\dfrac{\partial H_x}{\partial y}=\varepsilon\dfrac{\partial H_z}{\partial t}-\gamma E_z\end{cases}$$

(3.1.8)

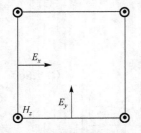

图 3.1.2　时程精细积分法
中的二维 TE 波 Yee 元胞

显然，二维情况下电磁场的直角坐标分量可划分为独立的两组，即 E_x、E_y、H_z 为一组，称为对于 z 轴方向的横电波（TE 波）；H_x、H_y、E_z 为一组，称为对于 z 轴方向的横磁波（TM 波）。

以 TE 波为例，在进行空间离散时，其二维 Yee 元胞如图 3.1.2 所示。与三维情况一样，仅对空间偏微分算子进行差分近似，由式（3.1.7）可得时程精细积分法的空间差分格式为

$$\frac{dE_x\left(i+\frac{1}{2},j\right)}{dt} = \frac{1}{\varepsilon\left(i+\frac{1}{2},j\right)}\left[\frac{H_z\left(i+\frac{1}{2},j+\frac{1}{2}\right)-H_z\left(i+\frac{1}{2},j-\frac{1}{2}\right)}{\Delta y}\right.$$

$$\left.-\gamma\left(i+\frac{1}{2},j\right)E_x\left(i+\frac{1}{2},j\right)\right] \tag{3.1.9a}$$

$$\frac{dE_y\left(i,j+\frac{1}{2}\right)}{dt} = -\frac{1}{\varepsilon\left(i,j+\frac{1}{2}\right)}\left[\frac{H_x\left(i+\frac{1}{2},j+\frac{1}{2}\right)-H_x\left(i-\frac{1}{2},j+\frac{1}{2}\right)}{\Delta x}\right.$$

$$\left.+\gamma\left(i,j+\frac{1}{2}\right)E_y\left(i,j+\frac{1}{2}\right)\right] \tag{3.1.9b}$$

$$\frac{dH_z\left(i+\frac{1}{2},j+\frac{1}{2}\right)}{dt} = -\frac{1}{\mu\left(i+\frac{1}{2},j+\frac{1}{2}\right)}\left[\frac{E_y\left(j+1,k+\frac{1}{2}\right)-E_y\left(j,k+\frac{1}{2}\right)}{\Delta x}\right.$$

$$\left.-\frac{E_x\left(j+\frac{1}{2},k+1\right)-E_x\left(j+\frac{1}{2},k\right)}{\Delta y}\right] \tag{3.1.9c}$$

式（3.1.9a）～式（3.1.9c）为二维 TE 波情况下，Maxwell 旋度方程在应用时程精细积分法求解时的空间离散形式[4~7]。应当注意到，利用 TE 波和 TM 波之间的对偶关系，由式（3.1.9a）～式（3.1.9c），可以得到二维 TM 波情况下，Maxwell 旋度方程在应用时程精细积分法求解时的空间离散形式。为了节省篇幅，这里不再赘述。

3. 直角坐标系中的时程精细积分法——一维形式

在一维情况下，设横电磁波（TEM 波）沿 z 方向传播，场量与 x、y 无关，即 $\partial/\partial x = 0$

和 $\partial/\partial y = 0$，于是 Maxwell 旋度方程为

$$-\frac{\partial H_x}{\partial y} = \varepsilon \frac{\partial E_z}{\partial t} + \gamma E_z \tag{3.1.10a}$$

$$\frac{\partial E_z}{\partial y} = -\mu \frac{\partial H_x}{\partial t} \tag{3.1.10b}$$

一维 Yee 元胞如图 3.1.3 所示，**E** 和 **H** 分量在空间节点上间隔地取样。式（3.1.10a）和式（3.1.10b）在应用时程精细积分法求解时的空间离散形式为[4~7]

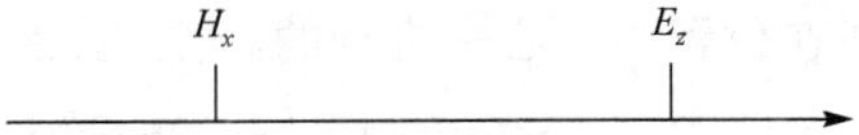

$$H_x \qquad\qquad E_z$$

图 3.1.3　时程精细积分法中的一维 Yee 元胞

$$\frac{\mathrm{d}E_z(j)}{\mathrm{d}t} = -\frac{1}{\varepsilon(j)}\left[\frac{H_x\left(j+\frac{1}{2}\right) - H_x\left(j-\frac{1}{2}\right)}{\Delta y} + \gamma(j)E_z\right] \tag{3.1.11a}$$

$$\frac{\mathrm{d}H_x\left(j+\dfrac{1}{2}\right)}{\mathrm{d}t} = -\frac{1}{\mu\left(j+\dfrac{1}{2}\right)}\left[\frac{E_z(j+1) - E_z(j)}{\Delta y}\right] \tag{3.1.11b}$$

3.1.2　电磁波时程精细积分法的时域递推

若考虑到边界条件和激励源，可以将式（3.1.6）（或式（3.1.9）、式（3.1.11））所表示的常微分方程组写成如下矩阵形式：

$$\frac{\mathrm{d}\boldsymbol{u}}{\mathrm{d}t} = \boldsymbol{m}\boldsymbol{u} + \boldsymbol{f}(t) \tag{3.1.12}$$

式中，**u** 是一个包含全部网格节点上的电场和磁场分量的列向量；**m** 是一个与三维、二维和一维问题分别对应的系数矩阵；**f**(t) 是由于引入激励源和强加边界条件所产生的非齐次项。应该注意到，非齐次项 **f**(t) 的形式与具体问题有关。

根据常微分方程组理论，式（3.1.12）的通解可以表示为

$$\boldsymbol{u}(t) = \mathrm{e}^{\boldsymbol{m}(t-t_0)}\boldsymbol{u}(t_0) - \mathrm{e}^{\boldsymbol{m}t}\int_{t_0}^{t} \mathrm{e}^{-\boldsymbol{m}\tau}\boldsymbol{f}(\tau)\mathrm{d}\tau \tag{3.1.13}$$

式中，**u**$_0$ 为 **u** 的初始值。为了简单起见，不失一般性地，这里假设非齐次项在时间步 (t_k, t_{k+1}) 内是线性的，即

$$\boldsymbol{f}(t) = \boldsymbol{r}_0 + \boldsymbol{r}_1(t - t_k) \tag{3.1.14}$$

现在令时间步长为 Δt，则一系列等步长 Δt 的时刻为 $t_k = k\Delta t(k = 0,1,2,\cdots)$，于是由式（3.1.13）得到逐步递推的计算公式为

$$\boldsymbol{u}^{(k+1)} = \boldsymbol{T}[\boldsymbol{u}^{(k)} + \boldsymbol{m}^{-1}(\boldsymbol{r}_0 + \boldsymbol{m}^{-1}\boldsymbol{r}_1)] - \boldsymbol{m}^{-1}[\boldsymbol{r}_0 + \boldsymbol{m}^{-1}\boldsymbol{r}_1 + \boldsymbol{r}_1\Delta t] \tag{3.1.15}$$

式中，$T = \exp(m\Delta t)$；$u^{(k)} = u(k\Delta t)$。可以看出，只要计算出矩阵指数 $T = \exp(m\Delta t)$，并代入初始值 $u^{(0)}$，就可以利用式（3.1.15）方便地逐步递推计算出 u 在各个时刻的值。

3.1.3　介质分界面电磁参数的选取

由于 Maxwell 方程微分形式在介质参数突变面处不再成立，这里我们考虑在时程精细积分法应用中，介质参数突变时的处理方法。如图 3.1.4 所示，假设介质参数突变界面为 z 等于常数的平面。我们来考虑式（3.1.2a）和式（3.1.2b），注意到它们的离散是以 E 和 H 各分量节点所在位置为中心来进行的。对于图 3.1.4 所示的界面，H_z 和 E_y 节点正好位于界面上。对式（3.1.2a）和式（3.1.2b）离散时涉及界面两侧电磁场其他分量，而界面两侧介质参数分别为 ε_1，γ_1，μ_1 和 ε_2，γ_2，μ_2，所以需考虑在空间离散中介质参数应当如何取值。

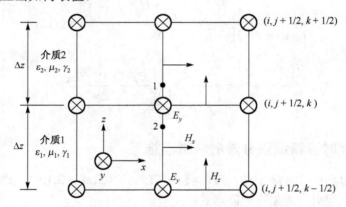

图 3.1.4　两种介质的分界面

由于时程精细积分法采用了与 FDTD 法一样空间离散形式，所以它们两者在介质突变面上的介质参数处理方法也相同，即

$$\varepsilon_{\text{eff}} = \frac{\varepsilon_1 + \varepsilon_2}{2} \tag{3.1.16a}$$

$$\mu_{\text{eff}} = \frac{\mu_1 + \mu_2}{2} \tag{3.1.16b}$$

$$\gamma_{\text{eff}} = \frac{\gamma_1 + \gamma_2}{2} \tag{3.1.16c}$$

式中，ε_{eff} 是分界面上的等效介电常数；μ_{eff} 是分界面上的等效磁导率；γ_{eff} 是分界面上的等效电导率。式（3.1.16）中各个公式的详细导出过程可参见文献[1]。由此看见，只要在介质分界面处引入等效电磁参数，便可直接应用 Maxwell 旋度方程的时程精细积分法的常微分方程组。

3.2　电磁波时程精细积分法解的数值稳定性

在电磁波时程精细积分法中，时间步长 Δt 和空间步长 Δx、Δy、Δz 不是相互独立的，它们的取值必须满足一定的关系，以避免数值结果的不稳定。为此，应该找出其稳定的条件。为了确定数值解稳定的条件，根据 von Neumann 稳定性分析方法，必须考虑在电磁波时程精细积分法中出现的数字波模，其基本方法是把时程精细积分算式分解为时间的和空间的本征值问题[2]。由于任何波都能用平面波进行展开，所以如果一种算法对平面波是不稳定的，那么它对任何波都是不稳定的。因此，这里只需考虑平面波本征模在数字空间中的传播。

为了简单起见，仅考虑无耗、均匀媒质空间，那么 PITD 方程式（3.1.6a）～式（3.1.6f）分别简化为

$$
\frac{\mathrm{d}E_x\left(i+\frac{1}{2},j,k\right)}{\mathrm{d}t}=\frac{1}{\varepsilon}\left[\frac{H_z\left(i+\frac{1}{2},j+\frac{1}{2},k\right)-H_z\left(i+\frac{1}{2},j-\frac{1}{2},k\right)}{\Delta y}\right.
$$
$$
\left.-\frac{H_y\left(i+\frac{1}{2},j,k+\frac{1}{2}\right)-H_y\left(i+\frac{1}{2},j,k-\frac{1}{2}\right)}{\Delta z}\right]
\tag{3.2.1a}
$$

$$
\frac{\mathrm{d}E_y\left(i,j+\frac{1}{2},k\right)}{\mathrm{d}t}=\frac{1}{\varepsilon}\left[\frac{H_x\left(i,j+\frac{1}{2},k+\frac{1}{2}\right)-H_x\left(i,j+\frac{1}{2},k-\frac{1}{2}\right)}{\Delta z}\right.
$$
$$
\left.-\frac{H_z\left(i+\frac{1}{2},j+\frac{1}{2},k\right)-H_z\left(i-\frac{1}{2},j+\frac{1}{2},k\right)}{\Delta x}\right]
\tag{3.2.1b}
$$

$$
\frac{\mathrm{d}E_z\left(i,j,k+\frac{1}{2}\right)}{\mathrm{d}t}=\frac{1}{\varepsilon}\left[\frac{H_y\left(i-\frac{1}{2},j,k+\frac{1}{2}\right)-H_y\left(i-\frac{1}{2},j,k+\frac{1}{2}\right)}{\Delta x}\right.
$$
$$
\left.-\frac{H_x\left(i,j+\frac{1}{2},k+\frac{1}{2}\right)-H_x\left(i,j-\frac{1}{2},k+\frac{1}{2}\right)}{\Delta y}\right]
\tag{3.2.1c}
$$

$$
\frac{\mathrm{d}H_x\left(i,j+\frac{1}{2},k+\frac{1}{2}\right)}{\mathrm{d}t}=-\frac{1}{\mu}\left[\frac{E_z\left(i,j+1,k+\frac{1}{2}\right)-E_z\left(i,j,k+\frac{1}{2}\right)}{\Delta y}\right.
$$
$$
\left.-\frac{E_y\left(i,j+\frac{1}{2},k+1\right)-E_z\left(i,j+\frac{1}{2},k\right)}{\Delta z}\right]
\tag{3.2.1d}
$$

$$\frac{dH_y\left(i+\frac{1}{2},j,k+\frac{1}{2}\right)}{dt} = -\frac{1}{\mu}\left[\frac{E_x\left(i+\frac{1}{2},j,k+1\right)-E_x\left(i+\frac{1}{2},j,k\right)}{\Delta z}\right.$$

$$\left.-\frac{E_z\left(i+1,j,k+\frac{1}{2}\right)-E_z\left(i,j,k+\frac{1}{2}\right)}{\Delta x}\right] \tag{3.2.1e}$$

$$\frac{dH_z\left(i+\frac{1}{2},j+\frac{1}{2},k\right)}{dt} = -\frac{1}{\mu}\left[\frac{E_y\left(i+1,j+\frac{1}{2},k\right)-E_y\left(i,j+\frac{1}{2},k\right)}{\Delta x}\right.$$

$$\left.-\frac{E_x\left(i+\frac{1}{2},j+1,k\right)-E_x\left(i+\frac{1}{2},j,k\right)}{\Delta y}\right] \tag{3.2.1f}$$

根据 von Neumann 稳定性分析方法，在空间谱域中，把电磁场的某一分量表示成如下的离散形式：

$$\psi(i_x,i_y,i_z)=\psi(t)\exp[-\mathrm{j}(i_x\tilde{k}_x\Delta x+i_y\tilde{k}_y\Delta y+i_z\tilde{k}_z\Delta z)] \tag{3.2.2}$$

式中，$\psi(i_x,i_y,i_z)=E_\alpha$ 或 $H_\alpha(\alpha=x,y,z)$；$\tilde{k}_x$、$\tilde{k}_y$ 和 $\tilde{k}_z$ 分别为平面波沿 x、y 和 z 方向的数值波数；$\psi(t)$ 是场分量在时刻 t 的幅值。将式（3.2.2）代入式（3.2.1a）～式（3.2.1f）中，可以得到在谱域中的 PITD 方程：

$$\frac{\mathrm{d}X}{\mathrm{d}t}=MX \tag{3.2.3}$$

式中，X 是一个由网格节点上的电场和磁场分量幅值所构成的列向量：

$$X=[E_x(t),E_y(t),E_z(t),H_x(t),H_y(t),H_z(t)]^{\mathrm{T}} \tag{3.2.4}$$

M 是一个由空间步长 Δx、Δy 和 Δz，数值波数 $\tilde{k}_x$、$\tilde{k}_y$ 和 $\tilde{k}_z$ 以及媒质介电常数 ε 和磁导率 μ 确定的系数矩阵，M 的具体形式为

$$M=\begin{bmatrix} 0 & 0 & 0 & 0 & -\dfrac{\mathrm{j}W_z}{\varepsilon} & \dfrac{\mathrm{j}W_y}{\varepsilon} \\ 0 & 0 & 0 & \dfrac{\mathrm{j}W_z}{\varepsilon} & 0 & -\dfrac{\mathrm{j}W_x}{\varepsilon} \\ 0 & 0 & 0 & -\dfrac{\mathrm{j}W_y}{\varepsilon} & \dfrac{\mathrm{j}W_x}{\varepsilon} & 0 \\ 0 & \dfrac{\mathrm{j}W_z}{\mu} & -\dfrac{\mathrm{j}W_y}{\mu} & 0 & 0 & 0 \\ -\dfrac{\mathrm{j}W_z}{\mu} & 0 & \dfrac{\mathrm{j}W_x}{\mu} & 0 & 0 & 0 \\ \dfrac{\mathrm{j}W_y}{\mu} & -\dfrac{\mathrm{j}W_x}{\mu} & 0 & 0 & 0 & 0 \end{bmatrix} \tag{3.2.5}$$

$$W_x = -\frac{\sin(\tilde{k}_x \Delta x / 2)}{\Delta x / 2} \qquad (3.2.6a)$$

$$W_y = -\frac{\sin(\tilde{k}_y \Delta y / 2)}{\Delta y / 2} \qquad (3.2.6b)$$

$$W_z = -\frac{\sin(\tilde{k}_z \Delta z / 2)}{\Delta z / 2} \qquad (3.2.6c)$$

根据矩阵理论，$\boldsymbol{M}$ 可以分解为如下形式：

$$\boldsymbol{M} = \boldsymbol{\Upsilon} \mathrm{diag}(\lambda_i) \boldsymbol{\Upsilon}^{-1}, \quad i = 1, \cdots, 6 \qquad (3.2.7)$$

式中，$\boldsymbol{\Upsilon}$ 是矩阵 $\boldsymbol{M}$ 的特征向量；λ_i 是矩阵 $\boldsymbol{M}$ 的特征值。可以得到

$$\lambda_{1,3} = \lambda, \quad \lambda_{2,4} = -\lambda, \quad \lambda_{5,6} = 0 \qquad (3.2.8)$$

$$\lambda = \mathrm{j}\sqrt{\frac{1}{\mu\varepsilon}(W_x^2 + W_y^2 + W_z^2)} \qquad (3.2.9)$$

式中，$W_\alpha = -\sin(\tilde{k}_\alpha \Delta\alpha / 2)/(\Delta\alpha / 2)$。

假设时间步长取为 Δt，那么由式（3.2.3）可得，从时刻 $t = k\Delta t$ 的场量 $\boldsymbol{X}^{(k)}$ 到时刻 $t = (k+1)\Delta t$ 的场量 $\boldsymbol{X}^{(k+1)}$ 的递推计算公式如下：

$$\boldsymbol{X}^{(k+1)} = \boldsymbol{T}\boldsymbol{X}^{(k)} \qquad (3.2.10)$$

在精细算法中，矩阵 $\boldsymbol{T}$ 可表示为

$$\boldsymbol{T} = \exp(\boldsymbol{M}\Delta t) = \left[\exp(\boldsymbol{M}\tau)\right]^l \qquad (3.2.11)$$

式中，$\tau = \Delta t/l$ 是在精细算法中采用的子时间步长；$l = 2^N \ (N \in \mathbf{Z}^+)$ 是一个预先选取的整数。如果矩阵 $\boldsymbol{T}$ 的所有本征值的模都小于或等于单位值，则递推计算公式（3.2.10）将是稳定的。

在应用精细算法进行实际计算时，采用 Taylor 级数展开来近似 $\exp(\boldsymbol{M}\tau)$。例如，可以采用如下的 4 阶近似展开：

$$\exp(\boldsymbol{M}\tau) \approx \boldsymbol{I} + \boldsymbol{M}\tau + \frac{(\boldsymbol{M}\tau)^2}{2!} + \frac{(\boldsymbol{M}\tau)^3}{3!} + \frac{(\boldsymbol{M}\tau)^4}{4!} \qquad (3.2.12)$$

此时，在应用精细算法进行实际计算时的矩阵 $\boldsymbol{T}$ 为

$$\boldsymbol{T} = \left[\boldsymbol{I} + \frac{\boldsymbol{M}\Delta t}{l} + \frac{(\boldsymbol{M}\Delta t)^2}{2!l^2} + \frac{(\boldsymbol{M}\Delta t)^3}{3!l^3} + \frac{(\boldsymbol{M}\Delta t)^4}{4!l^4}\right]^l \qquad (3.2.13)$$

因此，在数值稳定性分析中，应该用上面的近似计算公式（3.2.13）来代替 $\exp(\boldsymbol{M}\Delta t)$。将式（3.2.7）代入式（3.2.13），容易得到矩阵 $\boldsymbol{T}$ 的六个本征值分别为

$$r_i = \left[1 + \frac{\lambda_i \Delta t}{l} + \frac{(\lambda_i \Delta t)^2}{2!l^2} + \frac{(\lambda_i \Delta t)^3}{3!l^3} + \frac{(\lambda_i \Delta t)^4}{4!l^4}\right]^l, \quad i = 1,2,3,4,5,6 \qquad (3.2.14)$$

利用式（3.2.8）和式（3.2.9），可以求得

$$r_{1,3} = (a + jb)^l$$
$$r_{2,4} = (a - jb)^l \qquad\qquad (3.2.15)$$
$$r_{5,6} = 1$$

式中，a 和 b 分别为

$$a = 1 - \frac{(\Delta t)^2}{2l^2 \mu\varepsilon}(W_x^2 + W_y^2 + W_z^2) + \frac{(\Delta t)^4}{24l^4(\mu\varepsilon)^2}(W_x^2 + W_y^2 + W_z^2)^2$$

$$b = \frac{\Delta t}{l\sqrt{\mu\varepsilon}}\sqrt{W_x^2 + W_y^2 + W_z^2} - \frac{(\Delta t)^3}{6l^3(\sqrt{\mu\varepsilon})^3}\left(\sqrt{W_x^2 + W_y^2 + W_z^2}\right)^3$$

这样，时程精细积分法的稳定性条件为

$$|r_i| \leqslant 1 \qquad\qquad (3.2.16)$$

其等价于

$$a^2 + b^2 \leqslant 1 \qquad\qquad (3.2.17)$$

由此得到稳定性条件为

$$\Delta t \leqslant \frac{\sqrt{2}}{c}\frac{l}{\sqrt{\dfrac{1}{(\Delta x)^2} + \dfrac{1}{(\Delta y)^2} + \dfrac{1}{(\Delta z)^2}}} \qquad\qquad (3.2.18)$$

式中，$c = 1/\sqrt{\mu\varepsilon}$ 是媒质中的波速；Δx、Δy 和 Δz 是空间步长。式（3.2.18）给出了空间和时间离散间隔之间应当满足的关系。对于时域有限差分法来说，其稳定性条件又称为 CFL（Courant，Friedrichs and Lewy）稳定性判据，其具体形式为

$$\Delta t \leqslant \Delta t_{\text{CFL-FDTD}} = \frac{1}{c\sqrt{\dfrac{1}{(\Delta x)^2} + \dfrac{1}{(\Delta y)^2} + \dfrac{1}{(\Delta z)^2}}} \qquad\qquad (3.2.19)$$

因此，式（3.2.18）可以表示为

$$\Delta t \leqslant \sqrt{2}l\Delta t_{\text{CFL-FDTD}} = 2^{N+1/2}\Delta t_{\text{CFL-FDTD}} \qquad\qquad (3.2.20)$$

从式（3.2.20）可以看出，时程精细积分法的时间步长上限值依赖于预先选取的子时间步数 l 和空间网格的尺寸。子时间步数 l 选得越大，时间步长上限值也就越大。大的子时间步数 l 也可以减少总色散误差。值得注意到，时程精细积分法的时间步长上限值总是大于 FDTD 方法中所允许的时间步长上限值，它突破了 CFL 稳定性条件的制约。但是，电磁波时程精细积分法却仍然是一种条件稳定的时域计算方法，空间步长、子时间步数和 Taylor 展开阶数的选取都会影响到算法稳定性条件的具体形式。

在应用精细算法进行实际计算时，一个重要的步骤就是矩阵指数 $\exp(M\tau)$ 的 Taylor 级数展开近似。$\exp(M\tau)$ 的 Taylor 级数展开近似的阶数选取不同，会改变矩阵 T 的本征值，从而改变稳定性条件。

（1）当取 1 阶或 2 阶 Taylor 级数展开时，矩阵 $\boldsymbol{T}$ 的本征值都是大于 1。因此，对于任何步长 Δt 的取值，精细积分算法都是不稳定的。

（2）当取 3 阶 Taylor 级数展开时，稳定性条件为

$$\Delta t \leqslant \frac{\sqrt{3}}{2} l \Delta t_{\text{CFL-FDTD}} \qquad (3.2.21)$$

（3）当取 5 阶 Taylor 级数展开时，稳定性条件为

$$\frac{\sqrt{2}(15-\sqrt{65})}{4\sqrt{15-\sqrt{65}}} l \Delta t_{\text{CFL-FDTD}} \leqslant \Delta t \leqslant \frac{\sqrt{2}(15+\sqrt{65})}{4\sqrt{15+\sqrt{65}}} l \Delta t_{\text{CFL-FDTD}} \qquad (3.2.22)$$

（4）当取其他高阶 Taylor 级数展开时，稳定性条件的具体形式将会变得很复杂。

这里还可以确定时程精细积分法的计算时间是如何随未知量的数目、Taylor 级数展开的保留项数和子时间步数 l（或 N）而增长的。考虑一个 n 维盒子，每边有 M 个格点来表示这个区域，则总格点数为 M^r。因为在每一时刻对所有格点都需进行式（3.1.15）的计算，所以所需的乘法次数与 M^n 成正比。并且，为求解 $t = T$ 时的场，其总的时间步进数为 $T/\Delta t$。由式（3.2.20）可知，$1/\Delta t$ 与 $1/\Delta s = M/L$ 成正比，其中，L 是盒子的边长。所以，总取样时刻数目与 M 成正比，即所需的总计算次数与 M^{n+1} 成正比。这里可以进一步定义 $W = M^n$，其中，W 为盒子内的总格点数；所以总的计算次数与 $W^{(n+1)/n}$ 成正比。这就确定了计算时间随维数 n、总格点数 W 的变化规律。

3.3　电磁波时程精细积分法解的数值色散分析

3.3.1　数值色散的概念

为了能够清楚地说明数值色散的概念，考虑无耗、介电常数 ε 和磁导率 μ 都与频率无关、均匀媒质中的三维波动方程。从 Maxwell 方程可导出电磁场的每一个直角坐标分量均满足齐次波动方程：

$$\frac{\partial^2 \psi}{\partial x^2} + \frac{\partial^2 \psi}{\partial y^2} + \frac{\partial^2 \psi}{\partial z^2} - \frac{1}{c^2}\frac{\partial^2 \psi}{\partial t^2} = 0 \qquad (3.3.1)$$

式中，$c = 1/\sqrt{\mu\varepsilon}$ 是媒质中的波速。对于一个角频率为 ω 的正弦均匀平面波：

$$\psi(x,y,z,t) = \psi_0 \exp[-\mathrm{j}(k_x x + k_y y + k_z z - \omega t)] \qquad (3.3.2)$$

将式（3.3.2）代入式（3.3.1），得到

$$\left(k_x^2 + k_y^2 + k_z^2 - \frac{\omega^2}{c^2}\right)\psi(x,y,z,t) = 0 \qquad (3.3.3)$$

即

$$k_x^2 + k_y^2 + k_z^2 = \frac{\omega^2}{c^2} \qquad (3.3.4)$$

另一方面，从式（3.3.2）可得波的相速度为

$$v_\phi = \frac{\omega}{\sqrt{k_x^2 + k_y^2 + k_z^2}} \tag{3.3.5}$$

这样，由式（3.3.4）和式（3.3.5），平面波相速 $v_\phi = 1/\sqrt{\mu\varepsilon}$。它说明在均匀的非色散媒质中，所有的平面波都以同样的相速度传播，与频率无关，称为无色散。一般说来，把联系波数（k_x, k_y, k_z）、角频率 ω 和波速 v 的方程称为色散方程。然而，在下面我们将会看到在有限差分近似中，并非所有平面波都以同样的相速度传播。如果有限差分法引进的色散足够大，则一个时域脉冲（平面波的线性叠加）在网格中传播时将会失真。

在用二阶中心差分代替波动方程式（3.3.1）中二阶偏导数后，再将式（3.3.2）代入，即得

$$\frac{\sin^2\left(\dfrac{k_x\Delta x}{2}\right)}{\left(\dfrac{\Delta x}{2}\right)^2} + \frac{\sin^2\left(\dfrac{k_y\Delta y}{2}\right)}{\left(\dfrac{\Delta y}{2}\right)^2} + \frac{\sin^2\left(\dfrac{k_z\Delta z}{2}\right)}{\left(\dfrac{\Delta z}{2}\right)^2} - \frac{1}{c^2}\frac{\sin^2\left(\dfrac{\omega\Delta t}{2}\right)}{\left(\dfrac{\Delta t}{2}\right)^2} = 0 \tag{3.3.6}$$

可以看到，差分近似后 $k(=\sqrt{k_x^2 + k_y^2 + k_z^2})$ 与 ω 之间已经不再是式（3.3.4）那种简单的线性关系。式（3.3.6）所示 k 与 ω 的非线性关系，必然导致在时域有限差分网格中数值波模的传播速度将随频率改变，因此出现所模拟波模的色散，称为数值色散。显然，这种色散是由非物理原因引起的，它与空间离散间隔 $(\Delta x, \Delta y, \Delta z)$ 和时间离散间隔 Δt 都有关，甚至随数值波模在网格中的传播方向不同而改变（人为的各向异性）。特别地，当 $(\Delta x, \Delta y, \Delta z)$ 和 Δt 都趋于 0 时，式（3.3.6）又回到式（3.3.4）。

上述分析结果说明，不论媒质自身是否是无色散的，对波动方程进行差分化离散处理都会引起波的色散现象。这种现象将对时域数值计算带来误差，称为数值色散误差。为了减小这种数值色散误差，根据三角函数的性质，当 $\dfrac{k_\eta\Delta\eta}{2} \leqslant \dfrac{\pi}{12}$ 时，$\sin\dfrac{k_\eta\Delta\eta}{2} \approx \dfrac{k_\eta\Delta\eta}{2}$，于是式（3.3.6）与式（3.3.4）近似相同。也就是说，满足条件 $\dfrac{k_\eta\Delta\eta}{2} \leqslant \dfrac{\pi}{12}$ 时，差分近似所带来的色散将非常小。考虑到 $k = 2\pi/\lambda$，λ 为无色散媒质中的波长，若选取 $\Delta\eta \leqslant \lambda/12$，就能够有效地减小差分近似所带来的数值色散误差，这也是对 $\Delta\eta$ 选择的限制。特别是在实际计算中，对于时域脉冲信号，λ 应选为信号带宽中所对应的上限频率之波长 $\lambda_{\min}$。

3.3.2　电磁波时程精细积分法的数值色散分析

一般来说，任何一种数值计算方法本身都会存在着一定的数值色散误差，这种误差与空间步长和时间步长都有关。在计算过程中，有限的空间步长和时间步长所引起的数值色散误差对数值计算结果的影响是不可避免的。在某些时候，即使方法本身是

稳定的，但由于方法本身数值色散误差的影响，也不一定能保证得到理想的数值解答。还有，这种色散将导致非物理原因引起的脉冲波形畸变、人为的各向异性和虚假的反射/折射现象。因此，数值色散是电磁波时程精细积分法应用中必须考虑的一个因素，有必要从理论上来分析空间差分近似和精细积分算法近似所带来的数值色散误差与空间步长和时间步长之间的关系。

现在考虑一个单色平面波，此时其各分量式（3.2.2）可以写为

$$\psi(i_x, i_y, i_z, t) = \psi_0 \exp[-j(i_x \tilde{k}_x \Delta x + i_y \tilde{k}_y \Delta y + i_z \tilde{k}_z \Delta z - \omega t)] \qquad (3.3.7)$$

式中，ψ_0 分别是各个场分量幅值 $X = [E_x(t), E_y(t), E_z(t), H_x(t), H_y(t), H_z(t)]^T$ 在时刻 $t=0$ 时刻的值。显然，在时刻 $t=k\Delta t$ 场分量幅值 X 为

$$X^{(k)} = X^{(0)} e^{j\omega k \Delta t} \qquad (3.3.8)$$

将式（3.3.8）代入式（3.2.10），可以得到

$$(e^{j\omega \Delta t} I - T) X^{(0)} = 0 \qquad (3.3.9)$$

由该齐次方程组有非零解的条件：

$$\det[e^{j\omega \Delta t} I - T] = 0 \qquad (3.3.10)$$

可解得

$$\tan^2\left(\frac{\omega \Delta t}{l}\right) = \left(\frac{b}{a}\right)^2 \qquad (3.3.11)$$

式中

$$a = 1 - \frac{(\Delta t)^2}{2l^2 \mu\varepsilon}(W_x^2 + W_y^2 + W_z^2) + \frac{(\Delta t)^4}{24l^4(\mu\varepsilon)^2}(W_x^2 + W_y^2 + W_z^2)^2$$

和

$$b = \frac{\Delta t}{l\sqrt{\mu\varepsilon}}\sqrt{W_x^2 + W_y^2 + W_z^2} - \frac{(\Delta t)^3}{5l^3(\sqrt{\mu\varepsilon})^3}\left(\sqrt{W_x^2 + W_y^2 + W_z^2}\right)^3$$

与 3.2 节一样，这里仍然有 $W_\alpha = \sin(\tilde{k}_\alpha \Delta\alpha / 2)/(\Delta\alpha / 2), (\alpha = x, y, z)$。

式（3.3.11）就是电磁波时程精细积分法中的数值色散关系的一般形式，给出了 $\tilde{k}_x$、$\tilde{k}_y$ 和 $\tilde{k}_z$ 与 ω 在电磁波时程精细积分法中的关系。它表明在空间网格中数值波模的传播速度不仅随频率改变，而且时程精细积分法计算中波的传播速度还与传播方向有关，这是离散后所引起的人为各向异性特性。直线形网格是引起人为各向异性特性的原因，由于不具备球对称性，波在这样的网格中传播便具有从优方向。

不难证明，当空间步长和时间步长都趋于 0 时，式（3.3.11）将变为

$$\tilde{k}_x^2 + \tilde{k}_y^2 + \tilde{k}_z^2 = \frac{\omega^2}{c^2} \qquad (3.3.12)$$

这就是在均匀的非色散介质中平面波的解析色散关系，即前面给出的理想色散情形形式（3.3.4）。这一事实说明数值色散误差可以减小到任意程度，只要空间步长和时间步长足够小，但这将大大增加所需要的计算机内存和 CPU 时间并使累积误差增加。因此，应采用适当的空间步长和时间步长，使得在计算机内存需求和 CPU 时间与计算精度之间取得平衡。

为了进一步讨论数值色散误差对空间步长、时间步长和波传播方向的依赖关系，设波矢量 $\tilde{k} = \tilde{k}(\sin\theta\cos\varphi, \sin\theta\sin\varphi, \cos\theta)$，即

$$\begin{cases} \tilde{k}_x = \tilde{k}\sin\theta\cos\varphi \\ \tilde{k}_y = \tilde{k}\sin\theta\sin\varphi \\ \tilde{k}_z = \tilde{k}\cos\theta \end{cases} \quad (3.3.13)$$

式中，(θ,φ) 为球坐标系下的方位角。将式（3.3.13）代入数值色散方程式（3.3.11），可以得到一个联系数值波模传播速度 $\tilde{v}$ 与角频率 ω 的代数方程。这个代数方程为超越方程，由此利用数值方法（如牛顿法）求解可得出一定频率 ω 下数值波模传播速度 $\tilde{v} = \omega/\tilde{k}$ 的空间各向异性特性。

为了简单起见，在下面定量说明数值波模传播速度及其空间各向异性特性对空间步长、时间步长和波传播方向的依赖关系时，我们假设 $\Delta x = \Delta y = \Delta z = \delta$，给定 θ、φ、δ 和 Δt，利用牛顿法数值求解数值波模传播速度 $\tilde{v}$。

在图 3.3.1 中，给出了应用 PITD 方法计算得到的数值波模传播速度与光速之比 $\tilde{v}/c$ 随波传播方向的变化曲线，即差分离散所带来的各向异性。可以看出，在传播方向为 $(\theta,\phi) = (45°,45°)$ 时，数值波模传播速度的误差最小；而在 $\phi = 0°$ 或 90° 时，数值波模传播速度的误差最大。这说明数值各向异性是时程精细积分法的固有特性。

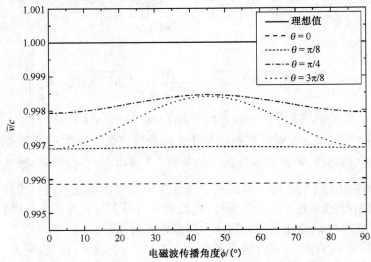

图 3.3.1　数值波模传播速度与光速之比 $\tilde{v}/c$ 随波传播方向变化的 PITD 计算曲线[8, 9]
（$\delta = \lambda/20$，　$\Delta t = \delta/5c$，　$l = 32$）

图 3.3.2 中给出了以 δ/λ 为参变量时，数值波模传播速度与光速之比 $\tilde{v}/c$ 随波传播方向变化的计算曲线。由图可见，随着 δ/λ 数值的减小，由差分近似所带来的各向异性可以忽略。在计算中，PITD 方法使用了很大的时间步长 $\Delta t = 10^6 \times \Delta t_{\text{CFL-FDTD}}$，而 FDTD 方法使用的时间步长为 $\Delta t = \Delta t_{\text{CFL-FDTD}}$。不难注意到，在 PITD 方法中，使用细网格时其数值色散误差最小，与 FDTD 的数值色散误差几乎相近。这一结果表明，与传统 FDTD 方法相比，当使用细网格时，PITD 方法可以使用相当大的时间步长，从而大大减少 CPU 时间，但并不会降低计算精度。

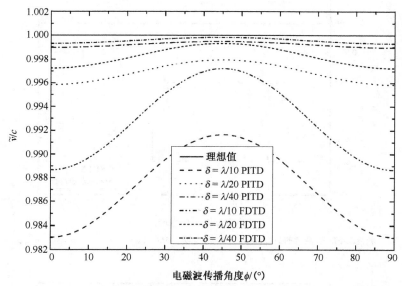

图 3.3.2　数值波模传播速度随空间采样密度的变化曲线[8, 9]
（在 FDTD 中，$\Delta t = \Delta t_{\text{CFL-FDTD}}$；在 PITD 中，$\Delta t = 10^6 \times \Delta t_{\text{CFL-FDTD}}, l = 32, \theta = 90°$）

图 3.3.3 中给出了数值波模传播速度与光速之比 $\tilde{v}/c$ 随时间步长 Δt 和 2^N 类运算中递推阶数 $N(l = 2^N)$ 的变化曲线。从图中可以看出，当时间步长 Δt 远大于 FDTD 方法的 CFL 限制条件时，PITD 方法的数值误差仍然很小，最大误差约为 0.41%。然而，ADI-FDTD 方法的最大误差为 0.99%，比 PITD 方法的最大误差的两倍还要大。

比较图 3.3.3（b）和图 3.3.3（a）可以看出，如果增大时间步长 Δt，只要增加子时间步数 l（增大 N 值），就可以保持 PITD 方法的数值色散误差几乎不变。但是，ADI-FDTD 方法的最大数值色散误差却接近于 4.47%，它几乎是 PITD 的最大数值色散误差的 11 倍。在 ADI-FDTD 方法中，时间步长 Δt 对计算精度有着非常明显的影响，因为它的数值色散误差随时间步长 Δt 的增大而增大。然而，在 PITD 方法中，其数值色散误差仅依赖于子时间步数 l（或者 N）。选取一个较大的时间步数 l（或者 N）就能够减小大时间步长 Δt 的影响，使得总数值色散误差很小。换句话说，可以使得 PITD 方法的数值色散误差几乎不受时间步长 Δt 的影响。如图 3.3.3（c）所示，取时间步长 Δt 是 CFL 限制条件的 10^6 倍和 $N = 20$，PITD 方法的数值色散误差仅为 0.41%。因此，PITD 方法的数值色散误差不仅是可以控制的，而且对于大时间步长 Δt 来说还可以使得数值色散误差很小，只需要调节 N 的值。对于一个给定的时间步长 Δt，为获得所需要的计算精度，应用色散方程式（3.3.11），很容易求得一个合适的 N 值。

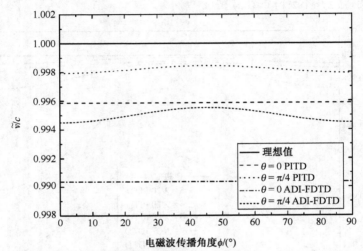

(a) PITD 和 ADI-FDTD 两者的数值波模传播速度比较（$\delta/\lambda = 1/20$，$N = 0$，$\Delta t = \sqrt{2} \times \Delta t_{CFL\text{-}FDTD}$）

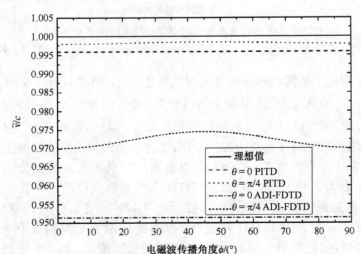

(b) PITD 和 ADI-FDTD 两者的数值波模传播速度比较（$\delta/\lambda = 1/20$，$N = 2$，$\Delta t = 4 \times \Delta t_{CFL\text{-}FDTD}$）

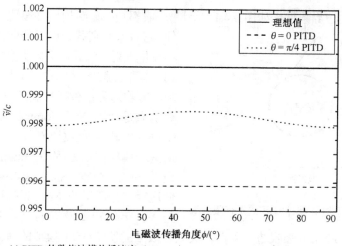

(c) PITD 的数值波模传播速度（ $\delta/\lambda = 1/20$ ， $N = 20$ ， $\Delta t = 10^6 \times \Delta t_{\text{CFL-FDTD}}$ ）

图 3.3.3　数值波模传播速度随时间步长 Δt 和递推阶数 N 的变化曲线[8, 9]

图 3.3.4 给出了当 $\theta = 90°$ 时，PITD 和 FDTD 两者的数值波模传播速度与光速之比 $\tilde{v}/c$ 随波传播方向的变化曲线。从图中可以看出，PITD 的误差与 FDTD 的误差相当，但比 ADI-FDTD 的误差要小许多。

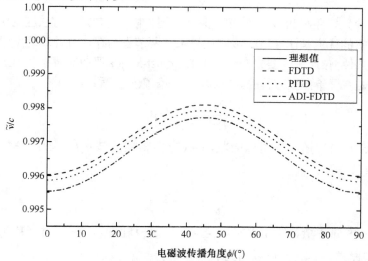

图 3.3.4　FDTD、PITD 和 ADI-FDTD 三者的数值波模传播速度比较[8, 9]（ $\delta/\lambda = 1/20$ ， $\Delta t = \delta/5c$ ， $l = 32$ ）

3.4　Engquist-Majda 吸收边界条件的应用

大多数电磁波问题的边界总是开放的，在使用时程精细积分方法计算时必须把空间差分网格在某处截断，使得计算模拟只限于截断边界以内有限区域，但这要求在截断边

界处设置合适的边界条件，如图 3.4.1 所示。一般都是在截断边界处设置一种吸收边界条

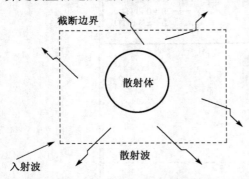

图 3.4.1　采用截断边界使计算区域为有限区域

件，它对入射到截断边界处向外传播的波几乎不发生反射，就像在无限大空间传播一样，起到了模拟无限区域的作用。从 20 世纪 70 年代起，吸收边界条件研究就受到了人们的重视。最初只是使用基于 Sommerfield 辐射条件的 Bayliss-Turkel 吸收边界条件，到后来广泛采用基于单向波动方程的 Engquist-Majda 吸收边界条件，以及对 Engquist-Majda 吸收边界条件进行差分近似的 Mur 吸收边界条件，特别是 90 年代初期发展的完全匹配层（perfect

matched layer，PML）吸收边界条件，其吸收效果能使 FDTD 模拟的最大动态范围达到 80dB，总的网格噪声能量是使用普通吸收边界条件时的$1/10^7$，使得理论预测与实验测试的能力更为匹配。本节先讨论 Engquist-Majda 吸收边界条件在电磁波时程精细积分法中的应用。

3.4.1　Engquist-Majda 吸收边界条件

　　Mur 吸收边界条件在 PML 吸收边界条件出现之前，是 FDTD 方法应用中最重要的吸收边界条件。它的优点是比 PML 吸收边界条件要节省内存，且计算速度较快。在介绍 Mur 吸收边界条件前，这里需要先介绍一下 Engquist-Majda 吸收边界条件。Engquist-Majda 吸收边界条件是基于单向波方程的。例如，下列偏微分方程：

$$\frac{\partial u}{\partial x} + \frac{1}{c}\frac{\partial u}{\partial t} = 0 \tag{3.4.1}$$

只允许波沿 $+x$ 方向传播，它可以吸收沿 $+x$ 方向传播的波 $u_+(x-ct)$（称为右行波）。而偏微分方程：

$$\frac{\partial u}{\partial x} - \frac{1}{c}\frac{\partial u}{\partial t} = 0 \tag{3.4.2}$$

只允许波沿 $-x$ 方向传播，它可以吸收沿 $-x$ 方向传播的波 $u_-(x+ct)$（称为左行波）。

　　偏微分方程式（3.4.1）可以写为

$$L_+[u] = 0 \tag{3.4.3}$$

式中，微分算子定义为

$$L_+ = \frac{\partial}{\partial x} + \frac{1}{c}\frac{\partial}{\partial t} \tag{3.4.4}$$

称为右行波算子。而相应于偏微分方程式（3.4.2），有微分算子：

$$L_- = \frac{\partial}{\partial x} - \frac{1}{c}\frac{\partial}{\partial t} \tag{3.4.5}$$

称为左行波算子。

实际上，对于一维波动方程：

$$\frac{\partial^2 v}{\partial x^2} - \frac{1}{c^2}\frac{\partial^2 u}{\partial t^2} = 0 \tag{3.4.6}$$

有微分算子：

$$L = \frac{\partial^2}{\partial x^2} - \frac{1}{c^2}\frac{\partial^2}{\partial t^2} \tag{3.4.7}$$

从形式上看，算子 L 可以作因式分解为

$$L = \left(\frac{\partial}{\partial x} + \frac{1}{c}\frac{\partial}{\partial t}\right)\left(\frac{\partial}{\partial x} - \frac{1}{c}\frac{\partial}{\partial t}\right) \tag{3.4.8}$$
$$= L_+ L_-$$

现在，设 $x = 0$ 为截断边界，并且在 $x \geq 0$ 区域同时存在右行波和左行波（注意，这里对于 $x = 0$ 处的截断边界来说，右行波称为反射波，而左行波称为入射波），即

$$u(x,t) = u_-(x-ct) + u_-(x+ct) \tag{3.4.9}$$

如果将左行波算子 L_- 作用在上式表达的波 $u(x,t)$ 上，可得

$$L_-[u] = L_-[u_+] + L_-[u_-] = L_-[u_+]$$

在其结果中，仅余下与右行波相关的部分。因此，若在 $x = 0$ 截断边界处设置条件：

$$L_-[u]\big|_{x=0} = 0 \tag{3.4.10}$$

就相当于使截断边界处右行波（反射波）或分等于 0。当用于计算区域网格的左边界时，它可以构成一个解析吸收边界条件，吸收来自计算区域内的外向散射波或辐射波。

类似地，对于直角坐标系中的二维波动方程：

$$\frac{\partial^2 u}{\partial x^2} + \frac{\partial^2 u}{\partial y^2} - \frac{1}{c^2}\frac{\partial^2 u}{\partial t^2} = 0 \tag{3.4.11}$$

有微分算子：

$$L = \frac{\partial^2}{\partial x^2} + \frac{\partial^2}{\partial y^2} - \frac{1}{c^2}\frac{\partial^2}{\partial t^2} \tag{3.4.12}$$

从形式上看，算子 L 可以作因式分解为

$$L = \left(\frac{\partial}{\partial x} - \sqrt{\frac{1}{c^2}\frac{\partial^2}{\partial t^2} - \frac{\partial^2}{\partial y^2}}\right)\left(\frac{\partial}{\partial x} + \sqrt{\frac{1}{c^2}\frac{\partial^2}{\partial t^2} - \frac{\partial^2}{\partial y^2}}\right) = L_- L_+$$

式中

$$L_- = \frac{\partial}{\partial x} - \sqrt{\frac{1}{c^2}\frac{\partial^2}{\partial t^2} - \frac{\partial^2}{\partial y^2}} \tag{3.4.13a}$$

$$L_+ = \frac{\partial}{\partial x} + \sqrt{\frac{1}{c^2}\frac{\partial^2}{\partial t^2} - \frac{\partial^2}{\partial y^2}} \qquad (3.4.13b)$$

其中，L_- 称为左行波算子（相对于 +x 方向）；L_+ 称为右行波算子（相对于 −x 方向）。

实际上，还可以有另外一种分解，有

$$L = \left(\frac{\partial}{\partial y} - \sqrt{\frac{1}{c^2}\frac{\partial^2}{\partial t^2} - \frac{\partial^2}{\partial x^2}}\right)\left(\frac{\partial}{\partial y} + \sqrt{\frac{1}{c^2}\frac{\partial^2}{\partial t^2} - \frac{\partial^2}{\partial x^2}}\right) = L_- L_+ \qquad (3.4.14)$$

式中

$$L_- = \frac{\partial}{\partial y} - \sqrt{\frac{1}{c^2}\frac{\partial^2}{\partial t^2} - \frac{\partial^2}{\partial x^2}} \qquad (3.4.15a)$$

$$L_+ = \frac{\partial}{\partial y} + \sqrt{\frac{1}{c^2}\frac{\partial^2}{\partial t^2} - \frac{\partial^2}{\partial x^2}} \qquad (3.4.15b)$$

其中，L_- 称为左行波算子（相对于 +y 方向）；而 L_+ 称为右行波算子（相对于 −y 方向）。

Engquist 和 Majda 已经证明，在 $x = 0$ 处，若把算子 L_- 作用于波函数 u，它将完全吸收以任意角度 φ 入射向边界的平面波，即

$$L_-\big[u\big]\big|_{x=0} = 0$$

或者说恒截断边界处右行波（反射波）成分等于 0，就相当于构成了一个准确的解析吸收边界条件。

从实际运算的角度看，由于在 L_- 和 L_+ 算子中含有根号内的求导运算，这是无法直接用来数值实现的。因此，在实际应用时，需要对它们作近似化处理。一般都是用 Taylor 级数来近似 L_- 和 L_+ 中的根号运算，即把它们理解为 Taylor 级数展开后的结果。

对于左行正弦平面波，有

$$u(x,y,t) = A\mathrm{e}^{\mathrm{j}(\omega t + k_x x + k_y y)} \qquad (3.4.16)$$

式中

$$k_x^2 + k_y^2 = k^2 \left(= \frac{\omega^2}{c^2}\right) \qquad (3.4.17)$$

若对式（3.4.16）右边分别对 t、x 和 y 求偏导数，有

$$\begin{cases} \dfrac{1}{c}\dfrac{\partial u}{\partial t} = \mathrm{j}\dfrac{\omega}{c}u = \mathrm{j}ku \\[2mm] \dfrac{\partial u}{\partial x} = \mathrm{j}k_x u \\[2mm] \dfrac{\partial u}{\partial y} = \mathrm{j}k_y u \end{cases} \qquad (3.4.18)$$

比较式（3.4.18）中各式左右两边，不难看出在频域与时域之间，有以下算子的替换关系：

$$jk \rightarrow \frac{1}{c}\frac{\partial}{\partial t}, \quad jk_x \rightarrow \frac{\partial}{\partial x}, \quad jk_y \rightarrow \frac{\partial}{\partial y} \tag{3.4.19}$$

类似地，对于右行正弦平面波，有以下算子的替换关系：

$$jk \rightarrow \frac{1}{c}\frac{\partial}{\partial t}, \quad -jk_x \rightarrow \frac{\partial}{\partial x}, \quad -jk_y \rightarrow \frac{\partial}{\partial y} \tag{3.4.20}$$

因此，利用式（3.4.19），可以实现式（3.4.13）中算子从时域到频域的过渡，得

$$L_- = \frac{\partial}{\partial x} - j\sqrt{k^2 - k_y^2} \tag{3.4.21a}$$

$$L_+ = \frac{\partial}{\partial x} + j\sqrt{k^2 - k_y^2} \tag{3.4.21b}$$

注意到，在这里保留了对 x 的导数。

下面将对式（3.4.21）表示的算子进行形式上的展开。例如，算子 L_- 可以改写为

$$L_- = \frac{\partial}{\partial x} - jk\sqrt{1 - \left(\frac{k_y}{k}\right)^2} \tag{3.4.22}$$

利用 Taylor 级数展开，有

$$\sqrt{1 - \left(\frac{k_y}{k}\right)^2} = 1 - \frac{1}{2}\left(\frac{k_y}{k}\right)^2 + \cdots \tag{3.4.23}$$

若取式（3.4.23）的第一项近似，则式（3.4.22）近似为

$$L_- = \frac{\partial}{\partial x} - jk \tag{3.4.24}$$

与式（3.4.24）相应的时域形式为

$$L_- = \frac{\partial}{\partial x} - \frac{1}{c}\frac{\partial}{\partial t} \tag{3.4.25}$$

这就是左行波算子 L_- 的一阶近似结果。

若取式（3.4.23）右边的前两项近似，则式（3.4.22）近似为

$$L_- = \frac{\partial}{\partial x} - jk\left[1 - \frac{1}{2}\left(\frac{k_y}{k}\right)^2\right] \tag{3.4.26}$$

与式（3.4.26）相应的时域形式为

$$L_- = \frac{1}{c}\frac{\partial^2}{\partial x \partial t} - \frac{1}{c^2}\frac{\partial^2}{\partial t^2} + \frac{1}{2}\frac{\partial^2}{\partial y^2} \tag{3.4.27}$$

这就是左行波算子 L_- 的二阶近似结果。

对于三维情况的吸收边界条件，可按照与上述过程类似的过程导出。限于篇幅，

在这里就不再赘述导出过程，只给出结果。例如，对于以近似于正侧向入射到网格边界 $x=0$ 的任意平面波，式（3.4.28）就代表一种几乎无反射的网格截断：

$$L_- = \frac{1}{c}\frac{\partial^2}{\partial x \partial t} - \frac{1}{c^2}\frac{\partial^2}{\partial t^2} + \frac{1}{2}\frac{\partial^2}{\partial y^2} + \frac{1}{2}\frac{\partial^2}{\partial z^2} \qquad (3.4.28)$$

它就是准确吸收边界条件 $L_-[u]=0$ 的一种很好近似。

当上述的左行波算子 L_-（或右行波算子 L_+）作用于网格边界的 $\boldsymbol{E}$ 或 $\boldsymbol{H}$ 的各个切向分量时，就构成了相应网格边界上的吸收边界条件。

现在，我们来检验一下一阶和二阶近似吸收边界条件的近似效果。若设在 $x \geqslant 0$ 区域中同时存在着入射波 u_+ 和反射波 u_-，即有

$$u(x,y,t) = u_+ + u_- = A_+ \mathrm{e}^{\mathrm{j}(\omega t + k_x x - k_y y)} + A_- \mathrm{e}^{\mathrm{j}(\omega t - k_x x - k_y y)} \qquad (3.4.29)$$

将一阶近似吸收算子 L_- 作用于式（3.4.29），得到

$$\left(\frac{\partial}{\partial x} - \frac{1}{c}\frac{\partial}{\partial t}\right)u\bigg|_{x=0} = \left[\left(\mathrm{j}k_x - \mathrm{j}\frac{\omega}{c}\right)u_+ + \left(-\mathrm{j}k_x - \mathrm{j}\frac{\omega}{c}\right)u_-\right]_{x=0} = 0$$

由此得到

$$\frac{u_-}{u_+}\bigg|_{x=0} = \frac{k_x - k}{k_x + k}$$

因为 $k_x = k\cos\theta$（θ 为入射角），所以上式又可以写为

$$\frac{u_-}{u_+}\bigg|_{x=0} = \frac{\cos\theta - 1}{\cos\theta + 1} \qquad (3.4.30)$$

这就是一阶近似吸收边界条件 $L_-[u]=0$ 所残留的反射波与入射波之比，称为反射系数。当入射角 $\theta \leqslant 20°$ 时，其反射系数较小。

类似地，将二阶近似吸收算子 L_- 作用于式（3.4.29），也可以得到其反射系数为

$$\frac{u_-}{u_+}\bigg|_{x=0} = \frac{\cos\theta - 1 + \dfrac{\sin^2\theta}{2}}{\cos\theta + 1 - \dfrac{\sin^2\theta}{2}} \qquad (3.4.31)$$

实际上，对 $\sqrt{1 - \left(\dfrac{k_y}{k}\right)^2}$ 进行 Taylor 展开不是唯一的方案，还可以用有理函数逼近。例如，常用的有 Pade 逼近、最小二乘逼近、Chebyshev 逼近等技术，它们的目标都是在 $[-1,1]$ 区间上最佳地逼近 $\sqrt{1 - \left(\dfrac{k_y}{k}\right)^2}$。FDTD 的实际数值结果已经表明，反射系数 $\dfrac{u_-}{u_+}$ 随着吸收边界条件阶数的提高最好能够达到 0.1%～1% 的数量级，却难以达到其相应的理

论预测值。这是由于在上述的吸收边界条件中都认为波以速度 c 在网格中传播，并没有考虑波的频率、传播方向和等相位面是否为平面波等实际情况。实际上，网格内的数值相速存在着随频率和传播方向的变化，为 0.1%～1% 的数量级。这样，由于网格内部数值相速与边界外的自由空间波速 c 不匹配，必将带来 0.1%～1% 数量级的反射。因此，在进行实际数值计算时，使用理论预测值小于 0.1%～1% 量级数值噪声的高阶吸收边界条件，并不能达到理论上预测值的效果，只会增加时间步进方法执行的难度。

3.4.2　Engquist-Majda 吸收边界条件的空间离散形式

如图 3.4.2 所示，以 $x = (i+1)\Delta x = a$ 边界面（计算区域右边界）为例，除了计算区域右边界上的场值所满足的常微分方程未给出外，内部的场值所满足的常微分方程在前面都已给出。由于在计算区域外没有任何已知的场信息，在边界点处的场分量所满足的常微分方程不能够通过前面的方法得到。Engquist-Majda 吸收边界条件使用计算区域内部的已知信息表示边界点处的场分量值。下面通过对 Engquist-Majda 吸收边界条件在网格边界处的数值实现，来讨论边界上场值所满足的常微分方程。考虑到仅在一些特殊情况下使用Engquist-Majda 吸收边界条件，在这里我们只分析 Engquist-Majda 吸收边界条件一阶近似式在时域精细积分法中的应用。

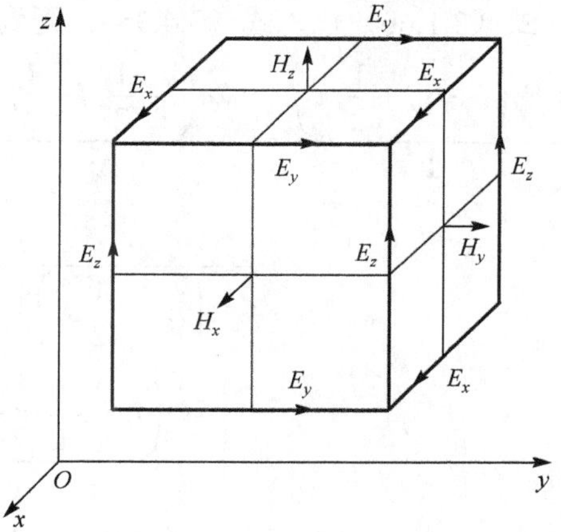

图 3.4.2　三维 Yee 元胞

注意到，图 3.4.2 所示的时域精细积分法中三维 Yee 元胞 $\boldsymbol{E}$ 和 $\boldsymbol{H}$ 节点的排布 Yee 元胞，在边界面上只有电场 $\boldsymbol{E}$ 的切向分量和磁场 $\boldsymbol{H}$ 的法向分量。例如，在 $x = (i+1)\Delta x = a$ 右边界有场分量 H_x、E_y 和 E_z。由于时域精细积分法中 H_x 的计算式不涉及 $x > a$ 区域，即不涉及截断边界外的节点，因此吸收边界条件将不考虑 H_x 只考虑 E_y 和 E_z。以 E_y 分量为例，对 $L_+[E_y]\big|_{x=a} = 0$ 或

$$\frac{\partial E_y}{\partial t} = -c\frac{\partial E_y}{\partial x} \tag{3.4.32}$$

进行空间离散。若进行空间上的中心差分近似，则式（3.4.32）右端在 $x = \left(i+\frac{1}{2}\right)\Delta x$ 处离散得到

$$-c\frac{\partial E_y}{\partial x}\bigg|_{\left(i+\frac{1}{2},j+\frac{1}{2},k\right)} \approx -\frac{c\left(i+\frac{1}{2},j+\frac{1}{2},k\right)}{\Delta x}\left[E_y\left(i+1,j+\frac{1}{2},k\right) - E_y\left(i,j+\frac{1}{2},k\right)\right] \tag{3.4.33}$$

式中，$(i+1)\Delta x = a$。再取空间的平均值，即

$$E_y\left(i+\frac{1}{2}, j+\frac{1}{2}, k\right) = \frac{1}{2}\left[E_y\left(i+1, j+\frac{1}{2}, k\right) + E_y\left(i, j+\frac{1}{2}, k\right)\right] \quad (3.4.34)$$

将式（3.4.33）和式（3.4.34）代入式（3.4.32），得到

$$\frac{\mathrm{d}E_y\left(i+1, j+\frac{1}{2}, k\right)}{\mathrm{d}t} + \frac{\mathrm{d}E_y\left(i, j+\frac{1}{2}, k\right)}{\mathrm{d}t} = -\frac{2c\left(i+\frac{1}{2}, j+\frac{1}{2}, k\right)}{\Delta x}$$
$$\times \left[E_y\left(i+1, j+\frac{1}{2}, k\right) - E_y\left(i, j+\frac{1}{2}, k\right)\right] \quad (3.4.35)$$

将式（3.1.6b）代入式（3.4.35），得到

$$\frac{\mathrm{d}E_y\left(i+1, j+\frac{1}{2}, k\right)}{\mathrm{d}t} = -\frac{2c\left(i+\frac{1}{2}, j+\frac{1}{2}, k\right)}{\Delta x}\left[E_y\left(i+1, j+\frac{1}{2}, k\right) - E_y\left(i, j+\frac{1}{2}, k\right)\right]$$
$$-\frac{1}{\varepsilon\left(i, j+\frac{1}{2}, k\right)}\left\{-\gamma\left(i, j+\frac{1}{2}, k\right)E_y\left(i, j+\frac{1}{2}, k\right)\right. \quad (3.4.36)$$
$$+\left[\frac{H_x\left(i, j+\frac{1}{2}, k+\frac{1}{2}\right) - H_x\left(i, j+\frac{1}{2}, k-\frac{1}{2}\right)}{\Delta z}\right.$$
$$\left.\left.-\frac{H_z\left(i+\frac{1}{2}, j+\frac{1}{2}, k\right) - H_z\left(i-\frac{1}{2}, j+\frac{1}{2}, k\right)}{\Delta x}\right]\right\}$$

式（3.4.36）就是在 $x=a$ 截断边界上，通过对 Engquist-Majda 吸收边界条件一阶近似式进行空间离散化，导得的切向场量 E_y 所满足的常微分方程。同样，在 $x=a$ 截断边界上，也能导得切向场量 E_z 所满足的常微分方程为

$$\frac{\mathrm{d}E_z\left(i+1, j, k+\frac{1}{2}\right)}{\mathrm{d}t} = -\frac{2c\left(i+\frac{1}{2}, j, k+\frac{1}{2}\right)}{\Delta x}\left[E_z\left(i+1, j, k+\frac{1}{2}\right) - E_z\left(i, j, k+\frac{1}{2}\right)\right]$$
$$-\frac{1}{\varepsilon\left(i, j, k+\frac{1}{2}\right)}\left\{-\gamma\left(i, j, k+\frac{1}{2}\right)E_y\left(i, j, k+\frac{1}{2}\right)\right.$$
$$+\left[\frac{H_y\left(i+\frac{1}{2}, j, k+\frac{1}{2}\right) - H_y\left(i-\frac{1}{2}, j, k+\frac{1}{2}\right)}{\Delta x}\right.$$

$$\left.\left.-\frac{H_x\left(i,j+\dfrac{1}{2},k+\dfrac{1}{2}\right)-H_x\left(i,j-\dfrac{1}{2},k+\dfrac{1}{2}\right)}{\Delta y}\right]\right\} \tag{3.4.37}$$

在其余的截断边界上，也能同样导得切向场量所满足的常微分方程。例如，在 $y = (j+1)\Delta y = b$ 截断边界上，可以得到

$$
\begin{aligned}
\frac{\mathrm{d}E_x\left(i+\dfrac{1}{2},j+1,k\right)}{\mathrm{d}t} &= -\frac{2c\left(i+\dfrac{1}{2},j+\dfrac{1}{2},k\right)}{\Delta y}\left[E_x\left(i+\dfrac{1}{2},j+1,k\right)-E_z\left(i+\dfrac{1}{2},j,k\right)\right] \\
&\quad -\frac{1}{\varepsilon\left(i+\dfrac{1}{2},j,k\right)}\left\{-\gamma\left(i+\dfrac{1}{2},j,k\right)E_x\left(i+\dfrac{1}{2},j,k\right)\right. \\
&\quad +\left[\frac{H_z\left(i+\dfrac{1}{2},j+\dfrac{1}{2},k\right)-H_z\left(i+\dfrac{1}{2},j-\dfrac{1}{2},k\right)}{\Delta y}\right. \\
&\quad \left.\left.-\frac{H_y\left(i+\dfrac{1}{2},j,k+\dfrac{1}{2}\right)-H_y\left(i+\dfrac{1}{2},j,k-\dfrac{1}{2}\right)}{\Delta z}\right]\right\}
\end{aligned} \tag{3.4.38}
$$

和

$$
\begin{aligned}
\frac{\mathrm{d}E_z\left(i,j+1,k+\dfrac{1}{2}\right)}{\mathrm{d}t} &= -\frac{2c\left(i,j+\dfrac{1}{2},k+\dfrac{1}{2}\right)}{\Delta y}\left[E_z\left(i,j+1,k+\dfrac{1}{2}\right)-E_z\left(i,j,k+\dfrac{1}{2}\right)\right] \\
&\quad -\frac{1}{\varepsilon\left(i,j,k+\dfrac{1}{2}\right)}\left\{-\gamma\left(i,j,k+\dfrac{1}{2}\right)E_z\left(i,j,k+\dfrac{1}{2}\right)\right. \\
&\quad +\left[\frac{H_y\left(i+\dfrac{1}{2},j,k+\dfrac{1}{2}\right)-H_y\left(i-\dfrac{1}{2},j,k+\dfrac{1}{2}\right)}{\Delta x}\right. \\
&\quad \left.\left.-\frac{H_x\left(i,j+\dfrac{1}{2},k+\dfrac{1}{2}\right)-H_x\left(i,j-\dfrac{1}{2},k+\dfrac{1}{2}\right)}{\Delta y}\right]\right\}
\end{aligned} \tag{3.4.39}
$$

最后，在 $z = (k+1)\Delta z = c$ 截断边界上，可以得到

$$
\frac{\mathrm{d}E_x\left(i+\dfrac{1}{2},j,k+1\right)}{\mathrm{d}t} = -\frac{2c\left(i+\dfrac{1}{2},j,k+\dfrac{1}{2}\right)}{\Delta z}\left[E_x\left(i+\dfrac{1}{2},j,k+1\right)-E_z\left(i+\dfrac{1}{2},j,k\right)\right]
$$

$$-\frac{1}{\varepsilon\left(i+\dfrac{1}{2},j,k\right)}\left\{-\gamma\left(i+\frac{1}{2},j,k\right)E_x\left(i+\frac{1}{2},j,k\right)\right.$$

$$+\left[\frac{H_z\left(i+\dfrac{1}{2},j+\dfrac{1}{2},k\right)-H_z\left(i+\dfrac{1}{2},j-\dfrac{1}{2},k\right)}{\Delta y}\right.\qquad(3.4.40)$$

$$\left.\left.-\frac{H_y\left(i+\dfrac{1}{2},j,k+\dfrac{1}{2}\right)-H_y\left(i+\dfrac{1}{2},j,k-\dfrac{1}{2}\right)}{\Delta z}\right]\right\}$$

和

$$\frac{\mathrm{d}E_y\left(i,j+\dfrac{1}{2},k+1\right)}{\mathrm{d}t}=-\frac{2c\left(i,j+\dfrac{1}{2},k+\dfrac{1}{2}\right)}{\Delta z}\left[E_y\left(i,j+\frac{1}{2},k+1\right)-E_y\left(i,j+\frac{1}{2},k\right)\right]$$

$$-\frac{1}{\varepsilon\left(i,j+\dfrac{1}{2},k\right)}\left\{-\gamma\left(i,j+\frac{1}{2},k\right)E_y\left(i,j+\frac{1}{2},k\right)\right.\qquad(3.4.41)$$

$$+\left[\frac{H_x\left(i,j+\dfrac{1}{2},k+\dfrac{1}{2}\right)-H_x\left(i,j+\dfrac{1}{2},k-\dfrac{1}{2}\right)}{\Delta z}\right.$$

$$\left.\left.-\frac{H_z\left(i+\dfrac{1}{2},j+\dfrac{1}{2},k\right)-H_z\left(i-\dfrac{1}{2},j+\dfrac{1}{2},k\right)}{\Delta x}\right]\right\}$$

从 $L_-[u]=0$ 出发,按照上面的方法和步骤,也能导出与上面各式相似的另外 3 个网格边界 $x=0$、$y=0$ 和 $z=0$ 处 Engquist-Majda 吸收边界条件一阶近似式在时域精细积分法中的应用形式。

在实际应用中,如果计算区域边界离开散射体和激励源有一定的距离,Engquist-Majda 吸收边界条件一阶近似式的结果通常可以满足要求,特别是对一维情况它几乎是无反射的网格截断。这种极其简单的吸收边界条件已经成功地应用于许多实际问题的计算中。应该指出的是,在二维和三维情况下,由于仅为一阶近似,计算精度将与入射角有关,误差随入射角的增大而增加,还有在矩形计算区域的角点处实现起来比较复杂。Engquist-Majda 吸收边界条件二阶近似式在时程精细积分法中应用的推导过程留给读者自己完成。

数值实验结果说明,边界反射系数随吸收边界条件阶数提高的改善效果不是十分明显,并不能达到其理论预测值,最终将停留在 0.1%~1% 的量级。这是因为不管波的频率成分、传播方向及波前面形状,吸收边界条件都假设了波在网格中以速度 c 传播,因此,吸收边界条件难免存在由伪反射引起的边界数值反射下界,通常在 0.1%~

1% 的量级。因此，一般没有必要采用理论预测值小于 0.1%～1% 量级的高阶吸收边界条件，不仅达不到理论上预期的效果，而且大大地增加了执行难度。

3.5　Berenger 完全匹配层吸收边界条件

1994 年，Berenger 首先提出在网格区域截断边界外设置一种非物理的吸收介质层——PML，其波阻抗与网格区域介质波阻抗完全匹配，使外向波无反射地穿过分界面进入其中并迅速衰减，达到完全吸收外向波的效果。其基本思想是，在吸收边界区内将电场、磁场分量进行分裂，并对各个分裂的场量赋予不同的损耗，这样就能得到一种波阻抗不依赖于外向波入射角及频率的非物理吸收介质层。

PML 吸收边界条件实际上是由特殊的各向异性材料构成的。Berenger 使用分裂电磁场的方式描述各向异性材料。在 Berenger 提出分裂场 PML 吸收边界条件后，其他学者也提出过许多不同的形式。例如，Gedeny 提出的不分裂场 PML（unsplit perfectly matched layer，UPML）吸收边界条件，直接使用各向异性材料而保持电磁场的形式不变；Chew 等建立的伸展坐标和复坐标 PML 吸收边界条件，通过修改空间坐标的方式描述各向异性材料。但是，这些描述方式始终没有能够超越原始的思想和概念，仅是表达方式和编程技术的改进。

3.5.1　PML 介质的定义

如图 3.5.1 所示，这里以入射面为 xoy 平面的平行极化平面波（或对 z 轴的 TE 平面波，只有 H_z、E_x、E_y 分量，且不随 z 坐标变化）为例，来说明 PML 介质的定义。

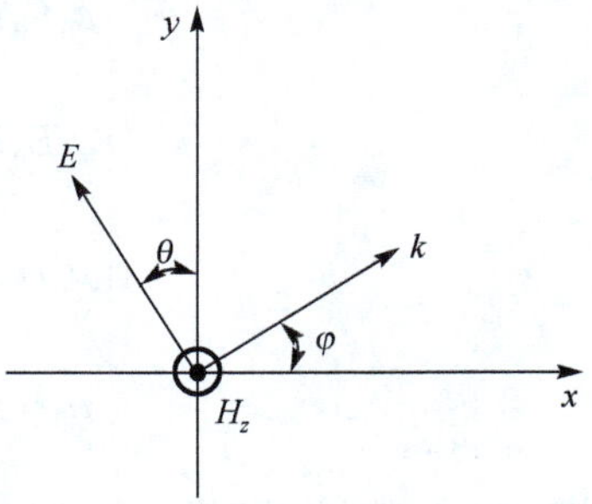

图 3.5.1　PML 介质中的 TE 平面波

对 TE 平面波，Berenger 在定义 PML 介质时假设把磁场分量 H_z 分裂成两个子分量 H_{zx} 与 H_{zy} 之和，即 $H_z = H_{zx} + H_{zy}$。这时，将电磁场基本方程组中的两个旋度方程的展开式可改写为如下形式：

$$\begin{cases} \varepsilon_0 \dfrac{\partial E_x}{\partial t} + \gamma_y E_x = \dfrac{\partial (H_{zx} + H_{zy})}{\partial y} \\[2mm] \varepsilon_0 \dfrac{\partial E_y}{\partial t} + \gamma_x E_y = -\dfrac{\partial (H_{zx} + H_{zy})}{\partial x} \\[2mm] \mu_0 \dfrac{\partial H_{zx}}{\partial t} + \rho_x H_{zx} = -\dfrac{\partial E_y}{\partial x} \\[2mm] \mu_0 \dfrac{\partial H_{zy}}{\partial t} + \rho_y H_{zy} = \dfrac{\partial E_x}{\partial y} \end{cases} \tag{3.5.1}$$

式中，ε_0 为介电常数；μ_0 为导磁率；γ_x、γ_y 为电导率；ρ_x、ρ_y 为磁阻率。可以看出，

PML 介质具有各向异性的特性。我们把上述四个展开式称为 PML 介质中 TE 平面波的波方程。

3.5.2　TE 平面波在 PML 介质中的传播

如图 3.5.1 所示，现在考虑一个 TE 正弦平面波在 PML 媒质中的传播，其四个场分量可以表示为

$$\begin{cases} E_x = -E_0 \sin\theta e^{j\omega(t-\alpha x - \beta y)} \\ E_y = E_0 \cos\theta e^{j\omega(t-\alpha x - \beta y)} \\ H_{zx} = H_{zx0} e^{j\omega(t-\alpha x - \beta y)} \\ H_{zy} = H_{zy0} e^{j\omega(t-\alpha x - \beta y)} \end{cases} \qquad (3.5.2)$$

式中，E_0 为电场振幅；H_{zx0} 和 H_{zy0} 分别为 H_{zx} 和 H_{zy} 的振幅；α 和 β 为复常数。

如果设 E_0 为已知，则在式（3.5.2）中共有四个待定量：α、β、H_{zx0} 和 H_{zy0}。将 E_x、E_y、H_{zx} 和 H_{zy} 代入式（3.5.1），可以得到这四个待定量的下列关系式：

$$\begin{cases} \varepsilon_0 E_0 \sin\theta - j\dfrac{\gamma_y}{\omega} E_0 \sin\theta = \beta(H_{zx0} + H_{zy0}) \\[2mm] \varepsilon_0 E_0 \cos\theta - j\dfrac{\gamma_x}{\omega} E_0 \cos\theta = \alpha(H_{zx0} + H_{zy0}) \\[2mm] \mu_0 H_{zx0} - j\dfrac{\rho_x}{\omega} H_{zx0} = \alpha E_0 \cos\theta \\[2mm] \mu_0 H_{zy0} - j\dfrac{\rho_y}{\omega} H_{zy0} = \beta E_0 \sin\theta \end{cases} \qquad (3.5.3)$$

进一步，如果在 PML 介质中下列条件成立：

$$\frac{\gamma_x}{\varepsilon_0} = \frac{\rho_x}{\mu_0} \quad 和 \quad \frac{\gamma_y}{\varepsilon_0} = \frac{\rho_y}{\mu_0} \qquad (3.5.4)$$

则由式（3.5.3）解得

$$\begin{cases} \alpha = \dfrac{1}{c}\left(1 - j\dfrac{\gamma_x}{\omega\varepsilon_0}\right)\cos\theta \\[3mm] \beta = \dfrac{1}{c}\left(1 - j\dfrac{\gamma_y}{\omega\varepsilon_0}\right)\sin\theta \\[3mm] H_{zx0} = E_0 \sqrt{\dfrac{\varepsilon_0}{\mu_0}} \cos^2\theta \\[3mm] H_{zy0} = E_0 \sqrt{\dfrac{\varepsilon_0}{\mu_0}} \sin^2\theta \end{cases} \qquad (3.5.5)$$

式中，$c = \dfrac{1}{\sqrt{\mu_0 \varepsilon_0}}$ 为真空中的光速。

求 H_{zx0} 与 H_{zy0} 之和，得到磁场分量的振幅 H_0 为

$$H_0 = E_0 \sqrt{\frac{\varepsilon_0}{\mu_0}} \tag{3.5.6}$$

根据定义，由此得到 PML 介质的波阻抗为

$$Z_0 = \frac{E_0}{H_0} = \sqrt{\frac{\mu_0}{\varepsilon_0}} \tag{3.5.7}$$

式（3.5.7）表明，无论波的传播方向如何，PML 介质的波阻抗与真空中的波阻抗 Z_0 完全相同。因此，将式（3.5.4）称为 PML 介质的基本条件——阻抗匹配条件。

将式（3.5.5）表示的 α 和 β 代入式（3.5.2）中的任意一个表达式，可得该 TE 平面波的任一分量，记为 u，统一写为

$$u = u_0 \mathrm{e}^{\mathrm{j}\omega\left(t - \frac{x\cos\theta + y\sin\theta}{c}\right)} \mathrm{e}^{-\frac{\gamma_x \cos\theta}{\varepsilon_0 c}x} \mathrm{e}^{-\frac{\gamma_y \sin\theta}{\varepsilon_0 c}y} \tag{3.5.8}$$

式中，u_0 表示振幅。式（3.5.8）右边的第一个指数项说明，该平面波的等相位面为平面，且等相面在垂直于电场的方向以光速 c 传播，即在图 3.5.1 中有 $\varphi = \theta$；后两个指数项表明波的振幅沿 x 和 y 方向均按指数规律衰减。

3.5.3　平面波在两种 PML 介质分界面处的传播

现在，我们来讨论平面波从一种 PML 介质入射到另一种 PML 介质时的传播问题。如图 3.5.2 所示，在这里取 PML-PML 介质分界面垂直于 x 轴。在绘制图 3.5.2 时，已经认为两种 PML 介质都满足匹配条件式（3.5.4），即根据式（3.5.8）有 α_1、α_2、α_r 分别等于相对于分界面法向定义的入射角、透射角、反射角。

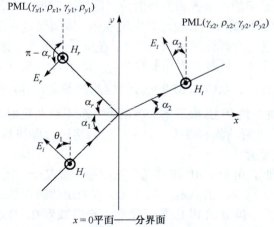

$x = 0$ 平面——分界面

图 3.5.2　垂直于 x 轴的两种 PML 介质的分界面

根据在分界面处，电场切向分量 E_y 和磁场切向分量 $H_{zx} + H_{zy}$ 都必须连续的条件，可得

$$\alpha_r = \alpha_1 \tag{3.5.9}$$

$$\left(1 - \mathrm{j}\frac{\gamma_{y1}}{\varepsilon_0 \omega}\right)\sin\alpha_1 = \left(1 - \mathrm{j}\frac{\gamma_{y2}}{\varepsilon_0 \omega}\right)\sin\alpha_2 \tag{3.5.10}$$

进一步，设两种媒质的 (γ_y, ρ_y) 相同，即 $\gamma_{y1} = \gamma_{y2} = \gamma_y$ 和 $\rho_{y1} = \rho_{y2} = \rho_y$，则有

$$\alpha_2 = \alpha_1 \tag{3.5.11}$$

以及在分界面处反射波的切向电场与入射波的切向电场之比为 0，即反射系数 R_ρ 为

$$R_\rho = 0 \tag{3.5.12}$$

上述结果表明，如果两种 PML 媒质都满足匹配条件式（3.5.4），且它们具有相同的横向电导率和横向磁阻率，即 $(\gamma_{y1}, \rho_{y1}) = (\gamma_{y2}, \rho_{y2}) = (\gamma, \rho)$（注意到，在这里取 x 轴垂直于两种 PML 媒质的分界面），则无论入射角和频率如何，平面波都将无反射地通过两种 PML 媒质分界面传播。若两种介质中有一种是真空，这个结论也成立。这时，真空可看做参数为 $(0,0,0,0)$ 的 PML 媒质，而另一种媒质的参数应为 $(\gamma_x, \rho_x, 0, 0)$。

值得指出的是，其中频率无关性特别重要，因为由此能够实现时域方法的宽带模拟。

若考虑 y 轴垂直于两种 PML 媒质分界面情况，经过上述相同的分析过程，也能得到相同的结论。

3.5.4 PML 媒质层的设置

对于二维情况，Berenger 建议了 PML 媒质完全匹配层设置的基本结构，如图 3.5.3 所示。图中用白颜色标记的内部区域为数值仿真区域，它被用灰色标记的 PML 媒质完全匹配层所包围，PML 媒质又被理想导电壁包围。数值仿真中的散射体或者辐射源产生的外行波会无反射地穿过计算区域与 PML 媒质层的四个分界面，并在 PML 媒质层中被吸收。而在四个角顶区域，采用参数为 $(\gamma_x, \rho_x, \gamma_y, \rho_y)$ 的 PML 媒质，其中，各个参数分别与相邻的 $(\gamma_x, \rho_x, 0, 0)$ 和 $(0, 0, \gamma_y, \rho_y)$ 媒质的参数相等。那么，根据上面的讨论，在侧边 PML 媒质与角 PML 媒质的分界面处，也不存在反射。因此，采用这样的 PML 媒质完全匹配层设置结构和参数，将使外行波穿过边界和角顶区域 PML 媒质的分界面时都不会发生反射。

在计算实际问题时，由于 PML 媒质完全匹配层只能是一定的厚度 d，同时其外侧又被理想导体壁包围。这样，虽然透入到 PML 媒质层的波在传播过程中会按指数规律衰减，但在穿过有限厚度 d 的 PML 媒质层时不会衰减到 0。当遇到理想导体壁时就会反射回来而重新进入数值仿真区域，最终导致 PML 媒质层的反射系数不再等于 0。

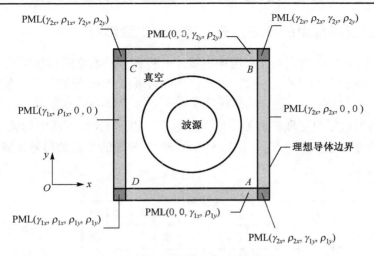

图 3.5.3　PML 媒质完全匹配层设置

应用好 PML 媒质层的关键是选择合适的厚度 d。由式（3.5.8）可见，在 PML 媒质中，波的振幅由两个指数项 $e^{-\frac{\gamma_x\cos\theta}{\varepsilon_0 c}x}$ 和 $e^{-\frac{\gamma_y\sin\theta}{\varepsilon_0 c}y}$ 来控制。在包围数值仿真区域的 PML 介质层中，有 $(\gamma,\rho,0,0)$，这样就有一个指数项退化为 1。于是，在 PML 媒质层中距离分界面 r 处，外行波的振幅为

$$u(r)=u_0 e^{-\frac{\gamma\cos\theta}{\varepsilon_0 c}r} \tag{3.5.13}$$

当外行波被理想导电壁反射回到数值仿真区域时，相当于穿越 PML 媒质层两次，显然 PML 媒质层表面的反射系数为

$$R=e^{-\frac{2\gamma\cos\theta}{\varepsilon_0 c}d} \tag{3.5.14}$$

这个结果表明，反射系数是由 γ 和 d 共同决定的。

在实际应用时，厚度 d 不能取得太小，不然会由于电导率跃变太大而给计算带来明显的数值反射。一般地，PML 介质层厚度 d 取若干个空间步长，且取电导率自分界面的 0 值渐变到 PML 媒质层最外面的 $\gamma_{\max}$，即电导率 γ 为 r 的函数 $\gamma(r)$。这样，在 PML 媒质层表面的反射系数式（3.5.14）可改写为

$$R=e^{-\frac{2\cos\theta}{\varepsilon_0 c}\int_0^d\gamma(r)\mathrm{d}r} \tag{3.5.15}$$

如果取 $\gamma(r)$ 为下列幂函数形式：

$$\gamma(r)=r_{\max}\left(\frac{r}{d}\right)^n \tag{3.5.16}$$

代入式（3.5.15），可得

$$R=e^{\frac{2\gamma_{\max}d\cos\theta}{(n+1)\varepsilon_0 c}} \tag{3.5.17}$$

3.5.5　PML 媒质层中的精细积分方程——二维情形

现在讨论 PML 媒质完全匹配层中电磁波时程积分法的空间离散形式。对于 PML 媒质完全匹配层中的偏微分方程式（3.5.1），仍然采用 Yee 元胞网格对空间进行离散化。如图 3.5.4 所示，E_x、E_y 的取样位置不变，两个磁场子分量 H_{zx}、H_{zy} 都在标准 Yee 元胞网格的取样位置取样。但是应该注意到，由于 PML 媒质中的波方程将 H_z 分量分裂成两个子分量 H_{zx} 和 H_{zy}，所以要在原来 H_z 分量的节点处同时计算 H_{zx} 和 H_{zy}。

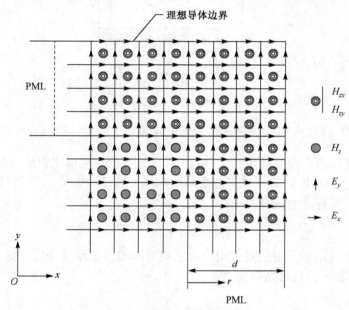

图 3.5.4　二维 PML 媒质完全匹配层右上角区域的网格划分

在 PML 媒质完全匹配层中，式（3.5.1）的空间离散形式分别为

$$\frac{\mathrm{d}E_x\left(i+\frac{1}{2},j\right)}{\mathrm{d}t}=-\frac{\gamma_y(j)}{\varepsilon_0}E_x\left(i+\frac{1}{2},j\right)+\frac{1}{\varepsilon_0\Delta y}\left[H_{zx}\left(i+\frac{1}{2},j+\frac{1}{2}\right)\right.$$
$$\left.+H_{zy}\left(i+\frac{1}{2},j+\frac{1}{2}\right)-H_{zx}\left(i+\frac{1}{2},j-\frac{1}{2}\right)-H_{zy}\left(i+\frac{1}{2},j-\frac{1}{2}\right)\right]$$

（3.5.18）

$$\frac{\mathrm{d}E_y\left(i,j+\frac{1}{2}\right)}{\mathrm{d}t}=-\frac{\gamma_x(i)}{\varepsilon_0}E_y\left(i,j+\frac{1}{2}\right)-\frac{1}{\varepsilon_0\Delta x}\left[H_{zx}\left(i+\frac{1}{2},j+\frac{1}{2}\right)\right.$$
$$\left.+H_{zy}\left(i+\frac{1}{2},j+\frac{1}{2}\right)-H_{zx}\left(i-\frac{1}{2},j+\frac{1}{2}\right)-H_{zy}\left(i-\frac{1}{2},j+\frac{1}{2}\right)\right]$$

（3.5.19）

$$\frac{\mathrm{d}H_{zx}\left(i+\frac{1}{2},j+\frac{1}{2}\right)}{\mathrm{d}t}=-\frac{\rho_x\left(i+\frac{1}{2}\right)}{\mu_0}H_{zx}\left(i+\frac{1}{2},j+\frac{1}{2}\right)$$

$$-\frac{1}{\mu_0\Delta x}\left[E_y\left(i+1,j+\frac{1}{2}\right)-E_y\left(i,j+\frac{1}{2}\right)\right] \tag{3.5.20}$$

$$\frac{\mathrm{d}H_{zy}\left(i+\frac{1}{2},j+\frac{1}{2}\right)}{\mathrm{d}t}=-\frac{\rho_y\left(j+\frac{1}{2}\right)}{\mu_c}H_{zy}\left(i+\frac{1}{2},j+\frac{1}{2}\right)$$

$$+\frac{1}{\mu_0\Delta y}\left[E_x\left(i+\frac{1}{2},j+1\right)-E_x\left(i+\frac{1}{2},j\right)\right] \tag{3.5.21}$$

值得注意的是，式（3.5.18）～式（3.5.21）中的 γ_x、ρ_x 在左、右侧边及角区域处是 $x(i)$ 的函数，在上、下侧边为 0；γ_y、ρ_y 在上、下侧边及角区域处是 $y(j)$ 的函数，在左、右侧边为 0。因此，对式（3.5.18）～式（3.5.21）就需要小心处理。在图 3.5.3 的左右两边 PML 区域中，由于参数 $(\gamma_y,\ \rho_y)=0$，不难看出式（3.5.18）和式（3.5.21）可以分别写为

$$\frac{\mathrm{d}E_x\left(i+\frac{1}{2},j\right)}{\mathrm{d}t}=\frac{1}{\varepsilon_0\Delta y}\left[H_{zx}\left(i+\frac{1}{2},j+\frac{1}{2}\right)+H_{zy}\left(i+\frac{1}{2},j+\frac{1}{2}\right)\right.$$

$$\left.-H_{zx}\left(i+\frac{1}{2},j-\frac{1}{2}\right)-H_{zy}\left(i+\frac{1}{2},j-\frac{1}{2}\right)\right] \tag{3.5.22}$$

和

$$\frac{\mathrm{d}H_{zy}\left(i+\frac{1}{2},j+\frac{1}{2}\right)}{\mathrm{d}t}=\frac{1}{\mu_0\Delta y}\left[E_x\left(i+\frac{1}{2},j+1\right)-E_x\left(i+\frac{1}{2},j\right)\right] \tag{3.5.23}$$

同样，在图 3.5.3 的上、下两边 PML 区域中，由于参数 $(\gamma_x,\ \rho_x)=0$，于是式（3.5.19）和式（3.5.20）可以分别写为

$$\frac{\mathrm{d}E_y\left(i,j+\frac{1}{2}\right)}{\mathrm{d}t}=-\frac{1}{\varepsilon_0\Delta x}\left[H_{zx}\left(i+\frac{1}{2},j+\frac{1}{2}\right)+H_{zy}\left(i+\frac{1}{2},j+\frac{1}{2}\right)\right.$$

$$\left.-H_{zx}\left(i-\frac{1}{2},j+\frac{1}{2}\right)-H_{zy}\left(i-\frac{1}{2},j+\frac{1}{2}\right)\right] \tag{3.5.24}$$

和

$$\frac{\mathrm{d}H_{zx}\left(i+\frac{1}{2},j+\frac{1}{2}\right)}{\mathrm{d}t}=-\frac{1}{\mu_c\Delta x}\left[E_y\left(i+1,j+\frac{1}{2}\right)-E_y\left(i,j+\frac{1}{2}\right)\right] \tag{3.5.25}$$

而在四个角顶区域中 $(\gamma_x, \rho_x, \gamma_y, \rho_y)$ 都不等于 0，所以空间离散形式就是式（3.5.18）～式（3.5.21）。

最后，对于位于 PML 媒质层与数值计算区域分界面上的电场分量，其空间离散形式要用到数值计算区域中的磁场分量 H_z。如果将数值计算区域看做参数为 $(\gamma_x, \rho_x, \gamma_y, \rho_y) = 0$ 的 PML 媒质，则 $H_{zx} + H_{zy} = H_z$。这样，在 $j = J$ 的上分界面上，有

$$
\frac{\mathrm{d}E_x\left(i+\frac{1}{2}, J\right)}{\mathrm{d}t} = -\frac{\gamma_y(J)}{\varepsilon_0} E_x\left(i+\frac{1}{2}, J\right) + \frac{1}{\varepsilon_0 \Delta y}\left[H_{zx}\left(i+\frac{1}{2}, J+\frac{1}{2}\right)\right.
$$

$$
\left. + H_{zy}\left(i+\frac{1}{2}, J+\frac{1}{2}\right) - H_{zx}\left(i+\frac{1}{2}, J-\frac{1}{2}\right) - H_{zy}\left(i+\frac{1}{2}, J-\frac{1}{2}\right)\right]
\tag{3.5.26}
$$

由于 PML 媒质内 $H_{zx} + H_{zy} = H_z$，并且根据式（3.5.16）在 PML 媒质内界面处 $\gamma_y = 0$，于是式（3.5.26）简化为

$$
\frac{\mathrm{d}E_x\left(i+\frac{1}{2}, J\right)}{\mathrm{d}t} = \frac{1}{\varepsilon_0 \Delta y}\left[H_z\left(i+\frac{1}{2}, J+\frac{1}{2}\right) - H_z\left(i+\frac{1}{2}, J-\frac{1}{2}\right)\right]
\tag{3.5.27}
$$

相似地，在 $i = I$ 的右分界面上，有

$$
\frac{\mathrm{d}E_y\left(I, j+\frac{1}{2}\right)}{\mathrm{d}t} = -\frac{1}{\varepsilon_0 \Delta x}\left[H_z\left(I+\frac{1}{2}, j+\frac{1}{2}\right) - H_z\left(I-\frac{1}{2}, j+\frac{1}{2}\right)\right]
\tag{3.5.28}
$$

这就是通常的空间离散形式。因此，对于界面上的 E_x 和 E_y 节点可以使用数值计算区域中的空间离散形式。没有必要对其作单独处理。

对于二维 TM 情形，可以得到与 TM 情形相同的结论，也可以用同样的方法来构造 PML 媒质完全匹配层。限于篇幅，这里不再赘述。

3.5.6　PML 媒质层中的精细积分方程——三维情形

上面的讨论可以推广到三维情形。在三维 PML 媒质中，直角坐标系中的六个场分量都被分裂成两个子分量，共有 12 个子分量，记为 E_{xy}，E_{xz}，E_{yz}，E_{yx}，E_{zx}，E_{zy}，H_{xy}，H_{xz}，H_{yx}，H_{yz}，H_{zx}，H_{zy}。在三维 PML 媒质中，这 12 个场分量满足下列 12 个方程：

$$
\varepsilon \frac{\partial E_{xy}}{\partial t} + \gamma_y E_{xy} = \frac{\partial (H_{zx} + H_{zy})}{\partial y}
\tag{3.5.29}
$$

$$
\varepsilon \frac{\partial E_{xz}}{\partial t} + \gamma_z E_{xz} = -\frac{\partial (H_{yz} + H_{yx})}{\partial z}
\tag{3.5.30}
$$

$$
\varepsilon \frac{\partial E_{yz}}{\partial t} + \gamma_z E_{yz} = \frac{\partial (H_{xy} + H_{xz})}{\partial z}
\tag{3.5.31}
$$

$$\varepsilon \frac{\partial E_{yx}}{\partial t} + \gamma_x \bar{E}_{yx} = -\frac{\partial (H_{zx} + H_{zy})}{\partial x} \tag{3.5.32}$$

$$\varepsilon \frac{\partial E_{zx}}{\partial t} + \gamma_x E_{zx} = \frac{\partial (H_{yz} + H_{yx})}{\partial x} \tag{3.5.33}$$

$$\varepsilon \frac{\partial E_{zy}}{\partial t} + \gamma_y \bar{E}_{zy} = -\frac{\partial (H_{xy} + H_{xz})}{\partial y} \tag{3.5.34}$$

$$\mu \frac{\partial H_{xy}}{\partial t} + \rho_y H_{xy} = -\frac{\partial (E_{zx} + E_{zy})}{\partial y} \tag{3.5.35}$$

$$\mu \frac{\partial H_{xz}}{\partial t} + \rho_z H_{xz} = \frac{\partial (E_{yz} + E_{yx})}{\partial z} \tag{3.5.36}$$

$$\mu \frac{\partial H_{yz}}{\partial t} + \rho_z H_{yz} = -\frac{\partial (E_{xy} + E_{xz})}{\partial z} \tag{3.5.37}$$

$$\mu \frac{\partial H_{yx}}{\partial t} + \rho_x H_{yz} = \frac{\partial (E_{zx} + E_{zy})}{\partial x} \tag{3.5.38}$$

$$\mu \frac{\partial H_{zx}}{\partial t} + \rho_x H_{zx} = -\frac{\partial (E_{yz} + E_{yx})}{\partial x} \tag{3.5.39}$$

$$\mu \frac{\partial H_{zy}}{\partial t} + \rho_y H_{zy} = \frac{\partial (E_{xy} + E_{xz})}{\partial y} \tag{3.5.40}$$

式中，$\gamma_x, \gamma_y, \gamma_z, \rho_x, \rho_y, \rho_z$ 分别为电导率和磁阻率。与二维情况一样，三维情形的阻抗匹配条件为

$$\frac{\gamma_i}{\varepsilon} = \frac{\rho_i}{\mu}, \quad i = x, y, z \tag{3.5.41}$$

对于两种 PML 媒质的分界面，只要二者具有相同的横向电导率和磁阻率，且横向参数和纵向参数都满足阻抗匹配条件式（3.5.41），则在其分界面上无反射。

对上述 12 个方程进行空间离散化，可得到下列 PML 媒质中的空间离散形式：

$$\frac{\mathrm{d}E_{xy}\left(i+\frac{1}{2}, j, k\right)}{\mathrm{d}t} = \frac{1}{\varepsilon\left(i+\frac{1}{2}, j, k\right)}\left[-\gamma_y\left(i+\frac{1}{2}, j, k\right)E_{xy}\left(i+\frac{1}{2}, j, k\right)\right.$$

$$\left. + \frac{H_z\left(i+\frac{1}{2}, j+\frac{1}{2}, k\right) - H_z\left(i+\frac{1}{2}, j-\frac{1}{2}, k\right)}{\Delta y}\right] \tag{3.5.42}$$

$$\frac{\mathrm{d}E_{xz}\left(i+\frac{1}{2},j,k\right)}{\mathrm{d}t}=\frac{1}{\varepsilon\left(i+\frac{1}{2},j,k\right)}\left[-\gamma_z\left(i+\frac{1}{2},j,k\right)E_{xz}\left(i+\frac{1}{2},j,k\right)\right.$$

$$\left.-\frac{H_y\left(i+\frac{1}{2},j,k+\frac{1}{2}\right)-H_y\left(i+\frac{1}{2},j,k-\frac{1}{2}\right)}{\Delta z}\right]$$

（3.5.43）

$$\frac{\mathrm{d}E_{yz}\left(i,j+\frac{1}{2},k\right)}{\mathrm{d}t}=\frac{1}{\varepsilon\left(i,j+\frac{1}{2},k\right)}\left[-\gamma_z\left(i,j+\frac{1}{2},k\right)E_{yz}\left(i,j+\frac{1}{2},k\right)\right.$$

$$\left.+\frac{H_x\left(i,j+\frac{1}{2},k+\frac{1}{2}\right)-H_x\left(i,j+\frac{1}{2},k-\frac{1}{2}\right)}{\Delta z}\right]$$

（3.5.44）

$$\frac{\mathrm{d}E_{yx}\left(i,j+\frac{1}{2},k\right)}{\mathrm{d}t}=\frac{1}{\varepsilon\left(i,j+\frac{1}{2},k\right)}\left[-\gamma_x\left(i,j+\frac{1}{2},k\right)E_{yx}\left(i,j+\frac{1}{2},k\right)\right.$$

$$\left.-\frac{H_z\left(i+\frac{1}{2},j+\frac{1}{2},k\right)-H_z\left(i-\frac{1}{2},j+\frac{1}{2},k\right)}{\Delta x}\right]$$

（3.5.45）

$$\frac{\mathrm{d}E_{zx}\left(i,j,k+\frac{1}{2}\right)}{\mathrm{d}t}=\frac{1}{\varepsilon\left(i,j,k+\frac{1}{2}\right)}\left[-\gamma_x\left(i,j,k+\frac{1}{2}\right)E_{zx}\left(i,j,k+\frac{1}{2}\right)\right.$$

$$\left.+\frac{H_y\left(i+\frac{1}{2},j,k+\frac{1}{2}\right)-H_y\left(i-\frac{1}{2},j,k+\frac{1}{2}\right)}{\Delta x}\right]$$

（3.5.46）

$$\frac{\mathrm{d}E_{zy}\left(i,j,k+\frac{1}{2}\right)}{\mathrm{d}t}=\frac{1}{\varepsilon\left(i,j,k+\frac{1}{2}\right)}\left[-\gamma_y\left(i,j,k+\frac{1}{2}\right)E_{zy}\left(i,j,k+\frac{1}{2}\right)\right.$$

$$\left.-\frac{H_x\left(i,j+\frac{1}{2},k+\frac{1}{2}\right)-H_x\left(i,j-\frac{1}{2},k+\frac{1}{2}\right)}{\Delta y}\right]$$

（3.5.47）

$$
\frac{\mathrm{d}H_{xy}\left(i,j+\frac{1}{2},k+\frac{1}{2}\right)}{\mathrm{d}t} = \frac{1}{\mu\left(i,j+\frac{1}{2},k+\frac{1}{2}\right)}\left[-\rho_y\left(i,j+\frac{1}{2},k+\frac{1}{2}\right)H_{xy}\left(i,j+\frac{1}{2},\right.\right.
$$

$$
\left.\left.k+\frac{1}{2}\right)-\frac{E_z\left(i,j+1,k+\frac{1}{2}\right)-E_z\left(i,j,k+\frac{1}{2}\right)}{\Delta y}\right]
$$

(3.5.48)

$$
\frac{\mathrm{d}H_{xz}\left(i,j+\frac{1}{2},k+\frac{1}{2}\right)}{\mathrm{d}t} = \frac{1}{\mu\left(i,j+\frac{1}{2},k+\frac{1}{2}\right)}\left[-\rho_z\left(i,j+\frac{1}{2},k+\frac{1}{2}\right)H_{xz}\left(i,j+\frac{1}{2},\right.\right.
$$

$$
\left.\left.k+\frac{1}{2}\right)-\frac{E_y\left(i,j+\frac{1}{2},k+1\right)-E_y\left(i,j+\frac{1}{2},k\right)}{\Delta z}\right]
$$

(3.5.49)

$$
\frac{\mathrm{d}H_{yz}\left(i+\frac{1}{2},j,k+\frac{1}{2}\right)}{\mathrm{d}t} = \frac{1}{\mu\left(i+\frac{1}{2},j,k+\frac{1}{2}\right)}\left[-\rho_z\left(i+\frac{1}{2},j,k+\frac{1}{2}\right)H_{yz}\left(i+\frac{1}{2},j,\right.\right.
$$

$$
\left.\left.k+\frac{1}{2}\right)-\frac{E_x\left(i+\frac{1}{2},j,k+1\right)-E_x\left(i+\frac{1}{2},j,k\right)}{\Delta z}\right]
$$

(3.5.50)

$$
\frac{\mathrm{d}H_{yx}\left(i+\frac{1}{2},j,k+\frac{1}{2}\right)}{\mathrm{d}t} = \frac{1}{\mu\left(i+\frac{1}{2},j,k+\frac{1}{2}\right)}\left[-\rho_x\left(i+\frac{1}{2},j,k+\frac{1}{2}\right)H_{yx}\left(i+\frac{1}{2},j,\right.\right.
$$

$$
\left.\left.k+\frac{1}{2}\right)+\frac{E_z\left(i+1,j,k+\frac{1}{2}\right)-E_z\left(i,j,k+\frac{1}{2}\right)}{\Delta x}\right]
$$

(3.5.51)

$$
\frac{\mathrm{d}H_{zx}\left(i+\frac{1}{2},j+\frac{1}{2},k\right)}{\mathrm{d}t} = \frac{1}{\mu\left(i+\frac{1}{2},j+\frac{1}{2},k\right)}\left[-\rho_z\left(i+\frac{1}{2},j+\frac{1}{2},k\right)H_{zx}\left(i+\frac{1}{2},\right.\right.
$$

$$
\left.\left.j+\frac{1}{2},k\right)-\frac{E_y\left(i+1,j+\frac{1}{2},k\right)-E_y\left(i,j+\frac{1}{2},k\right)}{\Delta x}\right]
$$

(3.5.52)

$$\frac{\mathrm{d}H_{zy}\left(i+\frac{1}{2},j+\frac{1}{2},k\right)}{\mathrm{d}t}=\frac{1}{\mu\left(i+\frac{1}{2},j+\frac{1}{2},k\right)}\left[-\rho_y\left(i+\frac{1}{2},j+\frac{1}{2},k\right)H_{zy}\left(i+\frac{1}{2},\right.\right.$$

$$\left.\left.j+\frac{1}{2},k\right)+\frac{E_x\left(i+\frac{1}{2},j+1,k\right)-E_x\left(i+\frac{1}{2},j,k\right)}{\Delta y}\right]$$

(3.5.53)

通常来说,三维 PML 媒质完全匹配层的厚度有 3～9 个网格,且其中同一节点上的场量要分裂成两个子分量,而 Engquist-Majda 吸收边界条件在计算中只涉及截断边界附近一层或两层网格。显然,与 Engquist-Majda 吸收边界条件相比较,应用 PML 媒质完全匹配层要花费更长的计算时间和占用更多的内存,对计算机的硬件有较高的要求。

数值试验结果表明,PML 媒质完全匹配层吸收边界条件的数值反射主要来自两个方面:一是由 PML 媒质外侧理想导体引起的反射;二是由网格引起的数值色散误差。当电导率分布阶数 n 较高时,数值色散误差占主要成分;反之,理想导体引起的反射为主。有效减小 PML 媒质的数值反射一直是许多学者关心的重要课题。此外,分裂场 PML 完全匹配层吸收边界条件对吸收倏逝波不是很有效。Gedeny 提出的不分裂场 PML 完全匹配层常用做高有耗介质或有倏逝波时的吸收边界条件。不分裂场 PML 完全匹配层最容易被理解,它最重要的特点是 Maxwell 方程在 PML 区域和数值计算区域具有相同的形式,但其递推过程与材料特性有关。伸展坐标 PML 吸收边界条件、复坐标 PML 吸收边界条件和时域卷积 PML 吸收边界条件的递推过程与材料特性无关。

3.6　时程精细积分法中激励源的引入

激励源形式的选取以及如何将激励源引入到时程积分法的过程中,也是一个非常关键的问题和重要任务。激励源引入技术分为两类:强迫激励源、总场/散射场体系。

3.6.1　强迫激励源技术

强迫激励源技术就是在空间网格中,直接在源网格点 P 处强行指定电场(或磁场)分量的时间变化形式。这种方法的优点在于能实现形式上尽可能紧凑的激励源,但会存在虚假的再反射现象。

例如,为了数值模拟正弦均匀平面波 $E_y=E_0\sin(2\pi ft-kx)$ 在一维网格中的传播,可以在源网格点 P 指定:

$$E_y^n(P)=E_0\sin(2\pi fn\Delta t)$$

(3.6.1)

这就是在 $t=0$ 时刻施加的频率为 f 的连续正弦波源(或数值波)。该数值波将从源点 P 向 $\pm x$ 方向对称地传播。

另外，还常常选用高斯、调制高斯、抽样、调制抽样等有限脉冲波作为激励源。有关它们的具体特性可以参考相关著作。限于篇幅，这里不再赘述。

必须注意，经过一段时间后，由激励源产生的数值波会到达离开源网格点 P 一定距离的被分析电磁结构，与之相互作用从而产生波的传输与反射现象，最终随着这种相互作用的瞬态过程的消失而达到稳态。对于式（3.6.1）所示的连续激励源，瞬态过程结束意味着传输波与反射波都已经进入了正弦稳态；而对于有限脉冲波，则说明了传输波与反射波都已经离开仿真区域。如果对有限脉冲波的瞬态过程进行傅里叶分析，就可以得到其传输波与反射波的振幅与相位信息。

在强迫激励源技术的应用中，会出现来自被分析电磁结构的反射波被源网格点 P 再反射回电磁结构体的现象，造成虚假反射。例如，若在源网格点 P 处取场量按高斯脉冲：

$$E_y^n(P) = E_0 \mathrm{e}^{-\left[\frac{(n-n_0)\Delta t}{T}\right]^2}$$

规律变化，当 $(n-n_0)\Delta t \geq T$ 时，有 $E_y^n(P) \approx 0$，这会对来自被分析电磁结构的反射波产生全反射，其结果就是相当于在源网格点 P 处加了一个理想导电平板。解决这种虚假反射的一个简单办法是，在激励脉冲几乎衰减为 0、来自被分析电磁结构的反射波到达网格点 P 之前，将激励源去掉。但是，这种办法不适于稳态激励源作用问题。另外，对于脉冲宽度较宽的脉冲激励源，要求激励源所在网格点 P 到被分析电磁结构的距离必须充分大，才能使来自被分析电磁结构的反射波到达网格点 P 之前几乎衰减为 0，显然这会大大增加对计算机内存占用和计算时间的要求，尤其对三维问题是十分不经济的。

另一个解决虚假反射的办法是，将激励源直接作为 Maxwell 方程中的一个电流源项 J_s[2]。即有 $\frac{\partial E}{\partial t} = \frac{1}{\varepsilon}\nabla \times H - \frac{1}{\varepsilon}J_s$。这是由于 $J_s = 0$ 时，$\frac{\partial E}{\partial t} = \frac{1}{\varepsilon}\nabla \times H - \frac{1}{\varepsilon}J_s$ 将自然退化为原来的形式 $\frac{\partial E}{\partial t} = \frac{1}{\varepsilon}\nabla \times H$，不引入理想导电反射屏。还有，由于按总场公式计算，源只是其中独立的一项，当反射波到达时，源是否消失，不会影响总场的正常计算。

3.6.2　入射波的加入——总场/散射场体系

在数值仿真中，如果假设入射波在全空间是已知的，就可以用散射场方法或总场/散射场方法来引入入射波。因为入射波已知，所以在散射场方法中先求解散射场的 Maxwell 方程，然后将计算区域中每一点的电磁波表示成入射波与散射波之和。这种方法是将入射波的信息加到了散射体的表面上，它需要计算空间每一点和每一时刻的散射波，这是相当耗时的。还有，尽管入射波是精确的，但由于散射波是用数值方法求得的，所以通常会在理想导体一类散射体内引起电磁波，并且这一项误差与网格大小和散射波的传播距离都有关。

一般来说，总场/散射场体系最适合于电磁散射问题的分析。如图 3.6.1 所示，在用

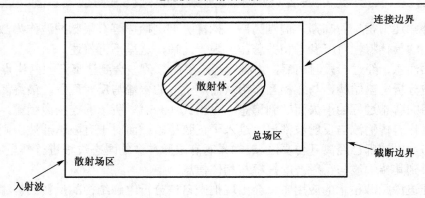

图 3.6.1　空间网格中总场区和散射场区的划分

数值方法计算电磁散射问题时，一般都是将计算区域划分成两个区域：总场区（=入射场+散射场）和散射场区。把总场区与散射场区的分界面称为连接边界。而散射场区的外边界是截断边界，在此用吸收边界条件来吸收外向的散射波。

在总场区中，将数值方法直接用于总场 E 和 H ，有

$$\begin{cases} E = E_i + E_s \\ H = H_i + H_s \end{cases} \tag{3.6.2}$$

式中，下表 i、s 分别表示入射场与散射场。而在散射场区中，则是将数值方法只用于散射场 E_s、H_s，这样就能满足在截断边界上设置的吸收边界条件只能吸收外向行波的要求。需要特殊处理的是总场区-散射场区的分界面处以及与分界面相邻的总场和散射波的计算。

总场/散射场体系成功应用的关键是保证入射波只被限制在总场区中。在总场区-散射场区的分界面上设置入射波电场的切向分量便可只将入射波引入到总场区。为了简单起见，一般使连接边界完全处于自由空间，并且与空间网格重合。在采用数值方法进行计算时，总场区-散射场区分界面处的电场既可以是总电场也可以是散射波电场。例如，设连接边界上的电场属于总场区，那么计算连接边界上的总电场时会涉及连接边界外（散射场区）相邻网格点处的总电场，这时应将入射波电场加到这些相邻网格点的散射波电场上去；而计算紧邻连接边界的网格点（散射场区）上的散射波电场时会涉及连接边界上的网格点处的散射波电场，此时应将入射波电场从这些网格点处的总电场中扣除。

同样，如果设连接边界上的电场属于散射场区，那么计算连接边界上的散射波电场时会涉及连接边界内（总场区）相邻网格点处的散射波电场，这时应将入射波电场从这些网格点处的总电场中扣除；而计算紧邻连接边界的网格点（总场区）上的总电场时会涉及连接边界上的网格点处的总电场，此时应将入射波电场加到这些网格点处的散射电场中。

可以看到，总场/散射场方法是将入射波的信息加到了总场区和散射场区的分界面

上。这种引入方法既不含任何近似处理，也不会引入虚假模式，还有激励源引入的形式非常紧凑，能直接使用吸收边界条件，具有更宽的计算动态范围。这是因为如果采用纯散射场法计算，总场区中低电平的总场是由两个高电平的场（散射波+入射波）叠加而成，实际上是通过两个高电平场近乎抵消来得到一个低电平的总场。这种算法的误差较大，高电平散射波场计算中一个很小的相对误差可以引起低电平总场出现一个较大的相对误差，称为相减噪声，它的存在使计算的动态范围减小。而采用总场/散射场方法，是直接在总场区中计算出低电平的总场，避免了这种相减噪声，所以使计算的动态范围增大。

现在，设位于连接边界面上的切向电场分量属于总场，那么在该面上的法向磁场分量也为总场。可以求得连接边界面上总电场和连接边界面两边散射波场的空间离散形式。在下面各个常微分方程中，用上标"t"表示总场，上标"s"表示散射波场，上标"i"表示入射波场。

（1）在 y 最小的连接边界面上，假设此面上的电场为总场，靠近该面附近的磁场为散射波场，那么有

$$
\begin{aligned}
\frac{dE_x^t\left(i+\frac{1}{2},j_{\min},k\right)}{dt} = & \frac{1}{\varepsilon\left(i+\frac{1}{2},j_{\min},k\right)}\left[\frac{H_z^t\left(i+\frac{1}{2},j_{\min}+\frac{1}{2},k\right)-H_z^s\left(i+\frac{1}{2},j_{\min}-\frac{1}{2},k\right)}{\Delta y}\right.\\
& \left.-\frac{H_y^t\left(i+\frac{1}{2},j_{\min},k+\frac{1}{2}\right)-H_y^t\left(i+\frac{1}{2},j_{\min},k-\frac{1}{2}\right)}{\Delta z}\right]\\
& -\frac{1}{\varepsilon\left(i+\frac{1}{2},j_{\min},k\right)}\frac{H_z^i\left(i+\frac{1}{2},j_{\min}-\frac{1}{2},k\right)}{\Delta y}
\end{aligned}
\tag{3.6.3}
$$

$$
\begin{aligned}
\frac{dE_z^t\left(i,j_{\min},k+\frac{1}{2}\right)}{dt} = & \frac{1}{\varepsilon\left(i,j_{\min},k+\frac{1}{2}\right)}\left[\frac{H_y^t\left(i+\frac{1}{2},j_{\min},k+\frac{1}{2}\right)-H_y^t\left(i-\frac{1}{2},j_{\min},k+\frac{1}{2}\right)}{\Delta x}\right.\\
& \left.-\frac{H_x^t\left(i,j_{\min}+\frac{1}{2},k+\frac{1}{2}\right)-H_x^s\left(i,j_{\min}-\frac{1}{2},k+\frac{1}{2}\right)}{\Delta y}\right]\\
& -\frac{1}{\varepsilon\left(i,j_{\min},k+\frac{1}{2}\right)}\frac{H_x^i\left(i,j_{\min}-\frac{1}{2},k+\frac{1}{2}\right)}{\Delta y}
\end{aligned}
\tag{3.6.4}
$$

$$\frac{\mathrm{d}H_x^s\left(i,j_{\min}-\frac{1}{2},k-\frac{1}{2}\right)}{\mathrm{d}t}=\frac{1}{\mu\left(i,j_{\min}-\frac{1}{2},k-\frac{1}{2}\right)}\left[\frac{E_y^s\left(i,j_{\min}-\frac{1}{2},k\right)-E_y^s\left(i,j_{\min}-\frac{1}{2},k-1\right)}{\Delta z}\right.$$

$$\left.-\frac{E_z^t\left(i,j_{\min},k-\frac{1}{2}\right)-E_z^s\left(i,j_{\min}-1,k-\frac{1}{2}\right)}{\Delta y}\right]$$

$$-\frac{1}{\mu\left(i,j_{\min}-\frac{1}{2},k-\frac{1}{2}\right)}\frac{E_z^i\left(i,j_{\min},k-\frac{1}{2}\right)}{\Delta y} \tag{3.6.5}$$

$$\frac{\mathrm{d}H_z^s\left(i-\frac{1}{2},j_{\min}-\frac{1}{2},k\right)}{\mathrm{d}t}=\frac{1}{\mu\left(i-\frac{1}{2},j_{\min}-\frac{1}{2},k\right)}\left[\frac{E_x^t\left(i-\frac{1}{2},j_{\min},k\right)-E_x^s\left(i-\frac{1}{2},j_{\min}-1,k\right)}{\Delta y}\right.$$

$$\left.-\frac{E_y^s\left(i,j_{\min}-\frac{1}{2},k\right)-E_y^s\left(i-1,j_{\min}-\frac{1}{2},k\right)}{\Delta x}\right]$$

$$-\frac{1}{\mu\left(i-\frac{1}{2},j_{\min}-\frac{1}{2},k\right)}\frac{E_x^i\left(i-\frac{1}{2},j_{\min},k\right)}{\Delta y} \tag{3.6.6}$$

（2）在 y 最大的连接边界面上，假设此面上的电场为总场，靠近该面附近的磁场为散射波场，那么有

$$\frac{\mathrm{d}E_x^t\left(i+\frac{1}{2},j_{\max},k\right)}{\mathrm{d}t}=\frac{1}{\varepsilon\left(i+\frac{1}{2},j_{\max},k\right)}\left[\frac{H_z^s\left(i+\frac{1}{2},j_{\max}+\frac{1}{2},k\right)-H_z^t\left(i+\frac{1}{2},j_{\max}-\frac{1}{2},k\right)}{\Delta y}\right.$$

$$\left.-\frac{H_y^t\left(i+\frac{1}{2},j_{\max},k+\frac{1}{2}\right)-H_y^t\left(i+\frac{1}{2},j_{\max},k-\frac{1}{2}\right)}{\Delta z}\right]$$

$$+\frac{1}{\varepsilon\left(i+\frac{1}{2},j_{\max},k\right)}\frac{H_z^i\left(i+\frac{1}{2},j_{\max}+\frac{1}{2},k\right)}{\Delta y} \tag{3.6.7}$$

$$\frac{\mathrm{d}E_z^t\left(i,j_{\max},k+\frac{1}{2}\right)}{\mathrm{d}t}=\frac{1}{\varepsilon\left(i,j_{\max},k+\frac{1}{2}\right)}\left[\frac{H_y^t\left(i+\frac{1}{2},j_{\max},k+\frac{1}{2}\right)-H_y^t\left(i-\frac{1}{2},j_{\max},k+\frac{1}{2}\right)}{\Delta x}\right.$$

$$\left.-\frac{H_x^s\left(i,j_{\max}+\frac{1}{2},k+\frac{1}{2}\right)-H_x^t\left(i,j_{\max}-\frac{1}{2},k+\frac{1}{2}\right)}{\Delta y}\right]$$

$$+\frac{1}{\varepsilon\left(i,j_{\max},k+\frac{1}{2}\right)}\frac{H_x^i\left(i,j_{\max}+\frac{1}{2},k+\frac{1}{2}\right)}{\Delta y} \tag{3.6.8}$$

$$\frac{\mathrm{d}H_x^s\left(i,j_{\max}+\frac{1}{2},k+\frac{1}{2}\right)}{\mathrm{d}t}=\frac{1}{\mu\left(i,j_{\min}+\frac{1}{2},k+\frac{1}{2}\right)}\left[\frac{E_y^s\left(i,j_{\max}+\frac{1}{2},k+1\right)-E_y^s\left(i,j_{\max}+\frac{1}{2},k\right)}{\Delta z}\right.$$

$$\left.-\frac{E_z^s\left(i,j_{\max}+1,k+\frac{1}{2}\right)-E_z^t\left(i,j_{\max},k+\frac{1}{2}\right)}{\Delta y}\right]$$

$$+\frac{1}{\mu\left(i,j_{\min}+\frac{1}{2},k+\frac{1}{2}\right)}\frac{E_z^i\left(i,j_{\max},k+\frac{1}{2}\right)}{\Delta y} \tag{3.6.9}$$

$$\frac{\mathrm{d}H_z^s\left(i+\frac{1}{2},j_{\max}+\frac{1}{2},k\right)}{\mathrm{d}t}=\frac{1}{\mu\left(i+\frac{1}{2},j_{\max}+\frac{1}{2},k\right)}\left[\frac{E_x^s\left(i+\frac{1}{2},j_{\max}+1,k\right)-E_x^t\left(i+\frac{1}{2},j_{\max},k\right)}{\Delta y}\right.$$

$$\left.-\frac{E_y^s\left(i+1,j_{\max}+\frac{1}{2},k\right)-E_y^s\left(i,j_{\max}+\frac{1}{2},k\right)}{\Delta x}\right]$$

$$+\frac{1}{\mu\left(i+\frac{1}{2},j_{\max}+\frac{1}{2},k\right)}\frac{E_x^i\left(i+\frac{1}{2},j_{\max},k\right)}{\Delta y} \tag{3.6.10}$$

（3）在 x 最小的连接边界面上，假设此面上的电场为总场，靠近该面附近的磁场为散射波场，那么有

$$\frac{\mathrm{d}E_y^t\left(i_{\min},j+\frac{1}{2},k\right)}{\mathrm{d}t}=\frac{1}{\varepsilon\left(i_{\min},j+\frac{1}{2},k\right)}\left[\frac{H_x^t\left(i_{\min},j+\frac{1}{2},k+\frac{1}{2}\right)-H_x^t\left(i_{\min},j+\frac{1}{2},k-\frac{1}{2}\right)}{\Delta z}\right.$$

$$\left.-\frac{H_z^t\left(i_{\min}+\frac{1}{2},j+\frac{1}{2},k\right)-H_z^s\left(i_{\min}-\frac{1}{2},j+\frac{1}{2},k\right)}{\Delta x}\right]$$

$$-\frac{1}{\varepsilon\left(i_{\min},j+\frac{1}{2},k\right)}\frac{H_z^i\left(i_{\min}-\frac{1}{2},j+\frac{1}{2},k\right)}{\Delta x} \tag{3.6.11}$$

$$\frac{\mathrm{d}E_z^t\left(i_{\min},j,k+\frac{1}{2}\right)}{\mathrm{d}t}=\frac{1}{\varepsilon\left(i_{\min},j,k+\frac{1}{2}\right)}\left[\frac{H_y^t\left(i_{\min}+\frac{1}{2},j,k+\frac{1}{2}\right)-H_y^s\left(i_{\min}-\frac{1}{2},j,k+\frac{1}{2}\right)}{\Delta x}\right.$$

$$\left.-\frac{H_x^t\left(i_{\min},j+\frac{1}{2},k+\frac{1}{2}\right)-H_x^t\left(i_{\min},j-\frac{1}{2},k+\frac{1}{2}\right)}{\Delta y}\right]$$

$$-\frac{1}{\varepsilon\left(i_{\min},j,k+\frac{1}{2}\right)}\frac{H_y^i\left(i_{\min}-\frac{1}{2},j,k+\frac{1}{2}\right)}{\Delta x} \tag{3.6.12}$$

$$\frac{\mathrm{d}H_y^s\left(i_{\min}-\frac{1}{2},j,k-\frac{1}{2}\right)}{\mathrm{d}t}=\frac{1}{\mu\left(i_{\min}-\frac{1}{2},j,k-\frac{1}{2}\right)}\left[\frac{E_z^t\left(i_{\min},j,k-\frac{1}{2}\right)-E_z^s\left(i_{\min}-1,j,k-\frac{1}{2}\right)}{\Delta x}\right.$$

$$\left.-\frac{E_x^s\left(i_{\min}-\frac{1}{2},j,k\right)-E_x^s\left(i_{\min}-\frac{1}{2},j,k-1\right)}{\Delta z}\right]$$

$$-\frac{1}{\mu\left(i_{\min}-\frac{1}{2},j,k-\frac{1}{2}\right)}\frac{E_z^i\left(i_{\min},j,k+\frac{1}{2}\right)}{\Delta x} \tag{3.6.13}$$

$$\frac{\mathrm{d}H_z^s\left(i_{\min}-\frac{1}{2},j-\frac{1}{2},k\right)}{\mathrm{d}t}=\frac{1}{\mu\left(i_{\min}-\frac{1}{2},j-\frac{1}{2},k\right)}\left[\frac{E_x^s\left(i_{\min}-\frac{1}{2},j+1,k\right)-E_x^s\left(i_{\min}-\frac{1}{2},j,k\right)}{\Delta y}\right.$$

$$
-\frac{E_y^t\left(i_{\min}, j+\frac{1}{2}, k\right) - E_y^s\left(i_{\min}-1, j+\frac{1}{2}, k\right)}{\Delta x}\Bigg]
$$

$$
-\frac{1}{\mu\left(i_{\min}-\frac{1}{2}, j-\frac{1}{2}, k\right)}\frac{E_y^i\left(i_{\min}, j+\frac{1}{2}, k\right)}{\Delta x} \tag{3.6.14}
$$

（4）在 x 最大的连接边界面上，假设此面上的电场为总场，靠近该面附近的磁场为散射波场，那么有

$$
\frac{\mathrm{d}E_y^t\left(i_{\max}, j+\frac{1}{2}, k\right)}{\mathrm{d}t} = \frac{1}{\varepsilon\left(i_{\max}, j+\frac{1}{2}, k\right)}\Bigg[\frac{H_x^t\left(i_{\max}, j+\frac{1}{2}, k+\frac{1}{2}\right) - H_x^t\left(i_{\max}, j+\frac{1}{2}, k-\frac{1}{2}\right)}{\Delta z}
$$

$$
-\frac{H_z^s\left(i_{\max}+\frac{1}{2}, j+\frac{1}{2}, k\right) - H_z^t\left(i_{\max}-\frac{1}{2}, j+\frac{1}{2}, k\right)}{\Delta x}\Bigg]
$$

$$
+\frac{1}{\varepsilon\left(i_{\max}, j+\frac{1}{2}, k\right)}\frac{H_z^s\left(i_{\max}+\frac{1}{2}, j+\frac{1}{2}, k\right)}{\Delta x} \tag{3.6.15}
$$

$$
\frac{\mathrm{d}E_z^t\left(i_{\max}, j, k+\frac{1}{2}\right)}{\mathrm{d}t} = \frac{1}{\varepsilon\left(i_{\max}, j, k+\frac{1}{2}\right)}\Bigg[\frac{H_y^s\left(i_{\max}+\frac{1}{2}, j, k+\frac{1}{2}\right) - H_y^t\left(i_{\max}-\frac{1}{2}, j, k+\frac{1}{2}\right)}{\Delta x}
$$

$$
-\frac{H_x^t\left(i_{\max}, j+\frac{1}{2}, k+\frac{1}{2}\right) - H_x^t\left(i_{\max}, j-\frac{1}{2}, k+\frac{1}{2}\right)}{\Delta y}\Bigg]
$$

$$
+\frac{1}{\varepsilon\left(i_{\min}, j, k+\frac{1}{2}\right)}\frac{H_z^s\left(i_{\max}+\frac{1}{2}, j, k+\frac{1}{2}\right)}{\Delta x} \tag{3.6.16}
$$

$$
\frac{\mathrm{d}H_y^s\left(i_{\max}+\frac{1}{2}, j, k+\frac{1}{2}\right)}{\mathrm{d}t} = \frac{1}{\mu\left(i_{\max}+\frac{1}{2}, j, k+\frac{1}{2}\right)}\frac{E_z^s\left(i_{\max}+1, j, k+\frac{1}{2}\right) - E_z^t\left(i_{\max}, j, k+\frac{1}{2}\right)}{\Delta x}
$$

$$
\left.\begin{array}{l} - \dfrac{E_x^s\left(i_{\max}+\dfrac{1}{2},j,k+1\right)-E_x^s\left(i_{\max}+\dfrac{1}{2},j,k\right)}{\Delta z}\end{array}\right] \qquad (3.6.17)
$$

$$
+\frac{1}{\mu\left(i_{\min}+\dfrac{1}{2},j,k+\dfrac{1}{2}\right)}\frac{E_z^i\left(i_{\max},j,k+\dfrac{1}{2}\right)}{\Delta x}
$$

$$
\frac{\mathrm{d}H_z^s\left(i_{\max}+\dfrac{1}{2},j+\dfrac{1}{2},k\right)}{\mathrm{d}t}=\frac{1}{\mu\left(i_{\max}+\dfrac{1}{2},j+\dfrac{1}{2},k\right)}\left[\frac{E_x^s\left(i_{\max}+\dfrac{1}{2},j+1,k\right)-E_x^s\left(i_{\max}+\dfrac{1}{2},j,k\right)}{\Delta y}\right.
$$

$$
\left.-\frac{E_y^s\left(i_{\max}+1,j+\dfrac{1}{2},k\right)-E_y^t\left(i_{\min},j+\dfrac{1}{2},k\right)}{\Delta x}\right] \qquad (3.6.18)
$$

$$
+\frac{1}{\mu\left(i_{\min}+\dfrac{1}{2},j+\dfrac{1}{2},k\right)}\frac{E_y^i\left(i_{\max},j+\dfrac{1}{2},k\right)}{\Delta x}
$$

（5）在 z 最小的连接边界面上，假设此面上的电场为总场，靠近该面附近的磁场为散射波场，那么有

$$
\frac{\mathrm{d}E_x^t\left(i+\dfrac{1}{2},j,k_{\min}\right)}{\mathrm{d}t}=\frac{1}{\varepsilon\left(i+\dfrac{1}{2},j,k_{\min}\right)}\left[\frac{H_z^t\left(i+\dfrac{1}{2},j+\dfrac{1}{2},k_{\min}\right)-H_z^t\left(i+\dfrac{1}{2},j-\dfrac{1}{2},k_{\min}\right)}{\Delta y}\right.
$$

$$
\left.-\frac{H_y^t\left(i+\dfrac{1}{2},j,k_{\min}+\dfrac{1}{2}\right)-H_y^s\left(i+\dfrac{1}{2},j,k_{\min}-\dfrac{1}{2}\right)}{\Delta z}\right] \qquad (3.6.19)
$$

$$
-\frac{1}{\varepsilon\left(i+\dfrac{1}{2},j,k_{\min}\right)}\frac{H_y^i\left(i+\dfrac{1}{2},j,k_{\min}-\dfrac{1}{2}\right)}{\Delta z}
$$

$$
\frac{\mathrm{d}E_y^t\left(i,j+\dfrac{1}{2},k_{\min}\right)}{\mathrm{d}t}=\frac{1}{\varepsilon\left(i,j+\dfrac{1}{2},k_{\min}\right)}\left[\frac{H_x^t\left(i,j+\dfrac{1}{2},k_{\min}+\dfrac{1}{2}\right)-H_x^s\left(i,j+\dfrac{1}{2},k_{\min}-\dfrac{1}{2}\right)}{\Delta z}\right.
$$

$$-\frac{H_z^t\left(i+\frac{1}{2},j+\frac{1}{2},k_{\min}\right)-H_z^t\left(i-\frac{1}{2},j+\frac{1}{2},k_{\min}\right)}{\Delta x}\Bigg]$$

$$-\frac{1}{\varepsilon\left(i,j+\frac{1}{2},k_{\min}\right)}\frac{H_x^i\left(i,j+\frac{1}{2},k_{\min}-\frac{1}{2}\right)}{\Delta z} \qquad (3.6.20)$$

$$\frac{\mathrm{d}H_x^s\left(i,j-\frac{1}{2},k_{\min}-\frac{1}{2}\right)}{\mathrm{d}t}=\frac{1}{\mu\left(i,j-\frac{1}{2},k_{\min}-\frac{1}{2}\right)}\Bigg[\frac{E_y^t\left(i,j-\frac{1}{2},k_{\min}\right)-E_y^s\left(i,j-\frac{1}{2},k_{\min}-1\right)}{\Delta z}$$

$$-\frac{E_z^s\left(i,j,k_{\min}-\frac{1}{2}\right)-E_z^s\left(i,j-1,k_{\min}-\frac{1}{2}\right)}{\Delta y}\Bigg]$$

$$-\frac{1}{\mu\left(i,j-\frac{1}{2},k_{\min}-\frac{1}{2}\right)}\frac{E_y^i\left(i,j-\frac{1}{2},k_{\min}\right)}{\Delta z} \qquad (3.6.21)$$

$$\frac{\mathrm{d}H_y^s\left(i-\frac{1}{2},j,k_{\min}-\frac{1}{2}\right)}{\mathrm{d}t}=\frac{1}{\mu\left(i-\frac{1}{2},j,k_{\min}-\frac{1}{2}\right)}\Bigg[\frac{E_z^s\left(i,j,k_{\min}-\frac{1}{2}\right)-E_z^s\left(i-1,j,k_{\min}-\frac{1}{2}\right)}{\Delta x}$$

$$-\frac{E_x^t\left(i-\frac{1}{2},j,k_{\min}\right)-E_x^s\left(i-\frac{1}{2},j,k_{\min}-1\right)}{\Delta z}\Bigg]$$

$$-\frac{1}{\mu\left(i-\frac{1}{2},j,k_{\min}-\frac{1}{2}\right)}\frac{E_x^i\left(i-\frac{1}{2},j,k_{\min}\right)}{\Delta z} \qquad (3.6.22)$$

（6）在 z 最大的连接边界面上，假设此面上的电场为总场，靠近该面附近的磁场为散射波场，那么有

$$\frac{\mathrm{d}E_x^t\left(i+\frac{1}{2},j,k_{\max}\right)}{\mathrm{d}t}=\frac{1}{\varepsilon\left(i+\frac{1}{2},j,k_{\max}\right)}\Bigg[\frac{H_z^t\left(i+\frac{1}{2},j+\frac{1}{2},k_{\max}\right)-H_z^t\left(i+\frac{1}{2},j-\frac{1}{2},k_{\max}\right)}{\Delta y}$$

$$\left. -\frac{H_y^s\left(i+\frac{1}{2},j,k_{\max}+\frac{1}{2}\right)-H_y^t\left(i+\frac{1}{2},j,k_{\max}-\frac{1}{2}\right)}{\Delta z}\right]$$

$$+\frac{1}{\varepsilon\left(i+\frac{1}{2},j,k_{\max}\right)}\frac{H_y^i\left(i+\frac{1}{2},j,k_{\max}+\frac{1}{2}\right)}{\Delta z} \qquad (3.6.23)$$

$$\frac{\mathrm{d}E_y^t\left(i,j+\frac{1}{2},k_{\max}\right)}{\mathrm{d}t}=\frac{1}{\varepsilon\left(i,j+\frac{1}{2},k_{\max}\right)}\left[\frac{H_x^s\left(i,j+\frac{1}{2},k_{\max}+\frac{1}{2}\right)-H_x^t\left(i,j+\frac{1}{2},k_{\max}-\frac{1}{2}\right)}{\Delta z}\right.$$

$$\left. -\frac{H_z^t\left(i+\frac{1}{2},j+\frac{1}{2},k_{\max}\right)-H_z^t\left(i-\frac{1}{2},j+\frac{1}{2},k_{\max}\right)}{\Delta x}\right]$$

$$+\frac{1}{\varepsilon\left(i,j+\frac{1}{2},k_{\max}\right)}\frac{H_x^i\left(i,j+\frac{1}{2},k_{\max}+\frac{1}{2}\right)}{\Delta z} \qquad (3.6.24)$$

$$\frac{\mathrm{d}H_x^s\left(i,j+\frac{1}{2},k_{\max}+\frac{1}{2}\right)}{\mathrm{d}t}=\frac{1}{\mu\left(i,j+\frac{1}{2},k_{\max}+\frac{1}{2}\right)}\left[\frac{E_y^s\left(i,j+\frac{1}{2},k_{\max}+1\right)-E_y^t\left(i,j+\frac{1}{2},k_{\max}\right)}{\Delta z}\right.$$

$$\left. -\frac{E_z^s\left(i,j+1,k_{\max}+\frac{1}{2}\right)-E_z^s\left(i,j,k_{\max}+\frac{1}{2}\right)}{\Delta y}\right]$$

$$+\frac{1}{\mu\left(i,j+\frac{1}{2},k_{\max}+\frac{1}{2}\right)}\frac{E_y^i\left(i,j+\frac{1}{2},k_{\max}\right)}{\Delta z} \qquad (3.6.25)$$

$$\frac{\mathrm{d}H_y^s\left(i+\frac{1}{2},j,k_{\max}+\frac{1}{2}\right)}{\mathrm{d}t}=\frac{1}{\mu\left(i+\frac{1}{2},j,k_{\max}+\frac{1}{2}\right)}\left[\frac{E_z^s\left(i+1,j,k_{\max}+\frac{1}{2}\right)-E_z^s\left(i,j,k_{\max}+\frac{1}{2}\right)}{\Delta x}\right.$$

$$\left. -\frac{E_x^s\left(i+\frac{1}{2},j,k_{\max}+1\right)-E_x^t\left(i+\frac{1}{2},j,k_{\max}\right)}{\Delta z}\right]$$

$$+ \frac{1}{\mu\left(i+\frac{1}{2}, j, k_{\max}+\frac{1}{2}\right)} \frac{E_x^i\left(i+\frac{1}{2}, j, k_{\max}\right)}{\Delta z} \tag{3.6.26}$$

由上述公式可见，只要知道连接边界面上切向入射波电场值和散射场区内距离连接边界面半个网格位移平面上切向入射波磁场值，就可以非常紧凑地在总场/散射场体系中引入激励源。但值得注意的是，如果总场/散射场区连接边界比较大或者网格相对较大，都可能导致入射波泄漏到散射场区。对于入射波是平面波的情形，消除入射波泄漏的方法可参考有关文献。当然，如果没有网格色散误差，散射场区就只有散射波。

3.7　近区场到远区场的外推

限于数值方法只能模拟有限空间，要获得被模拟有限空间以外区域中的散射场或辐射场，就必须由近区场到远区场进行外推。近区场到远区场的外推方法则是基于等效原理，采用近区场的计算数据来外推数直计算区域以外的远场。

3.7.1　等效原理

等效原理[10]可以简单地表述为：在某一空间区域内，能产生相同场的两种源称为在该区域内是等效的。

图 3.7.1 所示为等效原理的一个简单应用。如果设图 3.7.1（a）中 S 内有源，而 S 之外是无源的介质，那么现在就可以在 S 之外的空间区域内建立原来问题的等效问题。如图 3.7.1（b）所示，令 S 之外空间区域内乃然存在原来的场，但在 S 之内的场变为 0，且在 S 内外都是无源介质。显然，为了获得这样的场，根据切向场分量连续性条件，应在 S 面上设置等效面电流 $\boldsymbol{J}$ 和面磁流 $\boldsymbol{J}_{\mathrm{m}}$，它们分别为

$$\boldsymbol{J} = \boldsymbol{e}_{\mathrm{n}} \times \boldsymbol{H} \tag{3.7.1}$$

和

$$\boldsymbol{J}_{\mathrm{m}} = -\boldsymbol{e}_{\mathrm{n}} \times \boldsymbol{E} \tag{3.7.2}$$

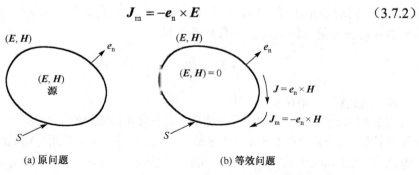

(a) 原问题　　　　　　　　　　　(b) 等效问题

图 3.7.1　等效原理——在 S 面之外，与原有场源产生相同场的等效源

式中，e_n 为 S 面的单位外法向；E 和 H 是 S 面上原来的电场和磁场。根据唯一性定理，由于保持 S 面上场的切向分量不变，以及 S 面内的场为 0，则图 3.7.1（a）与图 3.7.1（b）两种情况在 S 面之外有相同的场。因此，S 面之外的场就变为 S 面处面电流 J 与面磁流 J_m 在全空间为均匀介质时的辐射问题，这时就可以应用矢位积分解表示 J 和 J_m 产生的辐射场。

3.7.2　近场-远场外推

如图 3.7.2 所示，为了由近场来外推远场，需要在数值计算区域中的连接边界与吸收边界之间的散射场区内设置输出边界，并同时在时程积分法的步进计算过程中存储输出边界上的场值，因此也把输出边界称为数据存储边界。根据上述的等效原理，由数据存储边界上 E 和 H 的切向分量，就可以实现远区散射或辐射场的外推计算。

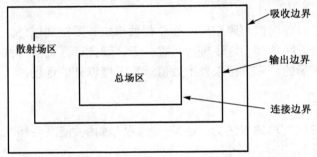

图 3.7.2　数值散射计算时各种边界的设置

考虑到在 Yee 定义的空间离散格式中电场和磁场的位置相错半个网格这一情形，最好分别定义一个对应于等效电流的输出边界和一个对应于等效磁流的输出边界，这样就可以避免采用电磁场的线性平均所带来的数值误差。

一般来说，对于正弦稳态场和瞬态场应分别采取不同的外推方法。例如，对于正弦稳态场，可以在频域内完成近场-远场的外推计算。这样，在计算到达稳态后应提取输出边界上场分量的振幅与相位，然后利用正弦稳态场公式进行外推计算。对于瞬态场，则必须提取输出边界上场分量在各个时刻的值，或者说必须获得完整的时域波形，然后由矢位积分解的时域形式进行外推计算。

3.8　数　值　示　例

算例 3.8.1　微带传输线[7, 11, 12]。

图 3.8.1 所示为微带传输线的示意图。由于微带传输线的结构关于 $x = 0$ 和 $y = 0$ 平面对称，所以只需分析整个结构的 1/4 区域，且对 $x = 0$ 和 $y = 0$ 平面分别采用磁壁边界条件。元胞尺寸为 $0.1\mu m \times 0.1\mu m \times 0.1\mu m$，元胞总数为 $6 \times 8 \times 6 = 288$；相对介电常数为 ε_{r1} 的电介质中的元胞数为 $6 \times 8 \times 1$。微带线下方 $y = 0$ 平面上的 $E_z(0,0,0.5)$ 和 $E_z(1,0,0.5)$ 被强

加为幅值 1V/m 和持续时间 3×10^{-9} s 的矩形脉冲；电介质层相对介电常数为 $\varepsilon_{r1} = 2.2$；采用 Engquist-Majda 一阶吸收边界条件。首先采用 FDTD 法进行仿真，根据 CFL 稳定性条件，应有 $\Delta t \leqslant \Delta x/(\sqrt{3}c) = 2\times10^{-16}$ s，这里选取时间步长 1×10^{-15} s。图 3.8.2 给出了观察点 $(0, 2, 0.5)$ 的计算结果。可以看出数值解很快发散。

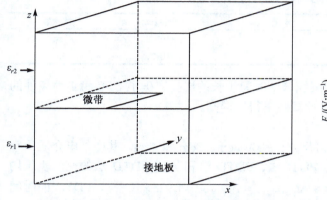

图 3.8.1　三维微带传输线模型计算区域示意图　　图 3.8.2　三维 FDTD 发散时的计算结果

当采用时程精细积分法进行模拟时，选取时间步长 Δt 为 1×10^{-10} s 并与时间步长 Δt 为 1×10^{-16} s 时的 FDTD 计算结果进行比较。图 3.8.3 给出了不同时间步长下观察点 $(0, 0, 2.5)$、$(0, 2, 0.5)$ 和 $(2, 0, 0.5)$ 处电场分量 E_z 幅值的计算结果。从图 3.8.3 中可以看出，PITD 法的计算结果保持稳定，且当时间步长是 FDTD 法的时间步长的 10^6 倍时，PITD 法的计算结果与 FDTD 法的结果仍很接近。

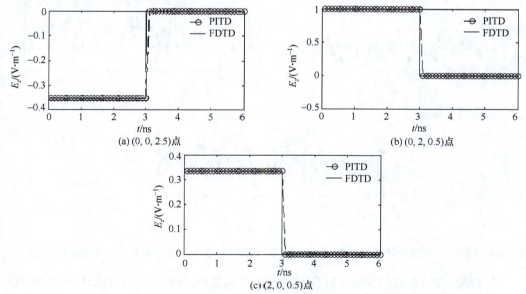

图 3.8.3　时程精细积分法与 FDTD 法计算结果的对比

表 3.8.1 给出了 PITD 法和 FDTD 法计算效率的对比。可以看到，尽管需要占用相当的计算机内存和 CPU 时间，但由于时间步长增大导致迭代次数的减少，时程精细积分法的总 CPU 时间仍然比 FDTD 少得多。

表 3.8.1　PITD 法和 FDTD 法计算效率的对比

方　　法	CPU 时间/s	内存/MB	时间步长/s	迭代次数
FDTD	5790	0.1	1×10^{-16}	6×10^{7}
PITD	475	80	1×10^{-10}	60

微带传输线算例表明，时程精细积分法时间步长的选择突破了 CFL 稳定性条件的限制，从而使递推次数显著减少，计算效率得以提高。

算例 3.8.2　谐振腔[7]。

谐振腔在 x、y 和 z 方向的几何尺寸分别为 6cm、8cm 和 4cm。其中，电介质为空气，并假设谐振腔腔壁为良导体。PITD 法、FDTD 法和 ADI-FDTD 法的空间步长均为 1cm，根据 CFL 稳定性条件 $\Delta t \leqslant \Delta t_{\text{FDTDMAX}} = \Delta x / \sqrt{3}c = 1.925 \times 10^{-11}\text{s}$，FDTD 的时间步长取为 $\Delta t_{\text{FDTD}} = 1 \times 10^{-12}\text{s}$；而 PITD 法和 ADI-FDTD 法的时间步长取为 $\Delta t = 6 \times 10^{-11}\text{s}$。激励源为 $E_z(3,4,1.5)$，当 $t \leqslant 6 \times 10^{-10}\text{s}$ 时，$E_z(3,4,1.5) = 1\text{V/m}$；其余时刻 $E_z(3,4,1.5) = 0$。图 3.8.4 给出了 $(2,3,1.5)$、$(3,5,2.5)$ 和 $(4,4,2.5)$ 处电场分量 E_z 的幅值。可以看出，PITD 法不仅能够保持稳定，且计算结果与 FDTD 法的结果很接近；而 ADI-FDTD 法与 FDTD 法的结果相差较大。

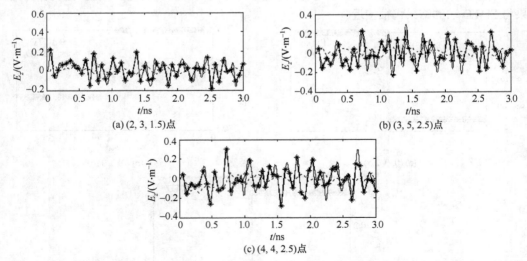

图 3.8.4　PITD、FDTD 计算 E_z 的结果对比（实线表示 FDTD；虚线表示 ADI-FDTD；点划线表示 PITD）

为了进一步分析时间步长对 PITD 法计算精度的影响，分别采用 PITD 法和 ADI-FDTD 法计算谐振腔主模的谐振频率，其解析解为 3.125GHz。时间步长分别选为 $4 \times 10^{-11}\text{s}$、

6×10^{-11}s 和 8×10^{-11}s。在表 3.8.2 中给出了计算结果。可以看出，PITD 法的相对误差并没有因时间步长的增加而增大，它只与空间离散的数值色散有关；而 ADI-FDTD 法的相对误差则会随着时间步长的增加而增大。

表 3.8.2　PITD 法和 ADI-FDTD 法在不同时间步长下对主模频率计算结果的对比

方　　法	$\Delta t = 4\times10^{-11}$s		$\Delta t = 6\times10^{-11}$s		$\Delta t = 8\times10^{-11}$s	
	主模频率/GHz	相对误差/%	主模频率/GHz	相对误差/%	主模频率/GHz	相对误差/%
PITD	2.983	4.544	2.983	4.544	2.983	4.544
ADI-FDTD	2.950	5.600	2.900	7.200	2.750	12.00

图 3.8.5 分别给出了采用 ADI-FDTD 法和 PITD 法计算矩形谐振腔主模的相对误差曲线。为清楚起见，这里采用相对时间步长 $\Delta t/\Delta t_{\text{FDTDMAX}}$ 作为横坐标。可以看到，当 $\Delta t/\Delta t_{\text{FDTDMAX}} < 1$ 时，ADI-FDTD 和 PITD 两者的相对误差差异不大；但当 $\Delta t/\Delta t_{\text{FDTDMAX}} > 1$ 时，ADI-FDTD 的相对误差随时间步长的增加而增大，而 PITD 的相对误差保持不变。

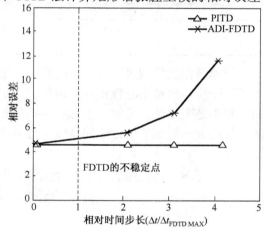

图 3.8.5　ADI-FDTD、PITD 相对时间
步长的相对误差

表 3.8.3 给出了分别用 FDTD 法、ADI-FDTD 法和 PITD 法计算得到的五个谐振频率点。FDTD 法的时间步长为 1×10^{-12}s，ADI-FDTD 法和 PITD 法的时间步长均为 6×10^{-11}s。表中的结果表明，PITD 法的计算结果与 FDTD 法的相同，而 ADI-FDTD 法的计算结果则显示出明显的差异。

表 3.8.3　FDTD 法、ADI-FDTD 法和 PITD 法计算五个谐振频率的结果

解析解/GHz	FDTD 法		ADI-FDTD 法		PITD 法	
	谐振频率/GHz	相对误差/%	谐振频率/GHz	相对误差/%	谐振频率/GHz	相对误差/%
3.125	2.983	4.544	2.900	7.200	2.983	4.544
4.881	4.750	2.684	4.650	4.732	4.750	2.684
5.340	5.450	2.060	5.580	4.494	5.450	2.060
7.289	7.333	0.604	5.817	6.924	7.333	0.604
7.529	7.567	0.505	7.000	7.026	7.567	0.505

为了比较 ADI-FDTD 法和 PITD 法的计算效率，取 ADI-FDTD 法的时间步长为 1×10^{-12}s，PITD 法的时间步长为 1×10^{-10}s，再一次计算表 3.8.3 中的五个谐振频率，得到表 3.8.4 的计算结果，两种方法计算得到各谐振频率的相对误差几乎相同。表 3.8.5 给出了两种方法占用计算资源的对比。可以看到，在相同精度的条件下，PITD 法占用的 CPU 时间比 ADI-FDTD 法的要短。

表 3.8.4　ADI-FDTD 法和 PITD 法计算五个谐振频率的结果

解析解/GHz	ADI-FDTD 法		PITD 法	
	谐振频率/GHz	相对误差/%	谐振频率/GHz	相对误差/%
3.125	2.978	4.70	2.980	4.64
4.881	4.752	2.64	4.751	2.66
5.340	5.445	1.97	5.441	1.89
7.289	7.317	0.38	7.333	0.60
7.529	7.570	0.54	7.572	0.57

表 3.8.5　ADI-FDTD 法和 PITD 法占用计算资源的对比

方　　法	CPU 时间/s	内存/MB	时间步长/s	时间步数
ADI-FDTD	226	0.3	1×10^{-12}	6×10^{5}
PITD	90	33	1×10^{-10}	6000

　　矩形谐振腔算例表明，时程精细积分法的计算精度不会由于时间步长的增大而降低，这一特性也是由时程积分的运算所决定的。总之，由于时程精细积分法在时域上的计算不是采用差分近似，而是利用积分直接得到计算精度范围内的解析解，那么时间步长的大小对该数值方法的精度不会有显著的影响。

3.9　有耗介质中电磁波时程精细积分法解的数值稳定性和色散特性分析

　　在 3.1 节～3.8 节中，我们已经系统地介绍了电磁波时程精细积分法分析理想介质中电磁波传播问题的基本原理和步骤，详细地讨论了其数值稳定性和色散特性。在本节中，我们将讨论在有耗介质中电磁波时程精细积分法的数值稳定性和色散特性问题[13~15]。

　　为了简单起见，仅考虑有耗、均匀媒质空间，那么 PITD 方程式（3.1.6a）～式（3.1.6f）分别简化为

$$\frac{\mathrm{d}E_x\left(i+\frac{1}{2},j,k\right)}{\mathrm{d}t} = \frac{1}{\varepsilon}\left\{-\gamma E_x\left(i+\frac{1}{2},j,k\right) + \left[\frac{H_z\left(i+\frac{1}{2},j+\frac{1}{2},k\right) - H_z\left(i+\frac{1}{2},j-\frac{1}{2},k\right)}{\Delta y}\right.\right.$$
$$\left.\left. - \frac{H_y\left(i+\frac{1}{2},j,k+\frac{1}{2}\right) - H_y\left(i+\frac{1}{2},j,k-\frac{1}{2}\right)}{\Delta z}\right]\right\} \qquad (3.9.1a)$$

$$\frac{\mathrm{d}E_y\left(i,j+\frac{1}{2},k\right)}{\mathrm{d}t} = \frac{1}{\varepsilon}\left\{-\gamma E_y\left(i,j+\frac{1}{2},k\right) + \left[\frac{H_x\left(i,j+\frac{1}{2},k+\frac{1}{2}\right) - H_x\left(i,j+\frac{1}{2},k-\frac{1}{2}\right)}{\Delta z}\right.\right.$$

$$\left.\left.-\frac{H_z\left(i+\frac{1}{2},j+\frac{1}{2},k\right)-H_z\left(i-\frac{1}{2},j+\frac{1}{2},k\right)}{\Delta x}\right]\right\} \tag{3.9.1b}$$

$$\frac{dE_z\left(i,j,k+\frac{1}{2}\right)}{dt}=\frac{1}{\varepsilon}\left\{-\gamma E_z\left(i,j,k+\frac{1}{2}\right)-\left[\frac{H_y\left(i+\frac{1}{2},j,k+\frac{1}{2}\right)-H_y\left(i-\frac{1}{2},j,k+\frac{1}{2}\right)}{\Delta x}\right.\right.$$

$$\left.\left.-\frac{H_x\left(i,j+\frac{1}{2},k+\frac{1}{2}\right)-H_x\left(i,j-\frac{1}{2},k+\frac{1}{2}\right)}{\Delta y}\right]\right\} \tag{3.9.1c}$$

$$\frac{dH_x\left(i,j+\frac{1}{2},k+\frac{1}{2}\right)}{dt}=-\frac{1}{\mu}\left[\frac{E_z\left(i,j+1,k+\frac{1}{2}\right)-E_z\left(i,j,k+\frac{1}{2}\right)}{\Delta y}\right.$$

$$\left.-\frac{E_y\left(i,j+\frac{1}{2},k+1\right)-E_y\left(i,j+\frac{1}{2},k\right)}{\Delta z}\right] \tag{3.9.1d}$$

$$\frac{dH_y\left(i+\frac{1}{2},j,k+\frac{1}{2}\right)}{dt}=-\frac{1}{\mu}\left[\frac{E_z\left(i+\frac{1}{2},j,k+1\right)-E_x\left(i+\frac{1}{2},j,k\right)}{\Delta z}\right.$$

$$\left.-\frac{E_z\left(i+1,j,k+\frac{1}{2}\right)-E_z\left(i,j,k+\frac{1}{2}\right)}{\Delta x}\right] \tag{3.9.1e}$$

$$\frac{dH_z\left(i+\frac{1}{2},j+\frac{1}{2},k\right)}{dt}=-\frac{1}{\mu}\left[\frac{E_y\left(i+1,j+\frac{1}{2},k\right)-E_y\left(i,j+\frac{1}{2},k\right)}{\Delta x}\right.$$

$$\left.-\frac{E_x\left(i+\frac{1}{2},j+1,k\right)-E_x\left(i+\frac{1}{2},j,k\right)}{\Delta y}\right] \tag{3.9.1f}$$

3.9.1　数值稳定性条件

根据 von Neumann 稳定性分析方法，在空间谱域中，把有耗介质中衰减平面电磁波的电磁场某一分量表示成如下的离散形式：

$$\psi(i_x,i_y,i_z)=\psi(t)\exp[-(i_x\tilde{k}_x\Delta x+i_y\tilde{k}_y\Delta y+i_z\tilde{k}_z\Delta z)] \tag{3.9.2}$$

式中，$\psi(i_x,i_y,i_z)=E_\alpha$ 或 $H_\alpha(\alpha=x,y,z)$；$\psi(t)$ 是场分量在时刻 t 的幅值。还有，数值传播常数 $\tilde{k}_x=\alpha_x+j\beta_x$，$\tilde{k}_y=\alpha_y+j\beta_y$ 和 $\tilde{k}_z=\alpha_z+j\beta_z$。其中，$\alpha_x$、$\alpha_y$ 和 α_z 分别为平面电磁波数值衰减常数 α 沿 x、y 和 z 方向的分量，β_x、β_y 和 β_z 分别为平面电磁波数值相位常数 β 沿 x、y 和 z 方向的分量。将式（3.9.2）代入式（3.9.1a）～式（3.9.1f），可以得到在谱域中的 PITD 方程：

$$\frac{\mathrm{d}X}{\mathrm{d}t}=MX \tag{3.9.3}$$

式中，X 是一个由网格结点上的电场和磁场分量幅值所构成的列向量：

$$X=[E_x(t),E_y(t),E_z(t),H_x(t),H_y(t),H_z(t)]^{\mathrm{T}} \tag{3.9.4}$$

M 是一个由空间步长 Δx、Δy 和 Δz、数值传播常数 $\tilde{k}_x$、$\tilde{k}_y$ 和 $\tilde{k}_z$ 以及媒质介电常数 ε 和磁导率 μ 确定的系数矩阵。M 的具体形式为

$$M=\begin{bmatrix} -\dfrac{\gamma}{\varepsilon} & 0 & 0 & 0 & -\dfrac{W_z}{\varepsilon} & \dfrac{W_y}{\varepsilon} \\ 0 & -\dfrac{\gamma}{\varepsilon} & 0 & \dfrac{W_z}{\varepsilon} & 0 & -\dfrac{W_x}{\varepsilon} \\ 0 & 0 & -\dfrac{\gamma}{\varepsilon} & -\dfrac{W_y}{\varepsilon} & \dfrac{W_x}{\varepsilon} & 0 \\ 0 & \dfrac{W_z}{\mu} & -\dfrac{W_y}{\mu} & 0 & 0 & 0 \\ -\dfrac{W_z}{\mu} & 0 & \dfrac{W_x}{\mu} & 0 & 0 & 0 \\ \dfrac{W_y}{\mu} & -\dfrac{W_x}{\mu} & 0 & 0 & 0 & 0 \end{bmatrix} \tag{3.9.5}$$

式中

$$W_x=-\frac{\sinh(\tilde{k}_x\Delta x/2)}{\Delta x/2} \tag{3.9.6a}$$

$$W_y=-\frac{\sinh(\tilde{k}_y\Delta y/2)}{\Delta y/2} \tag{3.9.6b}$$

$$W_z=-\frac{\sinh(\tilde{k}_z\Delta z/2)}{\Delta z/2} \tag{3.9.6c}$$

根据矩阵理论，M 可以分解为如下形式：

$$M=\Upsilon\,\mathrm{diag}(\lambda_i)\Upsilon^{-1},\quad i=1,\cdots,6 \tag{3.9.7}$$

式中，$\boldsymbol{Y}$ 是矩阵 $\boldsymbol{M}$ 的特征向量；λ_i 是矩阵 $\boldsymbol{M}$ 的第 i 个特征值。特征值 λ_i 是如下代数方程

$$\lambda\left(\lambda+\frac{\gamma}{\varepsilon}\right)\left[\lambda\left(\lambda+\frac{\gamma}{\varepsilon}\right)-c^2(W_x^2+W_y^2+W_z^2)\right]^2=0 \tag{3.9.8}$$

的根。式中，$c=1/\sqrt{\mu\varepsilon}$。可以得到

$$\lambda_1=0, \quad \lambda_2=-\frac{\gamma}{\varepsilon}, \quad \lambda_{3,4}=\mathrm{j}\zeta, \quad \lambda_{5,6}=-\mathrm{j}\zeta \tag{3.9.9}$$

式中

$$\zeta=c\sqrt{\sum_{w=x,y,z}\frac{2-2\cosh(\alpha_w\Delta w)\cos(\beta_w\Delta w)}{\Delta w^2}} \tag{3.9.10}$$

假设时间步长取为 Δt，那么由式（3.9.3）可得，从时刻 $t=k\Delta t$ 的场量 $\boldsymbol{X}^{(k)}$ 到时刻 $t=(k+1)\Delta t$ 的场量 $\boldsymbol{X}^{(k+1)}$ 的如下递推计算公式：

$$\boldsymbol{X}^{(k+1)}=\boldsymbol{T}\boldsymbol{X}^{(k)} \tag{3.9.11}$$

在应用精细算法进行实际计算时，矩阵 $\boldsymbol{T}$ 为

$$\boldsymbol{T}=\left[\boldsymbol{I}+\frac{\boldsymbol{M}\Delta t}{l}+\frac{(\boldsymbol{M}\Delta t)^2}{2!l^2}+\frac{(\boldsymbol{M}\Delta t)^3}{3!l^3}+\frac{(\boldsymbol{M}\Delta t)^4}{4!l^4}\right]^l \tag{3.9.12}$$

式中，$l=2^N$（$N\in\mathbf{Z}^+$）是一个预先选取的整数。将式（3.9.7）代入式（3.9.12），容易得到矩阵 $\boldsymbol{T}$ 的 6 个本征值分别为

$$r_i=1+\frac{\lambda_i\Delta t}{l}+\frac{(\lambda_i\Delta t)^2}{2!l^2}+\frac{(\lambda_i\Delta t)^3}{3!l^3}+\frac{(\lambda_i\Delta t)^4}{4!l^4}, \quad i=1,2,3,4,5,6 \tag{3.9.13}$$

将式（3.9.9）中给出的矩阵 $\boldsymbol{M}$ 的各个特征值 λ_i 代入式（3.9.13），有

$$\begin{cases} r_1=1 \\ r_2=\left[1-\dfrac{\Delta t\gamma}{l\varepsilon}+\dfrac{(\Delta t\gamma)^2}{2!(l\varepsilon)^2}-\dfrac{(\Delta t\gamma)^3}{3!(l\varepsilon)^3}+\dfrac{(\Delta t\gamma)^4}{4!(l\varepsilon)^4}\right]^l \\ r_{3,4}=\left\{1-\dfrac{(\Delta t\zeta)^2}{2!l^2}+\dfrac{(\Delta t\zeta)^4}{4!l^4}+\mathrm{j}\left[\dfrac{(\Delta t\zeta)}{l}-\dfrac{(\Delta t\zeta)^3}{3!l^3}\right]\right\}^l \\ r_{5,6}=\left\{1-\dfrac{(\Delta t\zeta)^2}{2!l^2}+\dfrac{(\Delta t\zeta)^4}{4!l^4}-\mathrm{j}\left[\dfrac{(\Delta t\zeta)}{l}-\dfrac{(\Delta t\zeta)^3}{3!l^3}\right]\right\}^l \end{cases} \tag{3.9.14}$$

根据 von Neumann 稳定性要求，如果矩阵 $\boldsymbol{T}$ 的所有本征值的模都小于或等于单位值，则递推计算公式（3.9.11）将是稳定的。这样就有如下条件的要求：

$$\begin{cases} \left[1-\dfrac{(\Delta t\gamma)}{\varepsilon l}+\dfrac{(\Delta t\gamma)^2}{2!(\varepsilon l)^2}-\dfrac{(\Delta t\gamma)^3}{3!(\varepsilon l)^3}+\dfrac{(\Delta t\gamma)^4}{4!(\varepsilon l)^4}\right]^2\leqslant 1 \\ \left[1-\dfrac{(\Delta t\zeta)^2}{2!l^2}+\dfrac{(\Delta t\zeta)^4}{4!l^4}\right]^2+\left[\dfrac{(\Delta t\zeta)}{l}-\dfrac{(\Delta t\zeta)^3}{3!l^3}\right]^2\leqslant 1 \end{cases} \tag{3.9.15}$$

成立。或者

$$\begin{cases} \Delta t\leqslant 2^N\dfrac{3.2653\varepsilon}{\gamma} \\ \Delta t\leqslant \dfrac{2^{N+1/2}}{c}\left(\dfrac{1}{\Delta x^2}+\dfrac{1}{\Delta y^2}+\dfrac{1}{\Delta z^2}\right)^{-1/2} \end{cases} \tag{3.9.16}$$

式（3.9.16）就是在有损耗介质中电磁波时程精细积分法的数值稳定性条件。可以看出，在有损耗介质中，时间步长 Δt 要同时受到空间步长（Δx、Δy 和 Δz）和介质参数（ε 和 γ）的限制。在低损耗介质中（$\gamma << \omega\varepsilon$），式（3.9.16）中的第一个条件要弱于第二个条件对时间步长 Δt 的限制。此时，电磁波时程精细积分法的稳定性条件等同于其在理想介质中的稳定性条件。在良导体中（$\gamma >> \omega\varepsilon$），式（3.9.16）中的第一个条件要强于第二个条件对时间步长 Δt 的限制。此时，电磁波时程精细积分法的时间步长 Δt 要受到介质参数 ε 和 γ 比值的限制。

3.9.2 数值色散特性

1. 数值色散方程

这里，先考虑一维问题。在一维情况下，一个沿 z 方向传播单色平面电磁波在 $t=k\Delta t$ 时刻的电场、磁场分量幅值可以写为

$$\boldsymbol{X}^{(k)}=\left[E_x^{(k)},H_y^{(k)}\right]^T=\boldsymbol{X}^{(0)}\exp(jk\omega\Delta t) \tag{3.9.17}$$

式中，$\boldsymbol{X}^{(0)}=\left[E_x^{(0)},H_y^{(0)}\right]^T$ 是电场、磁场分量幅值在 $t=0$ 时刻的值。将式（3.9.17）代入式（3.9.11），可以得到

$$(e^{j\omega\Delta t}\boldsymbol{I}-\boldsymbol{T})\boldsymbol{X}^{(0)}=0 \tag{3.9.18}$$

这个方程有非平凡解的必要条件是其系数矩阵的行列式等于 0，即

$$\det[e^{j\omega\Delta t}\boldsymbol{I}-\boldsymbol{T}]=0 \tag{3.9.19}$$

可以解之，得到

$$\exp\left(\dfrac{j\omega\Delta t}{l}\right)=1-\dfrac{(\Delta t\zeta)^2}{2!l^2}+\dfrac{(\Delta t\zeta)^4}{4!l^4}+j\left(\dfrac{\Delta t\zeta}{l}-\dfrac{(\Delta t\zeta)^3}{3!l^3}\right) \tag{3.9.20}$$

应该注意到的是，对于一维问题，式（3.9.20）简化为

$$\zeta^2 = c^2 \frac{2 - 2\cos(\alpha_z \Delta z)\cos(\beta_z \Delta z)}{\Delta z^2} \tag{3.9.21}$$

此外，还有如下关系式：

$$\mu \sigma \zeta = \frac{2\sinh(\alpha_z \Delta z)\sin(\beta_z \Delta z)}{\Delta z^2} \tag{3.9.22}$$

式（3.9.20）、式（3.9.21）和式（3.9.22）共同构成了在一维情况下有损耗介质中电磁波时程精细积分法的数值色散方程。当时间步长 Δt 趋近于 0 时，式（3.9.20）就简化成 $\omega = \zeta$。在此情况下，当空间步长 Δz 趋近于 0 时，式（3.9.21）和式（3.9.22）就趋近于电磁波在有损耗介质中的色散方程，即

$$\begin{cases} \omega^2 = c^2(\beta_0^2 - \alpha_0^2) \\ \mu \sigma \omega = 2\alpha_0 \beta_0 \end{cases} \tag{3.9.23}$$

式中，α_0 和 β_0 分别是电磁波在理想介质中的真实衰减常数和相位常数。

同样，采用与上述类似的推导过程，可以导得在三维情况下有损耗介质中电磁波时程精细积分法的数值色散方程。此处不再赘述推导过程，只给出如下结果：

$$\exp\left(\frac{j\omega \Delta t}{l}\right) = 1 - \frac{(\Delta t \zeta)^2}{2!l^2} + \frac{(\Delta t \zeta)^4}{4!l^4} + j\left[\frac{\Delta t \zeta}{l} - \frac{(\Delta t \zeta)^3}{3!l^3}\right] \tag{3.9.24}$$

$$\zeta^2 = c^2 \sum_{w=x,y,z} \frac{2 - 2\cosh(\alpha_w \Delta w)\cos(\beta_w \Delta w)}{\Delta w^2} \tag{3.9.25}$$

和

$$\mu \sigma \zeta = \sum_{w=x,y,z} \frac{2\sinh(\alpha_w \Delta w)\sin(\beta_w \Delta w)}{\Delta w^2} \tag{3.9.26}$$

当电导率 γ 趋近于 0 时，式（3.9.25）和式（3.9.26）将趋近于在无损耗介质中的情况：

$$\zeta^2 = c^2 \sum_{w=x,y,z} \left[\frac{\sin(\beta_w \Delta w / 2)}{\Delta w / 2}\right]^2 \tag{3.9.27}$$

由式（3.9.25）和式（3.9.26）可知，数值衰减常数 α 和数值相位常数 β 是通过双曲函数和三角函数相互耦合的。一般而言，无法将它们两者进行分离。为了研究数值色散特性的各向异性，通常要分别考虑电磁波沿网格坐标轴方向（可以等效为一维情况）和网格对角线方向的传播特性。若考虑在一维均匀网格、二维正方形网格（$\Delta x = \Delta y = \Delta$）和三维正立方体网格（$\Delta x = \Delta y = \Delta z = \Delta$）情况，当电磁波传播方向为网格坐标轴方向或网格对角线方向时，可以将式（3.9.25）和式（3.9.26）分别简化为

$$\eta^2 = 2 - 2\cosh\left(\frac{\alpha \Delta}{\sqrt{d}}\right)\cos\left(\frac{\beta \Delta}{\sqrt{d}}\right) \tag{3.9.28}$$

和

$$\eta^2 \tan \delta = 2 \sinh \left(\frac{\alpha \Delta}{\sqrt{d}} \right) \sin \left(\frac{\beta \Delta}{\sqrt{d}} \right) \tag{3.9.29}$$

式中，$\eta = \dfrac{\zeta \Delta}{c \sqrt{d}}$；$\tan \delta = \dfrac{\gamma}{\varepsilon \zeta}$ 是数值损耗角正切；$d(=1,2,3)$ 是空间维数。

式（3.9.28）和式（3.9.29）中的数值衰减常数 α 和数值相位常数 β 可以被进一步分离，有

$$\sinh^2 \frac{\alpha \Delta}{\sqrt{d}} = \frac{\eta^2}{8} \left\{ \eta^2 (1 + \tan^2 \delta) - 4 \pm \sqrt{(1 + \tan^2 \delta)[\eta^4 \tan^2 \delta + (4 - \eta^2)^2]} \right\} \tag{3.9.30}$$

和

$$\sin^2 \frac{\beta \Delta}{\sqrt{d}} = \frac{\eta^2}{8} \left\{ 4 - \eta^2 (1 + \tan^2 \delta) \pm \sqrt{(1 + \tan^2 \delta)[\eta^4 \tan^2 \delta + (4 - \eta^2)^2]} \right\} \tag{3.9.31}$$

式（3.9.30）和式（3.9.31）可以用于直接求解在电磁波传播方向为网格坐标轴方向或对角线方向时的数值衰减常数 α 和数值相位常数 β。当电导率 γ 趋近于 0 时，数值损耗常数 α 将趋近于 0，数值相位常数 β 将满足在理想介质中的数值色散方程式（3.9.27）。因此，在实际计算中，式（3.9.30）和式（3.9.31）中的 $\pm$ 号均取 $+$ 号。

为了定量分析在有损耗介质中电磁波时程精细积分法的数值色散特性，这里分别定义数值损耗误差 NLE、数值损耗各向异性 A_α 和数值相位各向异性 A_β：

$$\text{NLE} = \frac{\alpha - \alpha_0}{\alpha_0} \tag{3.9.32}$$

$$A_\alpha = \frac{\alpha_a - \alpha_d}{\min(\alpha_a, \alpha_d)} \tag{3.9.33}$$

$$A_\beta = \frac{\beta_a - \beta_d}{\min(\beta_a, \beta_d)} \tag{3.9.34}$$

式中，下标 a 表示沿空间网格坐标轴方向；下标 d 表示沿空间网格对角线方向。

2. 时间步长对数值色散特性的影响

对于一维均匀网格划分，如图 3.9.1 和图 3.9.2 所示，分别为有损耗介质中数值损耗误差 NLE 和数值相位误差 NPE 随 Courant 常数 S 的变化曲线。这里，取 Courant 常数 $S \in (0.25, 1024)$，预先选定的正整数 $N = 20$，空间采样密度 $N_\lambda = 10$，电磁波的频率 $f = 300\text{MHz}$，介电常数 $\varepsilon = \varepsilon_0$，电导率 γ 分别等于 $1 \times 10^{-3} \text{S} \cdot \text{m}^{-1}$、$1 \times 10^{-1} \text{S} \cdot \text{m}^{-1}$ 和 $10 \text{S} \cdot \text{m}^{-1}$（通常电介质材料的电导率 $\gamma \in (1 \times 10^{-4}, 30) \text{S} \cdot \text{m}^{-1}$）。

从图 3.9.1 中可以看出，数值损耗误差 NLE > 0。而从图 3.9.2 中可以看出，数值相位误差 NPE 可以大于 0，也可以小于 0。另外，在图 3.9.1 和图 3.9.2 中的所有曲线几乎都是平直的，这说明在有损耗介质中电磁波时程精细积分法的数值损耗通常要大

于电磁波的真实损耗。电磁波时程精细积分法的数值相速度可以大于或者小于电磁波的真实波速。由于在数值色散方程式（3.9.24）中的子时间步长 $\tau = \Delta t/l$ 能被预先选定的正整数 N 限定在很小的范围内，因此在有损耗介质中电磁波时程精细积分法的数值色散特性基本上不受时间步长 Δt 的影响。

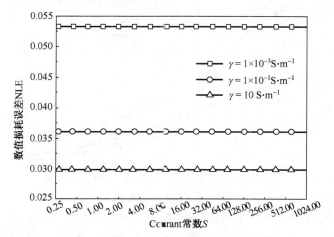

图 3.9.1   有损耗介质中 PITD 方法的数值损耗误差 NLE 随 Courant 常数 S 的变化
（$N = 20$ ； $N_\lambda = 10$ ； $f = 300\ \text{MHz}$， $\varepsilon = \varepsilon_0$ ）

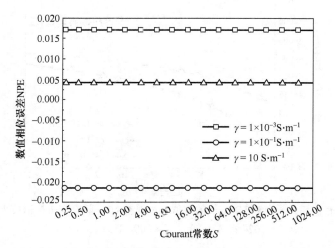

图 3.9.2   有损耗介质中 PITD 方法的数值相位误差 NPE 随 Courant 常数 S 的变化
（$N = 20$ ； $N_\lambda = 10$ ； $f = 300\text{MHz}$ ； $\varepsilon = \varepsilon_0$ ）

3. 空间步长对数值色散特性的影响

对于一维均匀网格划分，如图 3.9.3 和图 3.9.4 所示，分别为有损耗介质中的数值损耗误差 NLE 和数值相位误差 NPE 随空间采样密度 N_λ 的变化曲线。这里，取 Courant

常数 $S=1024$ ，预先选定的正整数 $N=20$ ，空间采样密度 $N_\lambda \in (10,20)$ ，电磁波的频率 $f=300\text{MHz}$ ，介电常数 $\varepsilon = \varepsilon_0$ ，电导率 γ 分别等于 $1\times10^{-3}\text{S}\cdot\text{m}^{-1}$ 、 $1\times10^{-1}\text{S}\cdot\text{m}^{-1}$ 和 $10\text{S}\cdot\text{m}^{-1}$ 。

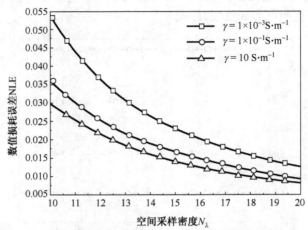

图 3.9.3　有损耗介质中 PITD 方法的数值损耗误差 NLE 随空间采样密度 N_λ 的变化
（ $S=1024$ ； $N=20$ ； $f=300\text{MHz}$ ； $\varepsilon = \varepsilon_0$ ）

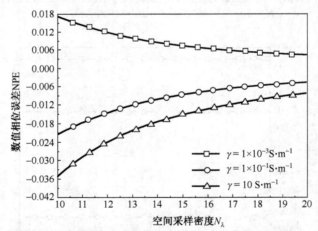

图 3.9.4　有损耗介质中 PITD 方法的数值相位误差 NPE 随空间采样密度 N_λ 的变化
（ $S=1024$ ； $N=20$ ； $f=300\text{MHz}$ ； $\varepsilon = \varepsilon_0$ ）

　　从图 3.9.3 和图 3.9.4 中可以看出，数值损耗误差 NLE 和数值相位误差 NPE 的绝对值都随着空间采样密度 N_λ 的增大而减小。这说明在有损耗介质中电磁波时程精细积分法的数值色散特性会随着空间步长的减小而变好。

4. **电导率对数值色散特性的影响**

　　对于一维均匀网格划分，如图 3.9.5 和图 3.9.6 所示，分别为有损耗介质中 FDTD

方法和电磁波时程精细积分法的数值损耗误差 NLE 和数值相位误差 NPE 随电导率 γ 的变化曲线。在 FDTD 方法中取 Courant 常数 $S=1$。在电磁波时程精细积分法中取 Courant 常数 $S=1024$，预先选定的正整数 $N=20$。这里，取空间采样密度为 $N_\lambda=10$，电磁波的频率 $f=300\text{MHz}$，介电常数 $\varepsilon=\varepsilon_0$，电导率 $\gamma\in(1\times10^{-3},10)\text{S}\cdot\text{m}^{-1}$。

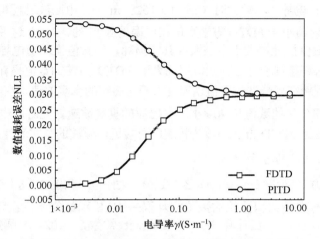

图 3.9.5　有损耗介质中数值损耗误差 NLE 随电导率 γ 的变化（ $N_\lambda=10$ ）
（FDTD 方法中，$S=1$，PITD 方法中，$S=1024$，$N=20$，$f=300\text{MHz}$，$\varepsilon=\varepsilon_0$ ）

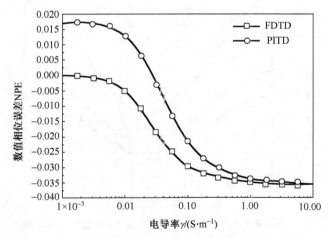

图 3.9.6　有损耗介质中数值相位误差 NPE 随电导率 γ 的变化（ $N_\lambda=10$ ）
（FDTD 方法中，$S=1$，PITD 方法中，$S=1024$，$N=20$，$f=300\text{MHz}$，$\varepsilon=\varepsilon_0$ ）

从图 3.9.5 中可以看出，这两种方法的数值损耗误差 NLE 均大于 0。FDTD 方法的数值损耗误差 NLE 随电导率 γ 增大而增大，而电磁波时程精细积分法的数值损耗误差 NLE 随电导率 γ 增大而减小。但是，它们的数值损耗误差 NLE 随电导率 γ 的增大却趋近于同一个极限值。电磁波时程精细积分法的数值损耗误差 NLE 大于 FDTD 方法的数值损耗误差 NLE。在图 3.9.6 中，FDTD 方法的数值相位误差 NPE 小于或者等于 0。在电导率 γ 较小时（$\gamma \leqslant 0.0265\text{S} \cdot \text{m}^{-1}$），电磁波时程精细积分法的数值相位误差 NPE > 0，而在电导率 γ 较大时（$\sigma > 0.0265\text{S} \cdot \text{m}^{-1}$）则小于 0。随电导率 γ 的增大，这两种方法的数值相位误差 NPE 均减小。在电导率 γ 较大时（$\sigma > 0.0152\text{S} \cdot \text{m}^{-1}$），电磁波时程精细积分法数值相位误差 NPE 的绝对值小于 FDTD 方法数值相位误差 NPE 的绝对值。这说明在有损耗介质中这两种方法的数值损耗均大于电磁波的真实损耗，但数值损耗随电导率 γ 增大而趋近于一致。电磁波时程精细积分法的数值损耗大于 FDTD 方法的数值损耗。在电导率 γ 较小时，电磁波时程精细积分法的数值相速度大于电磁波的真实波速。在电导率 γ 较大时，电磁波时程精细积分法的数值相速度小于电磁波的真实波速。此时，电磁波时程精细积分法的数值相速度比 FDTD 方法的数值相速度更接近电磁波的真实波速。

5. 数值色散特性的各向异性

对于二维正方形网格（$\Delta x = \Delta y = \Delta$）划分，如 3.9.7 和图 3.9.8 所示，分别为有损耗介质中电磁波时程精细积分法的数值损耗误差 NLE 和数值相位误差 NPE 随电磁波传播方向 ϕ 的变化曲线。在计算中，取 Courant 常数 $S = 1024$，预先选定的正整数 $N = 20$，空间采样密度 $N_\lambda = 10$，电磁波的频率 $f = 300\text{MHz}$，介电常数 $\varepsilon = \varepsilon_0$，电导率 γ 分别等于 $1 \times 10^{-3}\text{S} \cdot \text{m}^{-1}$，$10^{-1}\text{S} \cdot \text{m}^{-1}$ 和 $10\text{S} \cdot \text{m}^{-1}$。

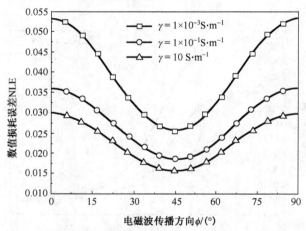

图 3.9.7　有损耗介质中 PITD 方法的数值损耗误差 NLE 随电磁波传播方向 ϕ 的变化
（$S = 1024$；$N = 20$；$N_\lambda = 10$；$f = 300\text{MHz}$；$\varepsilon = \varepsilon_0$）

从图 3.9.7 中可以看出，电磁波时程精细积分法的数值损耗误差 NLE 是一条下凹的曲线，且随电导率 γ 增大变得更加平直。在图 3.9.8 中，电磁波时程精细积分法的数值相位误差 NPE 在电导率 γ 较小时（$\gamma = 1 \times 10^{-3}\text{S} \cdot \text{m}^{-1}$）是一条下凹的曲线，而在电导率 γ 较大时（$\gamma \geqslant 1 \times 10^{-1}\text{S} \cdot \text{m}^{-1}$）是一条上凸的曲线。但是，其数值相位误差 NPE 的绝对值在电磁波传播方向 ϕ 为网格对角线方向时为最小。这说明在有损耗介质中电磁波时程精细积分法的数值损耗在电磁波传播方向 ϕ 为网格对角线方向时最小，也最接近电磁波的真实损耗。电磁波时程精细积分法的数值色散特性的各向异性随电导率 γ 的增大而变好。在电导率 γ 较小时，电磁波时程精细积分的数值相速度在电磁波传播方向 ϕ 为网格对角线方向时最小。在电导率 γ 较大时，电磁波时程精细积分法的数值相速度在电磁波传播方向 ϕ 为网格对角线方向时最大。但是，电磁波时程精细积分法的数值相速度在电磁波传播方向 ϕ 为网格对角线方向时最接近电磁波的真实波速。

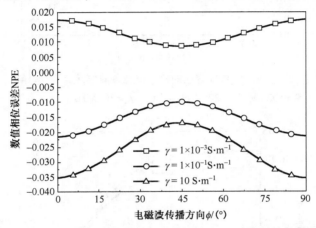

图 3.9.8　有损耗介质中 PITD 方法的数值相位误差 NPE 随电磁波传播方向 ϕ 的变化
（ $S=1024$ ； $N=20$ ； $N_\lambda=10$ ； $f=300\text{MHz}$ ； $\varepsilon=\varepsilon_0$ ）

6. 电导率对数值色散特性各向异性的影响

对于二维正方形网格（ $\Delta x=\Delta y=\Delta$ ）和三维正方体网格（ $\Delta x=\Delta y=\Delta z=\Delta$ ）划分，如图 3.9.9 和图 3.9.10 所示，分别为有损耗介质中电磁波时程精细积分法的数值损耗各向异性 A_α 和数值相位各向异性 A_β 随电导率 γ 的变化曲线。这里，取 Courant 常数 $S=1024$ ，预先选定的正整数 $N=20$ ，空间采样密度 $N_\lambda=10$ ，电磁波的频率 $f=300\text{MHz}$ ，介电常数 $\varepsilon=\varepsilon_0$ ，电导率 $\gamma\in(1\times10^{-3},10)\text{S}\cdot\text{m}^{-1}$ 。

从图 3.9.9 中可以看出，电磁波时程精细积分法的数值损耗各向异性 $A_\alpha>0$ ，且在二维情况下的值小于在三维情况下的值。从图 3.9.10 中可以看出，在电导率 γ 较小时（ $\gamma<0.0280\text{S}\cdot\text{m}^{-1}$ ），其数值相位各向异性 $A_\beta>0$ ，而在电导率 γ 较大时（ $\gamma>0.0280\text{S}\cdot\text{m}^{-1}$ ）则小于 0。在电导率 $\gamma=0.0280\text{S}\cdot\text{m}^{-1}$ 时，其数值相位各向异性 $A_\beta=0$ ，且随电导率 γ 增大而减小，其绝对值在二维情况下的值要小于在三维情况下的值。这说明在有损耗介质中电磁波时程精细积分法的数值色散各向异性随着空间维度的增大而增大。在电导率 γ 等于特定值时，其数值相速度几乎没有各向异性，此时数值色散各向异性最好。在 FDTD 方法的数值色散特性的各向异性分析中，也曾发现了类似的现象。

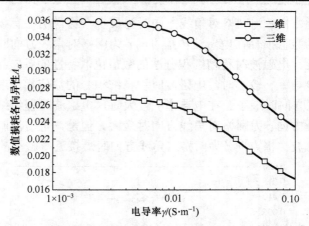

图 3.9.9　有损耗介质中 PITD 方法的数值损耗各向异性 A_α 随电导率 γ 的变化
（ $S=1024$ ；　$N=20$ ；　$N_\lambda=10$ ；　$f=300\text{MHz}$ ；　$\varepsilon=\varepsilon_0$ ）

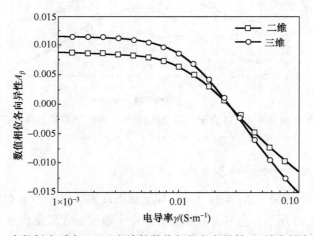

图 3.9.10　有损耗介质中 PITD 方法的数值相位各向异性 A_β 随电导率 γ 的变化
（ $S=1024$ ；　$N=20$ ；　$N_\lambda=10$ ；　$f=300\text{MHz}$ ；　$\varepsilon=\varepsilon_0$ ）

参 考 文 献

[1]　葛德彪, 闫玉波.电磁波时域有限差分方法[M].西安: 西安电子科技大学出版社, 2002.

[2]　王秉中. 计算电磁学[M].北京: 科学出版社, 2002.

[3]　杨儒贵. 高等电磁理论[M].北京: 高等教育出版社, 2008.

[4]　赵鑫泰, 马西奎. 一种求解 Maxwell 方程组的无条件稳定时域精细积分法[J]. 电子学报, 2006, 34 (9): 1600—1604.

[5]　Ma X K, Zhao X T, Zhao Y Z. A 3D precise integration time-domain method without the restraints

of the Courant-Friedrich-Levy stability condition for the numerical solution of Maxwell's equations [J]. IEEE Transactions on Microwave Theory and Techniques, 2006, 54 (7): 3026—3037.

[6] Zhao X T, Ma X K, Zhao Y Z. An unconditionally stable precise integration time domain method for the numerical solution of Maxwell's equations in circular cylindrical coordinates [J].Progress in Electromagnetics Research, 2007, 69: 201—217.

[7] 赵鑫泰. 瞬态电磁场问题分析中的时域精细积分方法研究[D]. 西安: 西安交通大学博士学位论文, 2007.

[8] Jiang L L, Chen Z Z, Mao J F. On the numerical stability of the precise integration time-domain (PITD) method[J]. IEEE Microwave and Wireless Components Letters, 2007, 17 (7): 471—473.

[9] Chen Z Z, Jiang L L, Mao J F. Numerical dispersion characteristics of the three-dimension precise integration time-domain method[C]. 2007 International Microwave Symposium (IMS 2007), Honolulu, 2007: 1971—1974.

[10] 哈林登 R F. 正弦电磁场[M]. 孟侃译. 上海: 上海科学技术出版社, 1964.

[11] Zhao X T, Wang Z G, Ma X K. Electromagnetic closed-surface criterion for the 3-D precise integration time-domain method for solving Maxwell's equations[J]. IEEE Transactions on Microwave Theory and Techniques, 2008, 56 (12): 2859—2874.

[12] Zhao X T, Wang Z G, Ma X K. A 3-D unconditionally stable precise integration time domain method for the numerical solutions of Maxwell's equation in circular cylindrical coordinates [J]. International Journal of RF and Microwave Computer-Aided Engineering , 2009, 19 (2): 230—242.

[13] 孙刚, 马西奎, 白仲明. 有耗介质中时域精细积分方法的数值色散特性分析[J]. 电波科学学报, 2012, 27 (2): 209—215.

[14] 孙刚. 基于小波迦辽金空间差分格式的电磁波时域精细积分方法[D]. 西安: 西安交通大学博士学位论文, 2012.

[15] Sun G, Ma X K. Numerical stability and dispersion analysis of the precise-integration time-domain method in lossy media[J]. IEEE Transactions on Microwave Theory and Techniques, 2012, 60 (9): 2723—2729.

第 4 章　瞬态涡流场分析中的时程精细积分法

　　由于铁磁材料在实际工程中的广泛应用，研究电磁波在其中的传播有着重要的意义。研究电磁波向铁磁材料中的传播问题将会遇到非线性偏微分方程，这是一件非常复杂且甚为困难的工作，其困难表现在复杂的边界条件以及磁化特性的非线性。以往计算电磁脉冲在铁磁材料中的传播时，采用比较多的是 FDTD 方法。例如，Merewether 关于电磁脉冲在无限大铁磁材料薄板中的传播研究[1]，以及 Luebbers 等利用 FDTD 方法计算电磁脉冲在铁磁材料中的传播特性等[2]。Merewether 在求解中忽略了位移电流的影响，将问题简化为涡流方程，采用隐式差分方法进行求解，不具有普遍性。Luebbers 等采用的显式 FDTD 方法在时间域和空间域上都同时以差分代替微分进行离散，因此不可避免地遇到了 Courant 稳定性条件、非线性和高电导率所引起的对时间步长取值的限制。在计算长期过渡过程时，这种方法难以应用。

　　在本章中，我们将介绍铁磁材料内电磁波传播问题计算中时程精细积分法的应用[3,4]。

4.1　铁磁材料中 Maxwell 旋度方程的空间离散形式

　　在铁磁材料中，电场分量和磁场分量满足的 Maxwell 旋度方程如下：

$$\frac{\partial H_z}{\partial y} - \frac{\partial H_y}{\partial z} = \varepsilon \frac{\partial E_x}{\partial t} + \gamma E_x \tag{4.1.1}$$

$$\frac{\partial H_x}{\partial z} - \frac{\partial H_z}{\partial x} = \varepsilon \frac{\partial E_y}{\partial t} + \gamma E_y \tag{4.1.2}$$

$$\frac{\partial H_y}{\partial x} - \frac{\partial H_x}{\partial y} = \varepsilon \frac{\partial E_z}{\partial t} + \gamma E_z \tag{4.1.3}$$

$$\frac{\partial E_z}{\partial y} - \frac{\partial E_y}{\partial z} = -\frac{\partial (\mu(\boldsymbol{H}) H_x)}{\partial t} \tag{4.1.4}$$

$$\frac{\partial E_x}{\partial z} - \frac{\partial E_z}{\partial x} = -\frac{\partial (\mu(\boldsymbol{H}) H_y)}{\partial t} \tag{4.1.5}$$

$$\frac{\partial E_y}{\partial x} - \frac{\partial E_x}{\partial y} = -\frac{\partial (\mu(\boldsymbol{H}) H_z)}{\partial t} \tag{4.1.6}$$

　　利用 Yee 元胞对铁磁材料进行空间离散，并假设在很短的时间间隔 Δt 内，磁导率 μ 不变，则式（4.1.1）～式（4.1.6）可以分别写为以下空间离散形式：

$$\frac{\mathrm{d}E_x\left(i+\frac{1}{2},j,k\right)}{\mathrm{d}t}=\frac{1}{\varepsilon\left(i+\frac{1}{2},j,k\right)}\left\{-\gamma\left(i+\frac{1}{2},j,k\right)E_x\left(i+\frac{1}{2},j,k\right)\right.$$

$$+\left[\frac{H_z\left(i+\frac{1}{2},j+\frac{1}{2},k\right)-H_z\left(i+\frac{1}{2},j-\frac{1}{2},k\right)}{\Delta y}-\frac{H_y\left(i+\frac{1}{2},j,k+\frac{1}{2}\right)-H_y\left(i+\frac{1}{2},j,k-\frac{1}{2}\right)}{\Delta z}\right]\right\}$$

$$(4.1.7)$$

$$\frac{\mathrm{d}E_y\left(i,j+\frac{1}{2},k\right)}{\mathrm{d}t}=\frac{1}{\varepsilon\left(i,j+\frac{1}{2},k\right)}\left\{-\gamma\left(i,j+\frac{1}{2},k\right)E_y\left(i,j+\frac{1}{2},k\right)\right.$$

$$+\left[\frac{H_x\left(i,j+\frac{1}{2},k+\frac{1}{2}\right)-H_x\left(i,j+\frac{1}{2},k-\frac{1}{2}\right)}{\Delta z}-\frac{H_z\left(i+\frac{1}{2},j+\frac{1}{2},k\right)-H_z\left(i-\frac{1}{2},j+\frac{1}{2},k\right)}{\Delta x}\right]\right\}$$

$$(4.1.8)$$

$$\frac{\mathrm{d}E_z\left(i,j,k+\frac{1}{2}\right)}{\mathrm{d}t}=\frac{1}{\varepsilon\left(i,j,k+\frac{1}{2}\right)}\left\{-\gamma\left(i,j,k+\frac{1}{2}\right)E_z\left(i,j,k+\frac{1}{2}\right)\right.$$

$$+\left[\frac{H_y\left(i+\frac{1}{2},j,k+\frac{1}{2}\right)-H_y\left(i-\frac{1}{2},j,k+\frac{1}{2}\right)}{\Delta x}-\frac{H_x\left(i,j+\frac{1}{2},k+\frac{1}{2}\right)-H_x\left(i,j-\frac{1}{2},k+\frac{1}{2}\right)}{\Delta y}\right]\right\}$$

$$(4.1.9)$$

$$\frac{\mathrm{d}H_x\left(i,j+\frac{1}{2},k+\frac{1}{2}\right)}{\mathrm{d}t}=-\frac{1}{\mu\left(i,j+\frac{1}{2},k+\frac{1}{2},\boldsymbol{H}\right)}$$

$$(4.1.10)$$

$$\times\left[\frac{E_z\left(i,j+1,k+\frac{1}{2}\right)-E_z\left(i,j,k+\frac{1}{2}\right)}{\Delta y}-\frac{E_y\left(i,j+\frac{1}{2},k+1\right)-E_y\left(i,j+\frac{1}{2},k\right)}{\Delta z}\right]$$

$$\frac{\mathrm{d}H_y\left(i+\frac{1}{2},j,k+\frac{1}{2}\right)}{\mathrm{d}t}=-\frac{1}{\mu\left(i+\frac{1}{2},j,k+\frac{1}{2},\boldsymbol{H}\right)}$$

$$(4.1.11)$$

$$\times\left[\frac{E_x\left(i+\frac{1}{2},j,k+1\right)-E_x\left(i+\frac{1}{2},j,k\right)}{\Delta z}-\frac{E_z\left(i+1,j,k+\frac{1}{2}\right)-E_z\left(i,j,k+\frac{1}{2}\right)}{\Delta x}\right]$$

$$\frac{\mathrm{d}H_z\left(i+\frac{1}{2}, j+\frac{1}{2}, k\right)}{\mathrm{d}t} = -\frac{1}{\mu\left(i+\frac{1}{2}, j+\frac{1}{2}, k, \boldsymbol{H}\right)}$$

$$\times \left[\frac{E_y\left(i+1, j+\frac{1}{2}, k\right) - E_y\left(i, j+\frac{1}{2}, k\right)}{\Delta x} - \frac{E_x\left(i+\frac{1}{2}, j+1, k\right) - E_x\left(i+\frac{1}{2}, j, k\right)}{\Delta y}\right]$$

(4.1.12)

式（4.1.7）～式（4.1.12）就是铁磁材料中 Maxwell 旋度方程的 PITD 方法的空间离散形式。可以看出，它们分别是以 E_x、E_y、E_z、H_x、H_y 和 H_z 为变量的一阶时间常微分方程。

4.2　有耗媒质的吸收边界条件

4.2.1　有耗媒质的一阶近似吸收边界条件

取计算区域的边界为 $x=0$，$x=a$，$y=0$，$y=b$，$z=0$ 和 $z=d$。下面以 $x=0$ 边界为例，推导有耗媒质的一阶近似吸收边界条件。

在三维情况下，有耗媒质中的波动方程为

$$\frac{\partial^2 u}{\partial x^2} + \frac{\partial^2 u}{\partial y^2} + \frac{\partial^2 u}{\partial z^2} - \frac{1}{c^2}\frac{\partial^2 u}{\partial t^2} = 0 \qquad (4.2.1)$$

式中，u 是电场或磁场的任意一个分量；$c = (\varepsilon\mu)^{-\frac{1}{2}}$；$\varepsilon = \varepsilon_0\left(\varepsilon' - \mathrm{j}\dfrac{\gamma}{\omega\varepsilon_0}\right)$ 和 $\mu = \mu_0\mu_r$。

式（4.2.1）的平面波的解为

$$u(x, y, z, t) = A\exp[\mathrm{j}(\omega t - k_x x - k_y y - k_z z)] \qquad (4.2.2)$$

式中

$$k_x^2 + k_y^2 + k_z^2 = k^2 = \frac{\omega^2}{c^2} \qquad (4.2.3)$$

将式（4.2.3）代入式（4.2.1），但保留对 x 的导数，得到

$$\frac{\partial^2 u}{\partial x^2} + (k^2 - k_y^2 - k_z^2)u = 0 \qquad (4.2.4)$$

式（4.2.4）可以写为

$$Lu = 0 \qquad (4.2.5)$$

式中，算子 L 的定义为

$$L = \frac{\partial^2}{\partial x^2} + (k^2 - k_y^2 - k_z^2) \qquad (4.2.6)$$

在数学形式上，算子 L 可作如下因式分解：

$$L = \left(\frac{\partial}{\partial x} - \mathrm{j}\sqrt{k^2 - k_y^2 - k_z^2} \right)\left(\frac{\partial}{\partial x} + \mathrm{j}\sqrt{k^2 - k_y^2 - k_z^2} \right) \tag{4.2.7}$$

若在截断边界 $x = 0$ 处设置如下条件：

$$\left(\frac{\partial}{\partial x} - \mathrm{j}\sqrt{k^2 - k_y^2 - k_z^2} \right)u = 0 \tag{4.2.8}$$

就相当于使截断边界面处反射波成分为 0。对式（4.2.8）作如下变形：

$$\left[\frac{\partial}{\partial x} - \mathrm{j}\frac{\omega}{c}\sqrt{1 - \left(\frac{k_y c}{\omega}\right)^2 - \left(\frac{k_z c}{\omega}\right)^2} \right]u = 0 \tag{4.2.9}$$

现在，对平方根项进行一阶 Taylor 级数展开近似，即取

$$\sqrt{1 - \left(\frac{k_y c}{\omega}\right)^2 - \left(\frac{k_z c}{\omega}\right)^2} \approx 1 \tag{4.2.10}$$

得到

$$\left(\frac{\partial}{\partial x} - \mathrm{j}\frac{\omega}{c} \right)u = 0 \tag{4.2.11}$$

根据 c 的定义，由式（4.2.11）得到

$$\left[\frac{\partial}{\partial x} - \mathrm{j}\omega\sqrt{\varepsilon_0 \mu_0 \mu_r \left(\varepsilon' - \mathrm{j}\frac{\gamma}{\omega\varepsilon_0} \right)} \right]u = 0 \tag{4.2.12}$$

若作如下近似[5]：

$$\sqrt{\varepsilon' - \mathrm{j}\frac{\gamma}{\omega\varepsilon_0}} = e - \mathrm{j}\frac{s}{\omega\varepsilon_0} \tag{4.2.13}$$

而

$$e = \sqrt{A}\cos\frac{\beta}{2}$$

和

$$s = \sqrt{A}\sin\frac{\beta}{2} \tag{4.2.14}$$

式中

$$A = \sqrt{\varepsilon'^2 + \left(\frac{\gamma}{\omega\varepsilon_0}\right)^2}$$

$$\cos\left(\frac{\beta}{2}\right) = \sqrt{\frac{A + \varepsilon'}{2A}}$$

$$\sin\left(\frac{\beta}{2}\right) = \sqrt{\frac{A-\varepsilon'}{2A}}$$

将式（4.2.13）代入式（4.2.12），得到

$$\left[\frac{\partial}{\partial x} - j\omega\sqrt{\varepsilon_0\mu_0\mu_r}\left(e - j\frac{s}{\omega\varepsilon_0}\right)\right]u = 0 \tag{4.2.15}$$

将式（4.2.15）从频域转换到时域中，得到

$$\frac{\partial u}{\partial x} - (\varepsilon_0\mu_0\mu_r)^{\frac{1}{2}}e\frac{\partial u}{\partial t} - \left(\frac{\mu_0\mu_r}{\varepsilon_0}\right)^{\frac{1}{2}}su = 0 \tag{4.2.16}$$

这就是在 $x=0$ 边界上的一阶近似吸收边界条件。

　　同样地，也可以得到其余五个边界上的一阶近似吸收边界条件，下面直接给出结果。在 $x=a$ 平面上，有

$$\frac{\partial u}{\partial x} + (\varepsilon_0\mu_0\mu_r)^{\frac{1}{2}}e\frac{\partial u}{\partial t} + \left(\frac{\mu_0\mu_r}{\varepsilon_0}\right)^{\frac{1}{2}}su = 0 \tag{4.2.17}$$

在 $y=0$ 平面上，有

$$\frac{\partial u}{\partial y} - (\varepsilon_0\mu_0\mu_r)^{\frac{1}{2}}e\frac{\partial u}{\partial t} - \left(\frac{\mu_0\mu_r}{\varepsilon_0}\right)^{\frac{1}{2}}su = 0 \tag{4.2.18}$$

在 $y=b$ 平面上，有

$$\frac{\partial u}{\partial y} + (\varepsilon_0\mu_0\mu_r)^{\frac{1}{2}}e\frac{\partial u}{\partial t} + \left(\frac{\mu_0\mu_r}{\varepsilon_0}\right)^{\frac{1}{2}}su = 0 \tag{4.2.19}$$

在 $z=0$ 平面上，有

$$\frac{\partial u}{\partial z} - (\varepsilon_0\mu_0\mu_r)^{\frac{1}{2}}e\frac{\partial u}{\partial t} - \left(\frac{\mu_0\mu_r}{\varepsilon_0}\right)^{\frac{1}{2}}su = 0 \tag{4.2.20}$$

在 $z=d$ 平面上，有

$$\frac{\partial u}{\partial z} + (\varepsilon_0\mu_0\mu_r)^{\frac{1}{2}}e\frac{\partial u}{\partial t} + \left(\frac{\mu_0\mu_r}{\varepsilon_0}\right)^{\frac{1}{2}}su = 0 \tag{4.2.21}$$

4.2.2　有耗媒质一阶近似吸收边界条件的空间离散形式

　　下面以 $x=0$ 边界的 E_y 分量为例，给出有耗媒质中一阶近似吸收边界条件的空间离散形式。将式（4.2.16）在 $x=\frac{1}{2}\Delta x$ 处离散，得到

$$\left.\frac{\partial E_y}{\partial x}\right|_{\frac{1}{2}, j+\frac{1}{2}, k} \approx \frac{E_y\left(1, j+\frac{1}{2}, k\right) - E_y\left(0, j+\frac{1}{2}, k\right)}{\Delta x} \tag{4.2.22}$$

再利用如下线性插值关系：

$$E_y\left(\frac{1}{2}, j+\frac{1}{2}, k\right) = \frac{1}{2}\left[E_y\left(0, j+\frac{1}{2}, k\right) + E_y\left(1, j+\frac{1}{2}, k\right)\right] \tag{4.2.23}$$

将式（4.2.22）和式（4.2.23）代入式（4.2.16），得到

$$\frac{\mathrm{d}E_y\left(0, j+\frac{1}{2}, k\right)}{\mathrm{d}t} + \frac{\mathrm{d}E_y\left(1, j+\frac{1}{2}, k\right)}{\mathrm{d}t} = -\frac{s\left(\frac{1}{2}, j+\frac{1}{2}, k\right)}{\varepsilon_0 e\left(\frac{1}{2}, j+\frac{1}{2}, k\right)}\left[E_y\left(0, j+\frac{1}{2}, k\right) + E_y\left(1, j+\frac{1}{2}, k\right)\right]$$

$$+\frac{2}{\left[\varepsilon_0 \mu_0 \mu_r\left(\frac{1}{2}, j+\frac{1}{2}, k\right)\right]^{\frac{1}{2}} e\left(\frac{1}{2}, j+\frac{1}{2}, k\right)} \frac{E_y\left(1, j+\frac{1}{2}, k\right) - E_y\left(0, j+\frac{1}{2}, k\right)}{\Delta x} \tag{4.2.24}$$

将式（4.1.8）代入式（4.2.24），得到

$$\frac{\mathrm{d}E_y\left(0, j+\frac{1}{2}, k\right)}{\mathrm{d}t} = -\frac{s\left(\frac{1}{2}, j+\frac{1}{2}, k\right)}{\varepsilon_0 e\left(\frac{1}{2}, j+\frac{1}{2}, k\right)}\left[E_y\left(0, j+\frac{1}{2}, k\right) + E_y\left(1, j+\frac{1}{2}, k\right)\right]$$

$$+\frac{2}{\left[\varepsilon_0 \mu_0 \mu_r\left(\frac{1}{2}, j+\frac{1}{2}, k\right)\right]^{\frac{1}{2}} e\left(\frac{1}{2}, j+\frac{1}{2}, k\right)} \frac{E_y\left(1, j+\frac{1}{2}, k\right) - E_y\left(0, j+\frac{1}{2}, k\right)}{\Delta x} - \frac{1}{\varepsilon\left(1, j+\frac{1}{2}, k\right)}$$

$$\times \left\{-\gamma\left(1, j+\frac{1}{2}, k\right)E_x\left(1, j+\frac{1}{2}, k\right) + \left[\frac{H_x\left(1, j+\frac{1}{2}, k+\frac{1}{2}\right) - H_x\left(1, j+\frac{1}{2}, k-\frac{1}{2}\right)}{\Delta z}\right.\right.$$

$$\left.\left. - \frac{H_z\left(\frac{3}{2}, j+\frac{1}{2}, k\right) - H_z\left(\frac{1}{2}, j+\frac{1}{2}, k\right)}{\Delta x}\right]\right\} \tag{4.2.25}$$

式（4.2.25）就是在 $x=0$ 边界上 E_y 分量的一阶近似吸收边界条件的空间离散形式。在 $x=0$ 平面上，E_z 分量以及其余各吸收边界上所有场分量的一阶近似吸收边界条件的空间离散形式可以采用相同的方法得到。下面就直接给出结果。

在 $x=0$ 边界上，E_z 分量满足的一阶近似吸收边界条件的空间离散形式为

$$\frac{\mathrm{d}E_z\left(0,j+\frac{1}{2},k\right)}{\mathrm{d}t}=-\frac{s\left(\frac{1}{2},j+\frac{1}{2},k\right)}{\varepsilon_0 e\left(\frac{1}{2},j+\frac{1}{2},k\right)}\left[E_z\left(0,j+\frac{1}{2},k\right)+E_z\left(1,j+\frac{1}{2},k\right)\right]$$

$$+\frac{2}{\left[\varepsilon_0\mu_0\mu_r\left(\frac{1}{2},j+\frac{1}{2},k\right)\right]^{\frac{1}{2}}e\left(\frac{1}{2},j+\frac{1}{2},k\right)}\frac{E_z\left(1,j+\frac{1}{2},k\right)-E_z\left(0,j+\frac{1}{2},k\right)}{\Delta x}$$

$$-\frac{1}{\varepsilon\left(1,j,k+\frac{1}{2}\right)}\left\{-\gamma\left(1,j,k+\frac{1}{2}\right)E_z\left(1,j,k+\frac{1}{2}\right)+\left[\frac{H_y\left(\frac{3}{2},j,k+\frac{1}{2}\right)-H_y\left(\frac{1}{2},j,k-\frac{1}{2}\right)}{\Delta x}\right.\right.$$

$$\left.\left.-\frac{H_x\left(1,j+\frac{1}{2},k+\frac{1}{2}\right)-H_x\left(1,j-\frac{1}{2},k+\frac{1}{2}\right)}{\Delta y}\right]\right\}\tag{4.2.26}$$

在 $x=a$ 边界上，E_y 和 E_z 分量满足的一阶近似吸收边界条件的空间离散形式分别为

$$\frac{\mathrm{d}E_y\left(i+1,j+\frac{1}{2},k\right)}{\mathrm{d}t}=-\frac{s\left(i+\frac{1}{2},j+\frac{1}{2},k\right)}{\varepsilon_0 e\left(i+\frac{1}{2},j+\frac{1}{2},k\right)}\left[E_y\left(i,j+\frac{1}{2},k\right)+E_y\left(i+1,j+\frac{1}{2},k\right)\right]$$

$$-\frac{2}{\left[\varepsilon_0\mu_0\mu_r\left(i+\frac{1}{2},j+\frac{1}{2},k\right)\right]^{\frac{1}{2}}e\left(i+\frac{1}{2},j+\frac{1}{2},k\right)}\frac{E_y\left(i+1,j+\frac{1}{2},k\right)-E_y\left(i,j+\frac{1}{2},k\right)}{\Delta x}$$

$$-\frac{1}{\varepsilon\left(i,j+\frac{1}{2},k\right)}\left\{-\gamma\left(i,j+\frac{1}{2},k\right)E_x\left(i,j+\frac{1}{2},k\right)+\left[\frac{H_x\left(i,j+\frac{1}{2},k+\frac{1}{2}\right)-H_x\left(i,j+\frac{1}{2},k-\frac{1}{2}\right)}{\Delta z}\right.\right.$$

$$\left.\left.-\frac{H_z\left(i+\frac{1}{2},j+\frac{1}{2},k\right)-H_z\left(i-\frac{1}{2},j+\frac{1}{2},k\right)}{\Delta x}\right]\right\}\tag{4.2.27}$$

和

$$\frac{dE_z\left(i+1,j+\frac{1}{2},k\right)}{dt} = -\frac{s\left(i+\frac{1}{2},j+\frac{1}{2},k\right)}{\varepsilon_0 e\left(i+\frac{1}{2},j+\frac{1}{2},k\right)}\left[E_z\left(i,j+\frac{1}{2},k\right)+E_z\left(i+1,j+\frac{1}{2},k\right)\right]$$

$$-\frac{2}{\left[\varepsilon_0\mu_0\mu_r\left(i+\frac{1}{2},j+\frac{1}{2},k\right)\right]^{\frac{1}{2}}e\left(i+\frac{1}{2},j+\frac{1}{2},k\right)}\frac{E_z(i+1,j+\frac{1}{2},k)-E_z(i,j+\frac{1}{2},k)}{\Delta x}$$

$$-\frac{1}{\varepsilon\left(i,j,k+\frac{1}{2}\right)}\left\{-\gamma\left(i,j,k+\frac{1}{2}\right)\cdot E_z\left(i,j,k+\frac{1}{2}\right)+\left[\frac{H_y\left(i+\frac{1}{2},j,k+\frac{1}{2}\right)-H_y\left(i-\frac{1}{2},j,k+\frac{1}{2}\right)}{\Delta x}\right.\right.$$

$$\left.\left.-\frac{H_x\left(i,j+\frac{1}{2},k+\frac{1}{2}\right)-H_x\left(i,j-\frac{1}{2},k+\frac{1}{2}\right)}{\Delta y}\right]\right\} \tag{4.2.28}$$

式中，$(i+1)\Delta x = a$。

在 $y=0$ 边界上，E_x 和 E_z 分量满足的一阶近似吸收边界条件的空间离散形式分别为

$$\frac{dE_x\left(i+\frac{1}{2},0,k\right)}{dt} = -\frac{s\left(i+\frac{1}{2},\frac{1}{2},k\right)}{\varepsilon_0 e\left(i+\frac{1}{2},\frac{1}{2},k\right)}\left[E_x\left(i+\frac{1}{2},0,k\right)+E_x\left(i+\frac{1}{2},1,k\right)\right]$$

$$+\frac{2}{\left[\varepsilon_0\mu_0\mu_r\left(i+\frac{1}{2},\frac{1}{2},k\right)\right]^{\frac{1}{2}}e\left(i+\frac{1}{2},\frac{1}{2},k\right)}\frac{E_x\left(i+\frac{1}{2},1,k\right)-E_x\left(i+\frac{1}{2},0,k\right)}{\Delta y}$$

$$-\frac{1}{\varepsilon\left(i+\frac{1}{2},\frac{1}{2},k\right)}\left\{-\gamma\left(i+\frac{1}{2},\frac{1}{2},k\right)E_x\left(i+\frac{1}{2},1,k\right)\right.$$

$$+\left[\frac{H_z\left(i+\frac{1}{2},\frac{3}{2},k\right)-H_z\left(i+\frac{1}{2},\frac{1}{2},k\right)}{\Delta y}-\frac{H_y\left(i+\frac{1}{2},1,k+\frac{1}{2}\right)-H_y\left(i+\frac{1}{2},1,k-\frac{1}{2}\right)}{\Delta z}\right]\right\} \tag{4.2.29}$$

和

$$\frac{\mathrm{d}E_z\left(i,0,k+\frac{1}{2}\right)}{\mathrm{d}t} = -\frac{s\left(i,\frac{1}{2},k+\frac{1}{2}\right)}{\varepsilon_0 e\left(i,\frac{1}{2},k+\frac{1}{2}\right)}\left[E_z\left(i,0,k+\frac{1}{2}\right)+E_z\left(i,1,k+\frac{1}{2}\right)\right]$$

$$+\frac{2}{\left[\varepsilon_0\mu_0\mu_r\left(i,\frac{1}{2},k+\frac{1}{2}\right)\right]^{\frac{1}{2}}e\left(i,\frac{1}{2},k+\frac{1}{2}\right)}\frac{E_z\left(i,1,k+\frac{1}{2}\right)-E_z\left(i,0,k+\frac{1}{2}\right)}{\Delta y}$$

$$-\frac{1}{\varepsilon\left(i,1,k+\frac{1}{2}\right)}\left\{-\gamma\left(i,1,k+\frac{1}{2}\right)E_z\left(i,1,k+\frac{1}{2}\right)\right.$$

$$+\left[\frac{H_y\left(i+\frac{1}{2},1,k+\frac{1}{2}\right)-H_y\left(i-\frac{1}{2},1,k+\frac{1}{2}\right)}{\Delta x}-\frac{H_x\left(i,\frac{3}{2},k+\frac{1}{2}\right)-H_x\left(i,\frac{1}{2},k+\frac{1}{2}\right)}{\Delta y}\right]\right\}$$

$$（4.2.30）$$

在 $y=b$ 边界上，E_x 和 E_z 分量满足的一阶近似吸收边界条件的空间离散形式分别为

$$\frac{\mathrm{d}E_x\left(i+\frac{1}{2},j+1,k\right)}{\mathrm{d}t} = -\frac{s\left(i+\frac{1}{2},j+\frac{1}{2},k\right)}{\varepsilon_0 e\left(i+\frac{1}{2},j+\frac{1}{2},k\right)}\left[E_x\left(i+\frac{1}{2},j,k\right)+E_x\left(i+\frac{1}{2},j+1,k\right)\right]$$

$$-\frac{2}{\left[\varepsilon_0\mu_0\mu_r\left(i+\frac{1}{2},j+\frac{1}{2},k\right)\right]^{\frac{1}{2}}e\left(i+\frac{1}{2},j+\frac{1}{2},k\right)}\frac{E_x\left(i+\frac{1}{2},j+1,k\right)-E_x\left(i+\frac{1}{2},j,k\right)}{\Delta y}$$

$$-\frac{1}{\varepsilon\left(i+\frac{1}{2},j+\frac{1}{2},k\right)}\left\{-\gamma\left(i+\frac{1}{2},j+\frac{1}{2},k\right)E_x\left(i+\frac{1}{2},j,k\right)\right.$$

$$+\left[\frac{H_z\left(i+\frac{1}{2},j+\frac{1}{2},k\right)-H_z\left(i+\frac{1}{2},j-\frac{1}{2},k\right)}{\Delta y}-\frac{H_y\left(i+\frac{1}{2},j,k+\frac{1}{2}\right)-H_y\left(i+\frac{1}{2},j,k-\frac{1}{2}\right)}{\Delta z}\right]\right\}$$

$$（4.2.31）$$

和

$$\frac{\mathrm{d}E_z\left(i,j+1,k+\frac{1}{2}\right)}{\mathrm{d}t}=-\frac{s\left(i,j+\frac{1}{2},k+\frac{1}{2}\right)}{\varepsilon_0 e\left(i,j+\frac{1}{2},k-\frac{1}{2}\right)}\left[E_z\left(i,j,k+\frac{1}{2}\right)+E_z\left(i,j+1,k+\frac{1}{2}\right)\right]$$

$$-\frac{2}{\left[\varepsilon_0\mu_0\mu_r\left(i,j+\frac{1}{2},k+\frac{1}{2}\right)\right]^{\frac{1}{2}}e\left(i,j+\frac{1}{2},k+\frac{1}{2}\right)}\frac{E_z\left(i,j+1,k+\frac{1}{2}\right)-E_z\left(i,j,k+\frac{1}{2}\right)}{\Delta y}$$

$$-\frac{1}{\varepsilon\left(i,j,k+\frac{1}{2}\right)}\left\{-\gamma\left(i,j,k+\frac{1}{2}\right)E_z\left(i,j,k+\frac{1}{2}\right)+\left[\frac{H_y\left(i+\frac{1}{2},j,k+\frac{1}{2}\right)-H_y\left(i-\frac{1}{2},j,k+\frac{1}{2}\right)}{\Delta x}\right.\right.$$

$$\left.\left.-\frac{H_x\left(i,j+\frac{1}{2},k+\frac{1}{2}\right)-H_x\left(i,j-\frac{1}{2},k+\frac{1}{2}\right)}{\Delta y}\right]\right\} \quad (4.2.32)$$

式中，$(j+1)\Delta y=b$。

在 $z=0$ 边界上，E_x 和 E_y 分量满足的一阶近似吸收边界条件的空间离散形式分别为

$$\frac{\mathrm{d}E_x\left(i+\frac{1}{2},j,0\right)}{\mathrm{d}t}=-\frac{s\left(i+\frac{1}{2},j,\frac{1}{2}\right)}{\varepsilon_0 e\left(i+\frac{1}{2},j,\frac{1}{2}\right)}\left[E_x\left(i+\frac{1}{2},j,1\right)+E_x\left(i+\frac{1}{2},j,0\right)\right]$$

$$+\frac{2}{\left[\varepsilon_0\mu_0\mu_r\left(i+\frac{1}{2},j,\frac{1}{2}\right)\right]^{\frac{1}{2}}e\left(i+\frac{1}{2},j,\frac{1}{2}\right)}\frac{E_x\left(i+\frac{1}{2},j,1\right)-E_x\left(i+\frac{1}{2},j,0\right)}{\Delta z}$$

$$-\frac{1}{\varepsilon\left(i+\frac{1}{2},j,1\right)}\left\{-\gamma\left(i-\frac{1}{2},j,1\right)E_x\left(i+\frac{1}{2},j,1\right)\right.$$

$$\left.+\left[\frac{H_z\left(i+\frac{1}{2},j+\frac{1}{2},1\right)-H_z\left(i+\frac{1}{2},j-\frac{1}{2},1\right)}{\Delta y}-\frac{H_y\left(i+\frac{1}{2},j,\frac{3}{2}\right)-H_y\left(i+\frac{1}{2},j,\frac{1}{2}\right)}{\Delta z}\right]\right\}$$

$$(4.2.33)$$

和

$$\frac{dE_y\left(i,j+\frac{1}{2},0\right)}{dt} = -\frac{s\left(i,j+\frac{1}{2},\frac{1}{2}\right)}{\varepsilon_0 e\left(i,j+\frac{1}{2},\frac{1}{2}\right)}\left[E_y\left(i,j+\frac{1}{2},1\right)+E_y\left(i,j+\frac{1}{2},0\right)\right]$$

$$+\frac{2}{\left[\varepsilon_0\mu_0\mu_r\left(i,j+\frac{1}{2},\frac{1}{2}\right)\right]^{\frac{1}{2}} e\left(i,j+\frac{1}{2},\frac{1}{2}\right)}\frac{E_y\left(i,j+\frac{1}{2},1\right)-E_y\left(i,j+\frac{1}{2},0\right)}{\Delta z}$$

$$-\frac{1}{\varepsilon\left(i,j+\frac{1}{2},1\right)}\left\{-\gamma\left(i,j+\frac{1}{2},1\right)E_y\left(i,j+\frac{1}{2},1\right)\right.$$

$$\left.+\left[\frac{H_x\left(i,j+\frac{1}{2},\frac{3}{2}\right)-H_x\left(i,j+\frac{1}{2},\frac{1}{2}\right)}{\Delta z}-\frac{H_z\left(i+\frac{1}{2},j+\frac{1}{2},1\right)-H_z\left(i-\frac{1}{2},j+\frac{1}{2},1\right)}{\Delta x}\right]\right\} \quad (4.2.34)$$

在 $z=d$ 边界上，E_x 和 E_y 分量满足的一阶近似吸收边界条件的空间离散形式分别为

$$\frac{dE_x\left(i+\frac{1}{2},j,k+1\right)}{dt} = -\frac{s\left(i+\frac{1}{2},j,k+\frac{1}{2}\right)}{\varepsilon_0 e\left(i+\frac{1}{2},j,k+\frac{1}{2}\right)}\left[E_x\left(i+\frac{1}{2},j,k+1\right)+E_x\left(i+\frac{1}{2},j,k\right)\right]$$

$$-\frac{2}{\left[\varepsilon_0\mu_0\mu_r\left(i+\frac{1}{2},j,k+\frac{1}{2}\right)\right]^{\frac{1}{2}} e\left(i+\frac{1}{2},j,k+\frac{1}{2}\right)}\frac{E_x\left(i+\frac{1}{2},j,k+1\right)-E_x\left(i+\frac{1}{2},j,k\right)}{\Delta z}$$

$$-\frac{1}{\varepsilon\left(i+\frac{1}{2},j,k\right)}\left\{-\gamma\left(i+\frac{1}{2},j,k\right)E_x\left(i+\frac{1}{2},j,k\right)+\left[\frac{H_z\left(i+\frac{1}{2},j+\frac{1}{2},k\right)-H_z\left(i+\frac{1}{2},j-\frac{1}{2},k\right)}{\Delta y}\right.\right.$$

$$\left.\left.-\frac{H_y\left(i+\frac{1}{2},j,k+\frac{1}{2}\right)-H_y\left(i+\frac{1}{2},j,k-\frac{1}{2}\right)}{\Delta z}\right]\right\} \quad (4.2.35)$$

和

$$\frac{dE_y\left(i,j+\frac{1}{2},k+1\right)}{dt} = -\frac{s\left(i,j+\frac{1}{2},k+\frac{1}{2}\right)}{\varepsilon_0 e\left(i,j+\frac{1}{2},k+\frac{1}{2}\right)}\left[E_y\left(i,j+\frac{1}{2},k+1\right)+E_y\left(i,j+\frac{1}{2},k\right)\right]$$

$$+\frac{2}{\left[\varepsilon_0\mu_0\mu_r\left(i,j+\frac{1}{2},k+\frac{1}{2}\right)\right]^{\frac{1}{2}}e\left(i,j+\frac{1}{2},k+\frac{1}{2}\right)}\frac{E_y\left(i,j+\frac{1}{2},k+1\right)-E_y\left(i,j+\frac{1}{2},k\right)}{\Delta z}$$

$$-\frac{1}{\varepsilon\left(i,j+\frac{1}{2},k+1\right)}\left\{-\gamma\left(i,j+\frac{1}{2},k+1\right)E_y\left(i,j+\frac{1}{2},k+1\right)\right.$$

$$+\left[\frac{H_x\left(i,j+\frac{1}{2},k+\frac{3}{2}\right)-H_x\left(i,j+\frac{1}{2},k+\frac{1}{2}\right)}{\Delta z}\right.$$

$$\left.\left.-\frac{H_z\left(i+\frac{1}{2},j+\frac{1}{2},k+1\right)-H_z\left(i-\frac{1}{2},j+\frac{1}{2},k+1\right)}{\Delta x}\right]\right\}$$

$$(4.2.36)$$

式中，$(k+1)\Delta z=d$。

4.3　铁磁材料中电磁波传播问题的时程精细积分解

综合式（4.1.7）～式（4.1.12），以及式（4.2.25）～式（4.2.36），不难得到如下矩阵形式的常微分方程组：

$$\frac{\mathrm{d}\boldsymbol{u}}{\mathrm{d}t}=\boldsymbol{m}\boldsymbol{u}+\boldsymbol{f}(t) \tag{4.3.1}$$

式中，$\boldsymbol{u}$ 是一个包含待求解的全部场分量的向量；$\boldsymbol{m}$ 是系数矩阵；$\boldsymbol{f}(t)$ 是由于激励源的引入所产生的非齐次项。

对于铁磁材料来说，系数矩阵 $\boldsymbol{m}$ 是场量 $\boldsymbol{u}$ 的函数。此时，为便于求解，可以将式（4.3.1）作如下变形[3]：

$$\frac{\mathrm{d}\boldsymbol{u}}{\mathrm{d}t}=[\boldsymbol{m}_0+(\boldsymbol{m}(\boldsymbol{u})-\boldsymbol{m}_0)]\boldsymbol{u}+\boldsymbol{f}(t)$$

$$=\boldsymbol{m}_0\boldsymbol{u}+[(\boldsymbol{m}(\boldsymbol{u})-\boldsymbol{m}_0)\boldsymbol{u}+\boldsymbol{f}(t)] \tag{4.3.2}$$

若记 $\tilde{\boldsymbol{f}}(\boldsymbol{u},t)=(\boldsymbol{m}(\boldsymbol{u})-\boldsymbol{m}_0)\boldsymbol{u}+\boldsymbol{f}(t)$，则改写后的非线性矩阵方程的形式如下：

$$\frac{\mathrm{d}\boldsymbol{u}}{\mathrm{d}t}=\boldsymbol{m}_\mathrm{c}\boldsymbol{u}+\tilde{\boldsymbol{f}}(\boldsymbol{u},t) \tag{4.3.3}$$

可以看出，以上变化在数学上与原问题等价。现在已经将非线性问题归结为类似于对线性问题的求解。仿照线性问题的递推公式，可以得到非线性导电媒质中瞬态电磁波的递推计算公式：

$$\boldsymbol{u}^{(k+1)}=\boldsymbol{T}(\boldsymbol{u}^{(k)}+\boldsymbol{m}_0^{-1}\tilde{\boldsymbol{f}}^{(k)})-\boldsymbol{m}_0^{-1}\tilde{\boldsymbol{f}}^{(k)} \tag{4.3.4}$$

式中，不妨取 $\boldsymbol{m}_0=\boldsymbol{m}(\boldsymbol{u}_0)$。若 $\boldsymbol{m}_0$ 矩阵非满秩，$\boldsymbol{m}_0^{-1}$ 难以计算，可以采取增补常数项的办

法使 m_0 满秩而又不呈病态。对非齐次项 $\tilde{f}(u,t)$，可以分别采用对非线性项 $(m(u)-m_0)u$ 预测校正[6]和对显式项 $f(t)$ 单步多阶逼近[7]的方法进行处理。为简单起见，本书近似认为 $\tilde{f}$ 在 $[t_k,t_{k+1}]$ 时间段内保持不变，即取

$$\tilde{f} = \tilde{f}^{(k)} = (m(u^{(k)})-m_0)u^{(k)} + f(t_k) \tag{4.3.5}$$

在计算时，对每一个时间步，先利用式（4.3.5）估计非齐次项 $\tilde{f}_k$，然后利用递推式（4.3.4）计算铁磁材料中各离散点在当前时刻的场量大小。

由以上过程可以看出，利用时程精细积分法求解非线性问题，对每一时刻场量的计算不需要求解非线性代数方程组，而是巧妙地运用了数学上的等价变换，将非线性常微分方程组中非线性系数矩阵归纳到了非齐次项中，然后采用时程积分算法进行求解，提高了运算效率。

算例 4.3.1　　以瞬态电磁波在块状铁磁材料中的传播问题为求解对象，待求解模型如图 4.3.1 所示。假设铁磁材料的特性参数如下：电导率 $\gamma = 10^7$ S/m，动态磁导率 μ 由式（4.3.6）确定，介电常数 ε 取为真空的介电常数 ε_0。该块状铁磁材料在 x、y 和 z 方向的几何尺寸分别为 0.04μm、0.04μm 和 0.05μm。

关于铁磁材料磁化特性的非线性处理，这里考虑用指数函数逼近 *B-H* 特性曲线，如图 4.3.2 所示。动态磁导率 μ 由式（4.3.6）确定：

$$\mu(H) = \mu_m + B_s \exp(-|H|/H_c)/H_c \tag{4.3.6}$$

式中，$\mu_m = 1.67 \times 10^{-4}$ H/m；$B_s = 1.53$T；$H_c = 120$A/m。

在实际计算中，PITD 法和 FDTD 法的空间步长均为 0.01μm。

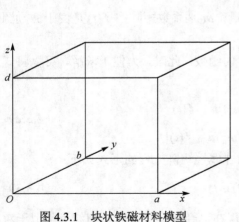

图 4.3.1　块状铁磁材料模型

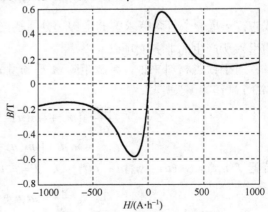

图 4.3.2　铁磁材料的 *B-H* 特性曲线

首先，用 FDTD 法进行计算。时间步长取为 $\Delta t_{\text{FDTD}} = 5 \times 10^{-15}$s，迭代 3000 步。假设入射波表达式如下：

$$E_s(t) = A\cos(2\pi \times 10^{11})\,\text{V/m} \tag{4.3.7}$$

式中，$A=1$。图 4.3.3 给出了观察点 $(3,2,2.5)$ 上的 E_z 计算结果，可以看出数值解很快发散。

当采用时程精细积分法进行模拟时，选取时间步长 $\Delta t = 1 \times 10^{-12}$s，迭代 60 步；并与时间步长 $\Delta t = 1 \times 10^{-15}$s，迭代 60000 步时的 FDTD 计算结果进行比较。图 4.3.4 给出了利用两种方法得到的观察点 $(3,2,2.5)$、$(2,3,2.5)$ 和 $(2,2,1.5)$ 处电场分量 E_z 幅值的计算结果。可以看出，时程精细积分法仍然保持稳定，且在时间步长增大到 1000 倍的情况下，其计算结果与 FDTD 法的保持一致。表 4.3.1 给出了时程精细积分法与时域有限差分法占用计算资源的对比。可以看到，尽管由于矩阵的存储和运算会消耗大量的内存空间和 CPU 时间，但由于时程精细积分法可以选取大的时间步长，使得迭代次数显著减少，所以总的 CPU 时间比 FDTD 法少。

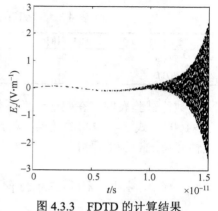

图 4.3.3　FDTD 的计算结果

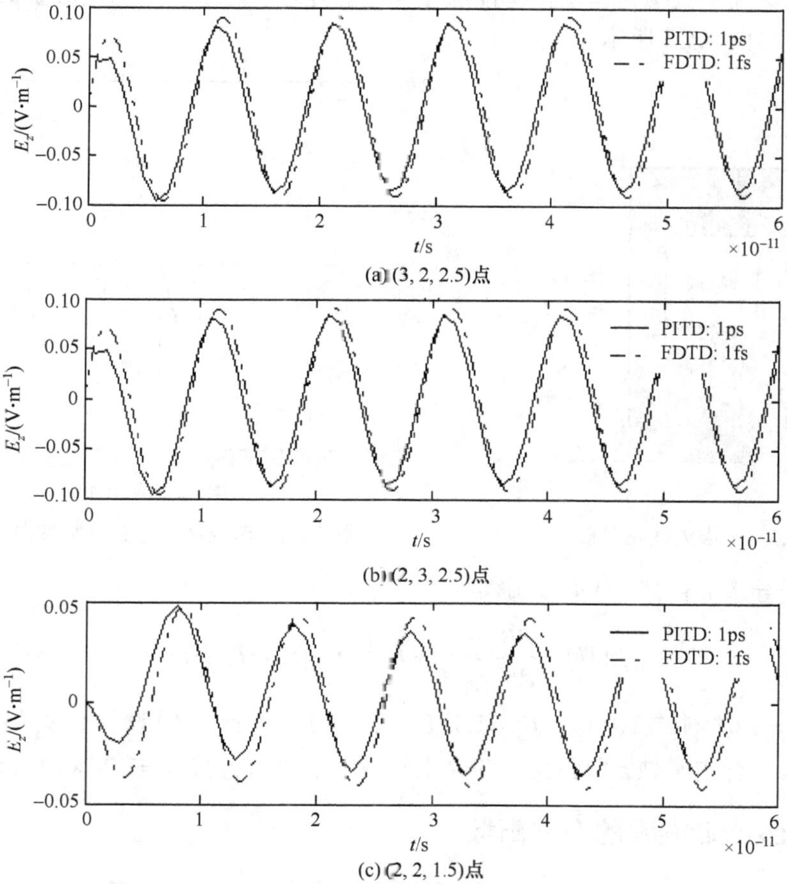

(a) (3, 2, 2.5)点

(b) (2, 3, 2.5)点

(c) (2, 2, 1.5)点

图 4.3.4　三点电场幅值对比（两种计算分别迭代 60 步和 60000 步）

表 4.3.1　PITD 法和 FDTD 法占用计算资源的对比

方　　法	CPU 时间/s	内存/MB	时间步长/s	时间步数
PITD	48	43.568	1×10^{-12}	60
FDTD	60	1	1×10^{-15}	60000

　　数值试验表明，在强非线性条件下，即当式（4.3.7）中的 A 取较大值时(本例中 $A > 100$)，式（4.3.4）的递推不稳定。因此，强非线性条件下的时程精细积分法的稳定性有待进一步的研究。

4.4　板状铁磁材料中电磁脉冲传播特性计算

　　如图 4.4.1 所示，一平面电磁波由场域 1 入射到厚度为 d 的高电导率无限大铁磁材料薄板中。关于铁磁材料磁化特性的非线性的处理，这里考虑用指数函数逼近 B-H 特性曲线，如图 4.4.2 所示。

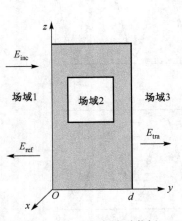

图 4.4.1　无限大铁磁薄板

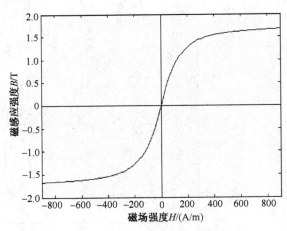

图 4.4.2　铁磁材料的 B-H 特性曲线

动态磁导率 μ 由式（4.4.1）确定：

$$\mu(H) = \frac{\partial B}{\partial H} = \mu_m + B_s \exp(-|H|/H_c)/H_c \qquad (4.4.1)$$

式中，$\mu_m = 1.67 \times 10^{-4} \, \text{H/m}$；$B_s = 1.53 \text{T}$；$H_c = 120 \, \text{A/m}$。假设铁磁材料的电导率 $\gamma = 10^7 \, \text{S/m}$，介电常数 ε 取为真空的介电常数 ε_0。薄片厚度 $d = 1.26 \times 10^{-4} \, \text{m}$。

4.4.1　Maxwell 方程的空间离散

　　现在，从 Maxwell 旋度方程出发，采用电场强度 E 与磁场强度 H 交叉取点的方式进行离散，如图 4.4.3 所示。其中，从 $y = 0$ 到 $y = d$ 等间隔地取 N 个磁场强度 H 的离散点，各离散点的空间坐标满足 $y=(j-1)\Delta y(j=1,2,3,\cdots,N)$。容易看出铁磁材料边界上的点为 H_1 和 H_N。而电场强度离散点 $E_{j+1/2}$ 则均匀地插入 H_j 与 H_{j+1} 之间。

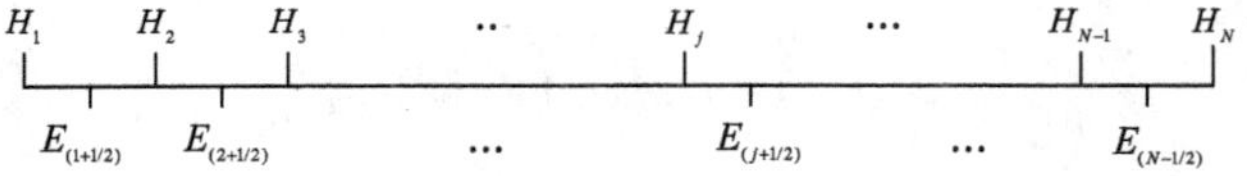

图 4.4.3　E 间离散形式

假设电场只有 z 方向分量 E_z，磁场只有 x 方向分量 H_x（或 B_x），它们满足 Maxwell 旋度方程：

$$\frac{\partial H_x}{\partial y} = -\gamma E_z - \varepsilon_0 \frac{\partial E_z}{\partial t} \qquad (4.4.2)$$

和

$$\frac{\partial E_z}{\partial y} = -\frac{\partial B_x}{\partial t} = -\frac{\partial}{\partial t}(\mu(H_x)H_x) \qquad (4.4.3)$$

在 $(j+1/2)$ 点处，利用中心差分近似 H_x 对坐标 y 的导数，即取

$$\frac{\partial H_x(j+1/2)}{\partial y} = \frac{H_x(j+1) - H_x(j)}{\Delta y} \qquad (4.4.4)$$

若记 $H_x(j) = H_j, E_z(j+1/2) = E_{j+1/2}$，则由式（4.4.2）可以得到

$$\frac{\mathrm{d}E_{j+1/2}}{\mathrm{d}t} = -\frac{\gamma}{\varepsilon_0}E_{j+1/2} - \frac{1}{\varepsilon_0 \Delta y}(H_{j+1} - H_j) \qquad (4.4.5)$$

同理，由式（4.4.3）可以得到

$$\frac{\mathrm{d}H_j}{\mathrm{d}t} = -\frac{1}{\mu(H_j)\Delta y}(E_{j+1/2} - E_{j-1/2}) \qquad (4.4.6)$$

式（4.4.5）和式（4.4.6）是 Maxwell 旋度方程的空间离散形式，它们分别是 $E_{j+1/2}$ 和 H_j 满足的一阶时间常微分方程。

4.4.2　边界点处的常微分方程

为了将求解区域限制在铁磁材料薄板的内部，我们取计算区域的边界点为 $y=0$ 和 $y=d$。对边界的处理如下：首先将自由空间场域 1 和场域 3 中的电磁波分为入射波、反射波和透射波，且分别用 E_{inc}、E_{ref} 和 E_{tra} 表示。因此，在场域 1 中，有

$$E_z(t,y) = E_{\mathrm{inc}}(t-y/c) + E_{\mathrm{ref}}(t+y/c) \qquad (4.4.7)$$

和

$$H_x(t,y) = \frac{1}{\eta_0}[E_{\text{inc}}(t - y/c) - E_{\text{ref}}(t + y/c)] \tag{4.4.8}$$

在场域 3 中，有

$$E_z(t,y) = E_{\text{tra}}[t - (y - d)/c] \tag{4.4.9}$$

和

$$H_x(t,y) = \frac{1}{\eta_0}E_{\text{tra}}[t - (y - d)/c] \tag{4.4.10}$$

式中，η_0 是真空的波阻抗；c 是光速。

在 $y = 0$ 处，由式（4.4.7）和式（4.4.8）可以得到

$$E_z(t,0) + \eta_0 H_x(t,0) = 2E_{\text{inc}}(t,0) \tag{4.4.11}$$

式（4.4.11）两边对时间求偏导数并乘以 ε_0，可以得到

$$\varepsilon_0 \frac{\partial E_z(t,0)}{\partial t} + \varepsilon_0 \eta_0 \frac{\partial H_x(t,0)}{\partial t} = 2\varepsilon_0 \frac{\partial E_{\text{inc}}(t,0)}{\partial t} \tag{4.4.12}$$

且式（4.4.11）两边同乘以 γ，得

$$\gamma E_z(t,0) + \gamma \eta_0 H_x(t,0) = 2\gamma E_{\text{inc}}(t,0) \tag{4.4.13}$$

式（4.4.12）和式（4.4.13）左、右两边分别相加，有

$$\gamma E_z(t,0) + \varepsilon_0 \frac{\partial E_z(t,0)}{\partial t} = 2\gamma E_{\text{inc}}(t,0) + 2\varepsilon_0 \frac{\partial E_{\text{inc}}(t,0)}{\partial t} \\ - \gamma \eta_0 H_x(t,0) - \varepsilon_0 \eta_0 \frac{\partial H_x(t,0)}{\partial t} \tag{4.4.14}$$

另一方面，由旋度方程式（4.4.2）可知，在场域 2 中，$y = 0$ 处电场强度满足

$$\frac{\partial H_x(t,0)}{\partial y} = -\gamma E_z(t,0) - \varepsilon_0 \frac{\partial E_z(t,0)}{\partial t} \tag{4.4.15}$$

利用分界面上电场切向分量的连续性，将式（4.4.14）代入式（4.4.15），得到 $y = 0$ 处的边界条件为

$$\eta_0 H_x(t,0) + \frac{\sqrt{\mu_0 \varepsilon_0}}{\gamma} \frac{\partial H_x(t,0)}{\partial t} - \frac{1}{\gamma} \frac{\partial H_x(t,0)}{\partial y} = 2E_{\text{inc}}(t,0) + \frac{2\varepsilon_0}{\gamma} \frac{\partial E_{\text{inc}}(t,0)}{\partial t} \tag{4.4.16}$$

在 $y = d$ 处，同理可得边界条件为

$$\eta_0 H_x(t,d) + \frac{\sqrt{\mu_0 \varepsilon_0}}{\gamma} \frac{\partial H_x(t,d)}{\partial t} + \frac{1}{\gamma} \frac{\partial H_x(t,d)}{\partial y} = 0 \tag{4.4.17}$$

式（4.4.16）和式（4.4.17）称为边界点处的偏微分方程[4, 8]。与文献[2]相比，这里没有忽略位移电流项 $\varepsilon_0 \dfrac{\partial E(t,0)}{\partial t}$ 和 $\varepsilon_0 \dfrac{\partial E(t,d)}{\partial t}$。

若分别记 $H_x(t,0)$ 和 $H_x(t,d)$ 为 H_1 和 H_N，且利用三点数值微分公式近似式（4.4.16）

和式（4.4.17）中的 $\dfrac{\partial H_x}{\partial y}$，可以得到 H_1 和 H_N 所满足的常微分方程分别如下：

$$\frac{\mathrm{d}H_1}{\mathrm{d}t} = \frac{\gamma}{\sqrt{\varepsilon_0\mu_0}}\left[\frac{1}{2\gamma\Delta y}(4H_2 - H_3) - FH_1 + 2\frac{\varepsilon_0}{\gamma}\frac{\partial E_{\mathrm{inc}}(t,0)}{\partial t} + 2E_{\mathrm{inc}}(t,0)\right] \quad (4.4.18)$$

和

$$\frac{\mathrm{d}H_N}{\mathrm{d}t} = \frac{\gamma}{\sqrt{\varepsilon_0\mu_0}}\left[\frac{1}{2\gamma\Delta y}(4H_{N-1} - H_{N-2}) - FH_N\right] \quad (4.4.19)$$

式中，$F = \eta_0 + \dfrac{3}{2\gamma\Delta y}$。

4.4.3　精细积分算法解

综合式（4.4.5）、式（4.4.6）、式（4.4.18）和式（4.4.19），不难得到如下矩阵形式的常微分方程组：

$$\frac{\mathrm{d}\boldsymbol{u}}{\mathrm{d}t} = \boldsymbol{K}(\boldsymbol{u})\cdot\boldsymbol{u} + \boldsymbol{f}(t) \quad (4.4.20)$$

式中，$\boldsymbol{u} = \left[H_1, H_2, \cdots, H_N, E_{(1+1/2)}, E_{(2+1/2)}, \cdots, E_{(N+1/2)}\right]^{\mathrm{T}}$；$\boldsymbol{f} = \left[2\dfrac{\varepsilon_0}{\gamma}\dfrac{\partial E_{\mathrm{inc}}(t,0)}{\partial t} + 2E_{\mathrm{inc}}(t,0), 0,\right.$

$\left.\cdots, 0\right]^{\mathrm{T}}$。系数矩阵 $\boldsymbol{K} = \boldsymbol{K}(\boldsymbol{u})$ 为场量的函数，其具体形式如下：

$$\boldsymbol{K} = \begin{bmatrix}
\dfrac{-F\gamma}{\sqrt{\mu_0\varepsilon_0}} & \dfrac{2}{\Delta y\sqrt{\mu_0\varepsilon_0}} & \dfrac{-1}{2\Delta y\sqrt{\mu_0\varepsilon_0}} & & 0 & 0 & \mathrm{L} & 0 \\
 & & & & \dfrac{1}{\mu_2\Delta y} & \dfrac{-1}{\mu_2\Delta y} & & \\
 & 0 & & & 0 & 0 & & \\
 & & & & & \dfrac{1}{\mu_{N-1}\Delta y} & \dfrac{-1}{\mu_{N-1}\Delta y} & \\
 & \dfrac{-1}{2\Delta y\sqrt{\mu_0\varepsilon_0}} & \dfrac{2}{\Delta y\sqrt{\mu_0\varepsilon_0}} & \dfrac{-F\gamma}{\sqrt{\mu_0\varepsilon_0}} & 0 & 0 & \mathrm{L} & 0 \\
 & & & & \ddots & & & \\
\dfrac{1}{\varepsilon_0\Delta y} & \dfrac{-1}{\varepsilon_0\Delta y} & & & & \dfrac{-\gamma}{\varepsilon_0} & & \\
 & \dfrac{1}{\varepsilon_0\Delta y} & \dfrac{-1}{\varepsilon_0\Delta y} & & & \dfrac{-\gamma}{\varepsilon_0} & & \\
 & & 0 & 0 & & & 0 & \\
 & & & \dfrac{1}{\varepsilon_0\Delta y} & \dfrac{-1}{\varepsilon_0\Delta y} & & & \dfrac{-\gamma}{\varepsilon_0}
\end{bmatrix}$$

对于常微分方程组式（4.4.20），可以采用时程积分的方法求解。为简单起见，首先介绍材料磁导率为线性的情况。对于线性材料，由于磁导率 μ 为常数，因此系数矩阵 K 为常数，不妨记为 $\bar{K}$。此时式（4.4.20）改写为

$$\frac{\mathrm{d}\boldsymbol{u}}{\mathrm{d}t} = \bar{\boldsymbol{K}} \cdot \boldsymbol{u} + \boldsymbol{f}(t) \tag{4.4.21}$$

根据常微分方程组理论可知，式（4.4.21）的通解可以表示为

$$\boldsymbol{u}(t) = \exp(\bar{\boldsymbol{K}} \cdot t) \cdot \boldsymbol{u}_0 + \int_0^t \exp[\bar{\boldsymbol{K}} \cdot (t - \xi)] \cdot \boldsymbol{f}(\xi)\mathrm{d}\xi \tag{4.4.22}$$

式中，$\boldsymbol{u}_0$ 是 $\boldsymbol{u}(t)$ 的初值。

令时间步长为 Δt，一系列等步长的时刻为 $t_0 = 0, t_1 = \Delta t, \cdots, t_k = k\Delta t, \cdots$。当 Δt 很小时，近似地认为 $\boldsymbol{f}(t)$ 在 $[t_k, t_{k+1}]$ 时间段内保持不变，记为 $\boldsymbol{f}^{(k)}$，则在 t_{k+1} 时刻，可由式（4.4.22）得到逐步递推的计算公式：

$$\boldsymbol{u}^{(k+1)} = \boldsymbol{T} \cdot (\boldsymbol{u}^{(k)} + \bar{\boldsymbol{K}}^{-1} \boldsymbol{f}^{(k)}) - \bar{\boldsymbol{K}}^{-1} \boldsymbol{f}^{(k)} \tag{4.4.23}$$

式中，$\boldsymbol{u}^{(k+1)} = \boldsymbol{u}(t_{k+1})$；$\boldsymbol{T} = \exp(\bar{\boldsymbol{K}} \cdot \Delta t)$。可见，采用精细积分算法求得指数矩阵 $\boldsymbol{T}$ 后，代入初值 $\boldsymbol{u}_0$，就可以方便地逐步递推出 $\boldsymbol{u}$ 在以后各个时刻的值。

对于非线性材料，系数矩阵 K 为场量 $\boldsymbol{u}$ 的函数。此时，可以将式（4.4.20）作如下变形[9]：

$$\frac{\mathrm{d}\boldsymbol{u}}{\mathrm{d}t} = [\boldsymbol{K}_0 + (\boldsymbol{K}(\boldsymbol{u}) - \boldsymbol{K}_0)] \cdot \boldsymbol{u} + \boldsymbol{f}(t) \tag{4.4.24}$$
$$= \boldsymbol{K}_0 \cdot \boldsymbol{u} + [(\boldsymbol{K}(\boldsymbol{u}) - \boldsymbol{K}_0)\boldsymbol{u} + \boldsymbol{f}(t)]$$

记 $\tilde{\boldsymbol{f}} = (\boldsymbol{K}(\boldsymbol{u}) - \boldsymbol{K}_0) \cdot \boldsymbol{u} + \boldsymbol{f}(t)$，改写后的非线性矩阵方程形式如下：

$$\frac{\mathrm{d}\boldsymbol{u}}{\mathrm{d}t} = \boldsymbol{K}_0 \cdot \boldsymbol{u} + \tilde{\boldsymbol{f}} \tag{4.4.25}$$

可以看出，以上变化在数学上与原问题等价。现在已将非线性问题归结为类似于对线性问题的求解。类似于线性问题的递推公式（4.4.23），可以得到磁导率为非线性的导电媒质中瞬态电磁波的递推计算公式：

$$\boldsymbol{u}^{(k+1)} = \boldsymbol{T} \cdot (\boldsymbol{u}^{(k)} + \boldsymbol{K}_0^{-1} \tilde{\boldsymbol{f}}^{(k)}) - \boldsymbol{K}_0^{-1} \tilde{\boldsymbol{f}}^{(k)} \tag{4.4.26}$$

式中，不妨取 $\boldsymbol{K}_0 = \boldsymbol{K}(\boldsymbol{u}_0)$。若 $\boldsymbol{K}_0$ 矩阵非满秩，$\boldsymbol{K}_0^{-1}$ 难以计算，可以采取增补常数项的办法使 $\boldsymbol{K}_0$ 满秩而又不病态。对非齐次项 $\tilde{\boldsymbol{f}}$，可以分别采用对非线性项 $(\boldsymbol{K}(\boldsymbol{u}) - \boldsymbol{K}_0) \cdot \boldsymbol{u}$ 预测校正[6]和显式项 $\boldsymbol{f}(t)$ 单步多阶逼近[7]的方法进行处理。为简单起见，本书近似认为 $\tilde{\boldsymbol{f}}$ 在 $[t_k, t_{k+1}]$ 时间段内保持不变。即取

$$\tilde{\boldsymbol{f}} = \tilde{\boldsymbol{f}}^{(k)} = [\boldsymbol{K}(\boldsymbol{u}^{(k)}) - \boldsymbol{K}_0] \cdot \boldsymbol{u}^{(k)} + \boldsymbol{f}(t_k) \tag{4.4.27}$$

在计算时，对每一个时间步，先利用式（4.4.27）估计非齐次项 $\tilde{\boldsymbol{f}}^{(k)}$，然后利用递推式（4.4.26）计算铁磁材料薄板中各离散点在当前时刻的场量大小，其中透射波大小可由 $E_{\mathrm{tra}} = \eta_0 H_N$ 计算。

4.4.4　数值结果与分析

假设入射波表达式如下：

$$E_{\text{inc}}(t) = 1.2678A\mathrm{e}^{-f_0 t}\sin(2\pi f_0 t) \tag{4.4.28}$$

式中，A 为可调振幅；$f_0 = 1\text{kHz}$。这里取表 4.4.1 所给参数进行理论分析和数值计算。在三组不同振幅下，计算所得透射波瞬态变化过程如图 4.4.4 所示。

表 4.4.1　图 4.4.4 计算所用参数

$A/(\text{V/m})$	$\Delta y/\mu\text{m}$	$\lambda_{\min}/\Delta y$	$\Delta t_1/\text{ns}$（FDTD 方法）	$\Delta t_2/\text{ns}$（精细算法）
10^4	6.3	20.2	93.73	937.6
10^5	6.3	20.2	93.73	93.76
10^6	6.3	2.02	31.25	31.25

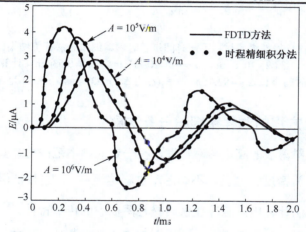

图 4.4.4　三组不同振幅下时程精细积分法与 FDTD 方法数值结果比较

从理论上讲，时程精细积分算法时间步长 Δt 的选取不受 Courant 稳定性条件的限制。数值结果分析表明，对于线性媒质，时程精细积分算法的稳定性良好，如图 4.4.5 所示。而对于非线性媒质，当振幅 A 不太大时（$A \leqslant 10^4 \text{ V/m}$，$B\text{-}H$ 曲线基本上是线性的），时程精细积分算法的稳定性仍然良好。这是由于在时间域上采用逐步积分的方法，它的增长因子 $q = \mathrm{e}^{j\omega\Delta t}$ 满足条件 $|q| \leqslant 1$。另外，时程精细积分算法在时间域上直接采用时程积分，并且本书对边界条件的导出也没有引入近似，因此在相同的空间步长条件下，它的计算精度应优于文献[2]中 FDTD 方法的精度。但为了减少数值色散的影响，与 FDTD 方法相同，时程精细积分算法一般取空间步长 $\Delta y \leqslant \dfrac{\lambda}{12}$。

当振幅 A 比较大时（$A \geqslant 10^5 \text{ V/m}$），由于强非线性条件，时间步长 Δt 不能取得太大，否则计算不稳定。这是因为对于非线性问题，在计算 t_{k+1} 时刻的场量时，磁导率 μ

是根据前一时间步的磁场强度来确定，从而导致在强非线性条件下，若时间步长 Δt 取得过大，计算会出现不稳定现象。

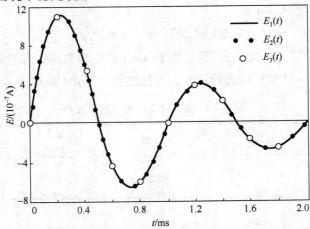

图 4.4.5　线性媒质材料不同时间步长时程精细积分法计算结果比较

（入射波同上，电导率 $\gamma = 3.82 \times 10^7 \, \text{S/m}$，$\mu = 4\pi \times 10^{-7} \, \text{H/m}$，$\Delta y = 0.63 \, \mu\text{m}$。计算所得透射波为 $E(t)$。$E_1(t)$ 计算采用的时间步长 $\Delta t_1 = 93.76\text{ns}$，$E_2(t)$ 为 $\Delta t_2 = 937.6\text{ns}$，$E_3(t)$ 为 $\Delta t_3 = 9376\text{ns}$）

4.4.5　基于涡流方程的时程精细积分算法解

考虑到铁磁材料薄板的高电导率特性，在一定的频率范围内，其内部的位移电流密度远小于传导电流密度。这里，不妨忽略位移电流 $\dfrac{\partial D}{\partial t}$，直接从涡流方程出发，利用时程精细积分算法计算电磁脉冲在铁磁材料薄板中的传播特性。

当忽略 Maxwell 旋度方程式（4.4.2）右端项中的 $\varepsilon_0 \dfrac{\partial E_z}{\partial t}$ 时，可以得到薄板内部的磁场 H_z 满足涡流方程：

$$\frac{\partial^2 H_x}{\partial y^2} = \gamma\mu(H_x)\frac{\partial H_x}{\partial t} \tag{4.4.29}$$

如图 4.4.6 所示，磁场强度 H_x 在空间中的离散满足 $y = (j-1)\Delta y (j = 1, 2, 3, \cdots, N)$。边界点记为 H_1 和 H_N。

H_1　　H_2　　　H_3　　　　　　H_j　　　　　　　　H_{N-1}　　　H_N

图 4.4.6　时程精细积分法解涡流方程的空间离散形式

在各离散点上用中心差分近似二阶微分，不难得到 $H_x(j)$ 满足一阶常微分方程：

$$\frac{dH_x(j)}{dt} = \frac{1}{\mu[H_x(j)]\gamma(\Delta y)^2}[H_x(j-1) - 2H_x(j) + H_x(j+1)] \tag{4.4.30}$$

若记 $H_x(j)$ 为 H_j，归纳式（4.4.30），可以得到 H_x 满足的常微分方程组：

$$\frac{\mathrm{d}\boldsymbol{H}}{\mathrm{d}t} = \boldsymbol{K}(\boldsymbol{H}) \cdot \boldsymbol{H} + \boldsymbol{f} \qquad (4.4.31)$$

当忽略位移电流时，文献[2]中给出在 $y=0$ 处和 $y=d$ 处的边界条件分别为

$$\eta_0 H_x(t,0) - \frac{1}{\gamma}\frac{\partial H_x(t,0)}{\partial y} = 2E_{\mathrm{inc}}(t,0) \qquad (4.4.32)$$

和

$$\eta_0 H_x(t,d) + \frac{1}{\gamma}\frac{\partial H_x(t,d)}{\partial y} = 0 \qquad (4.4.33)$$

可以看出，它们是边界条件式（4.4.16）和式（4.4.17）在忽略位移电流时的一种特殊情况。利用三点数值微分公式近似式（4.4.32）和式（4.4.34）中的 $\frac{\partial H_x}{\partial y}$，分别得到 H_1 和 H_N 的表达式为

$$H_1 = \frac{1}{F}\left[2E_{\mathrm{inc}} + \frac{1}{2\gamma\Delta yE}(4H_2 - H_3)\right] \qquad (4.4.34)$$

和

$$H_N = \frac{1}{2\gamma\Delta yF}(4H_{N-1} - H_{N-2}) \qquad (4.4.35)$$

式中，$F = \eta_0 + \dfrac{3}{2\gamma\Delta y}$。

图 4.4.7 给出了相关的数值结果。其中，时程精细积分法 1 是指从 Maxwell 方程出

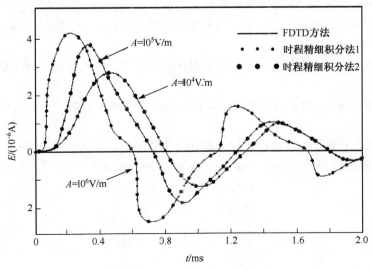

图 4.4.7　三种方法的计算结果比较

发得到的结果；时程精细积分法 2 是指从涡流方程出发得到的结果。可以看出，在所考虑的频率范围内，忽略位移电流对计算结果影响不大。另外，数值结果分析表明，无论从 Maxwell 旋度方程还是涡流方程出发，时程精细积分法对时间步长 Δt 的约束基本一致。

　　总之，利用时程精细积分法求解电磁脉冲在高电导率、非线性媒质中的传播特性时，它不仅在精度上优于 FDTD 方法，而且其时间步长 Δt 不受 Courant 稳定性条件的限制。但是在强非线性条件下，时间步长 Δt 则不能取得太大。另外，与文献[2]相比，这里给出的边界条件式（4.4.16）和式（4.4.17）考虑了位移电流的影响，更符合在高频情况下的物理实际，为提高高频问题的计算精度奠定了理论基础[10]。

参 考 文 献

[1] Merewether D E. Electromagnetic pulse transmission through a thin sheet of saturable ferromagnetic material of infinite surface area [J]. IEEE Transactions on Electromagnetic Compatibility, 1969, 11 (4): 139—143.

[2] Luebbers R, Kumagai K, Adachi S, et al. FDTD calculation of transient pulse propagation through a nonlinear magnetic sheet[J]. IEEE Transactions on Electromagnetic Compatibility, 1993, 35 (1): 90—94.

[3] 赵鑫泰. 瞬态电磁场问题分析中的时域精细积分方法研究[D]. 西安: 西安交通大学博士学位论文, 2007.

[4] 杨梅, 马西奎. 板状铁磁材料中电磁脉冲传播特性计算的一种半积分方法[J]. 电工技术学报, 2005, 20 (1): 89—94,107.

[5] Panagiotis K, Carey R. A simple absorbing boundary condition for FDTD modeling of lossy dispersive media based on the one-way wave equation[J]. IEEE Transactions on Antenna and Propagations, 2004, 52 (9): 2476—2479.

[6] 顾元宪, 陈飚松, 张洪武, 等. 非线性瞬态热传导的精细积分方法[J]. 大连理工大学学报, 2000,40 (增刊 1): 24—28.

[7] 孔向东, 钟万勰. 非线性动力系统刚性方程精细时程积分法[J]. 大连理工大学学报, 2002, 42 (6): 654—658.

[8] 杨梅. 非线性瞬态电磁场中的时空混沌现象与半积分方法的研究[D]. 西安: 西安交通大学硕士学位论文, 2005.

[9] 赵秋玲. 非线性动力学方程的精细积分算法[J]. 力学与实践, 1998, 20 (6): 24—26.

[10] 唐旻. 高速 VLSI 中互连线瞬态响应分析的精细积分法[D]. 西安: 西安交通大学硕士学位论文, 2004.

第 5 章　电磁波时程精细积分法——4 阶空间
中心差分格式

在第 3、4 章中，我们分析了基于 2 阶空间差分格式的电磁波时程精细积分法的数值稳定性条件和数值色散特性。分析结果表明，时程精细积分法的稳定性条件不仅要比 FDTD 方法的 CFL 条件宽松很多，在实际计算中具有可以采用大时间步长的优势，而且其数值色散误差基本上不受时间步长的影响。在相同的条件下，时程精细积分法的数值色散误差远小于 ADI-FDTD 方法的数值色散误差。同时，过大的时间步长会导致 ADI-FDTD 方法数值色散误差的急剧增加，致使计算精度明显地降低。但是时程精细积分法也有一个不足，就是它的数值色散误差要略大于 FDTD 方法的数值色散误差[1, 2]。数值色散误差基本上不受时间步长的影响这一性质表明，空间差分格式和时间步长对时程精细积分法数值色散误差的影响具有一定的独立性。根据时程精细积分法的基本原理[3, 4]，首先对空间偏微分算子进行差分近似，将 Maxwell 旋度方程转化为一组关于时间的一阶常微分方程，然后采用精细积分算法进行求解。采用精细积分算法求解一阶常微分方程组，其计算结果几乎可以达到理论上的精确解。因此，对空间偏微分算子进行差分近似是引起误差的主要原因。也就是说，时程精细积分法的数值色散特性主要是由空间差分格式决定的。一般来说，高阶空间差分格式具有较好的数值色散特性。

为了减小电磁波时程精细积分法的数值色散误差，在本章中将采用具有 4 阶精度的中心差分对空间偏微分算子进行差分近似，将 Maxwell 旋度方程转化为关于时间的一阶常微分方程组，然后采用精细积分算法进行求解。分析结果表明，应用 4 阶精度的中心差分格式替代 2 阶精度的中心差分格式对 Maxwell 旋度方程进行空间离散不仅能有效地改善时程精细积分法的数值色散特性，同时对其数值稳定性条件的影响也很小。它是一种同时兼具良好数值色散特性和宽松数值稳定性条件的方法。

为了叙述简单起见，在下面我们将把基于 4 阶空间中心差分格式的电磁波时程精细积分法记为 PITD(4)方法。

5.1　电磁波 PITD(4)方法的基本原理

本节将以一个媒质参数不随时间变化且各向同性的无源区域中的电磁波问题为例，介绍电磁波时程精细积分法的基本原理。

5.1.1　Maxwell 方程和 Yee 网格

对于空间一个无源区域，其中分布有线性、各向同性且参数不随时间变化的媒质，则 Maxwell 旋度方程可以写为

$$\frac{\partial \boldsymbol{H}}{\partial t} = -\frac{1}{\mu}\nabla \times \boldsymbol{E} - \frac{\rho}{\mu}\boldsymbol{H} \tag{5.1.1}$$

$$\frac{\partial \boldsymbol{E}}{\partial t} = \frac{1}{\varepsilon}\nabla \times \boldsymbol{H} - \frac{\gamma}{\varepsilon}\boldsymbol{E} \tag{5.1.2}$$

式中，μ、ε、γ 和 ρ 分别是媒质的磁导率、介电常数、电导率和计及磁损耗的磁阻率。

在直角坐标系中，可以将式（5.1.1）和式（5.1.2）写成如下分量形式：

$$\frac{\partial H_x}{\partial t} = \frac{1}{\mu}\left(\frac{\partial E_y}{\partial z} - \frac{\partial E_z}{\partial y} - \rho H_x\right) \tag{5.1.3}$$

$$\frac{\partial H_y}{\partial t} = \frac{1}{\mu}\left(\frac{\partial E_z}{\partial x} - \frac{\partial E_x}{\partial z} - \rho H_y\right) \tag{5.1.4}$$

$$\frac{\partial H_z}{\partial t} = \frac{1}{\mu}\left(\frac{\partial E_x}{\partial y} - \frac{\partial E_y}{\partial x} - \rho H_z\right) \tag{5.1.5}$$

$$\frac{\partial E_x}{\partial t} = \frac{1}{\varepsilon}\left(\frac{\partial H_z}{\partial y} - \frac{\partial H_y}{\partial z} - \gamma E_x\right) \tag{5.1.6}$$

$$\frac{\partial E_y}{\partial t} = \frac{1}{\varepsilon}\left(\frac{\partial H_x}{\partial z} - \frac{\partial H_z}{\partial x} - \gamma E_y\right) \tag{5.1.7}$$

$$\frac{\partial E_z}{\partial t} = \frac{1}{\varepsilon}\left(\frac{\partial H_y}{\partial x} - \frac{\partial H_x}{\partial y} - \gamma E_z\right) \tag{5.1.8}$$

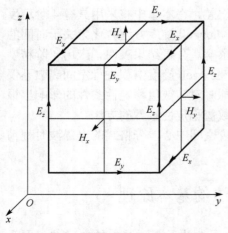

图 5.1.1　空间离散的 Yee 网格

如图 5.1.1 所示，在时程精细积分法中，电场和磁场采样节点的空间分布采用与 FDTD 方法相同的 Yee 空间网格。也就是说，$\boldsymbol{E}$、$\boldsymbol{H}$ 场的每个分量采样节点在空间交替分布，$\boldsymbol{E}$（或者 $\boldsymbol{H}$）场的每个分量周围由 $\boldsymbol{H}$（或者 $\boldsymbol{E}$）场的四个分量环绕着。

根据时程精细积分法的基本原理，在对 Maxwell 旋度方程中的偏微分算子进行差分近似时，只需对式（5.1.3）～式（5.1.8）中的空间偏微分算子进行差分近似，而保留时间偏微分算子。假设 $f_a(x,y,z,t)$ 表示 $\boldsymbol{E}$ 或 $\boldsymbol{H}$ 在直角坐标系中的某一个分量，那么处于网格节点 (i,j,k) 上的场分量 $f_a(x,y,z,t)$ 可表示为

$$f_a(i,j,k) = f_a(i\Delta x, j\Delta y, k\Delta z) \tag{5.1.9}$$

应该注意到，为了书写简单起见，这里省略了时间自变量 t。式中，Δx 为矩形网格沿 x 方向的空间步长；Δy 为矩形网格沿 y 方向的空间步长；Δz 为矩形网格沿 z 方向的空间步长。

假设对 $f_a(x,y,z,t)$ 沿 x 方向在网格节点 i 处进行一阶导数近似，那么有

$$\frac{\partial f_a(i,j,k)}{\partial x}\bigg|_{x=i\Delta x} = \frac{1}{\Delta x}\left(\frac{9f_a(i+1/2,j,k)}{8} - \frac{9f_a(i-1/2,j,k)}{8}\right)$$
$$- \frac{1}{\Delta x}\left(\frac{f_a(i+3/2,j,k)}{24} - \frac{f_a(i-3/2,j,k)}{24}\right) + O((\Delta x)^4) \tag{5.1.10}$$

该差分近似所产生的误差为 $(\Delta x)^4$，称为具有 4 阶精度的一阶导数的差分格式。这样，若采用具有 4 阶精度的中心差分格式对 Maxwell 旋度方程中的空间偏微分算子作差分近似，将有以下各式：

$$\frac{\mathrm{d}f_a(i,j,k)}{\mathrm{d}x} \approx \frac{1}{24}\times\frac{f_a(i-3/2,j,k)}{\Delta x} - \frac{27}{24}\times\frac{f_a(i-1/2,j,k)}{\Delta x}$$
$$+ \frac{27}{24}\times\frac{f_a(i+1/2,j,k)}{\Delta x} - \frac{1}{24}\times\frac{f_a(i+3/2,j,k)}{\Delta x} \tag{5.1.11}$$

$$\frac{\mathrm{d}f_a(i,j,k)}{\mathrm{d}y} \approx \frac{1}{24}\times\frac{f_a(i,j-3/2,k)}{\Delta y} - \frac{27}{24}\times\frac{f_a(i,j-1/2,k)}{\Delta y}$$
$$+ \frac{27}{24}\times\frac{f_a(i,j+1/2,k)}{\Delta y} - \frac{1}{24}\times\frac{f_a(i,j+3/2,k)}{\Delta y} \tag{5.1.12}$$

$$\frac{\mathrm{d}f_a(i,j,k)}{\mathrm{d}z} \approx \frac{1}{24}\times\frac{f_a(i,j,k-3/2)}{\Delta z} - \frac{27}{24}\times\frac{f_a(i,j,k-1/2)}{\Delta z}$$
$$+ \frac{27}{24}\times\frac{f_a(i,j,k+1/2)}{\Delta z} - \frac{1}{24}\times\frac{f_a(i,j,k+3/2)}{\Delta z} \tag{5.1.13}$$

1. 直角坐标系中的 PITD(4) 方法——三维形式

按照 Yee 元胞对空间离散后，采用具有 4 阶精度的差分近似式 (5.1.11)~式 (5.1.13) 对空间偏微分算子进行差分近似，可将偏微分方程式（5.1.3）～式（5.1.8）分别化为如下常微分方程：

$$\frac{\mathrm{d}H_x\left(i,j+\frac{1}{2},k+\frac{1}{2}\right)}{\mathrm{d}t} = \frac{1}{\mu}\left(\frac{1}{24}\times\frac{E_y\left(i,j+\frac{1}{2},k-1\right)}{\Delta z} - \frac{27}{24}\times\frac{E_y\left(i,j+\frac{1}{2},k\right)}{\Delta z}\right)$$
$$+ \frac{1}{\mu}\left(\frac{27}{24}\times\frac{E_y\left(i,j+\frac{1}{2},k+1\right)}{\Delta z} - \frac{1}{24}\times\frac{E_y\left(i,j+\frac{1}{2},k+2\right)}{\Delta z}\right)$$

$$-\frac{1}{\mu}\left(\frac{1}{24}\times\frac{E_z\left(i,j-1,k+\frac{1}{2}\right)}{\Delta y}-\frac{27}{24}\times\frac{E_z\left(i,j,k+\frac{1}{2}\right)}{\Delta y}\right)$$

$$-\frac{1}{\mu}\left(\frac{27}{24}\times\frac{E_z\left(i,j+1,k+\frac{1}{2}\right)}{\Delta y}-\frac{1}{24}\times\frac{E_z\left(i,j+2,k+\frac{1}{2}\right)}{\Delta y}\right) \quad (5.1.14)$$

$$-\frac{1}{\mu}\rho H_x\left(i,j+\frac{1}{2},k+\frac{1}{2}\right)$$

$$\frac{\mathrm{d}H_y\left(i+\frac{1}{2},j,k+\frac{1}{2}\right)}{\mathrm{d}t}=\frac{1}{\mu}\left(\frac{1}{24}\times\frac{E_z\left(i-1,j,k+\frac{1}{2}\right)}{\Delta x}-\frac{27}{24}\times\frac{E_z\left(i,j,k+\frac{1}{2}\right)}{\Delta x}\right)$$

$$+\frac{1}{\mu}\left(\frac{27}{24}\times\frac{E_z\left(i+1,j,k+\frac{1}{2}\right)}{\Delta x}-\frac{1}{24}\times\frac{E_z\left(i+2,j,k+\frac{1}{2}\right)}{\Delta x}\right)$$

$$-\frac{1}{\mu}\left(\frac{1}{24}\times\frac{E_x\left(i+\frac{1}{2},j,k-1\right)}{\Delta z}-\frac{27}{24}\times\frac{E_x\left(i+\frac{1}{2},j,k\right)}{\Delta z}\right) \quad (5.1.15)$$

$$-\frac{1}{\mu}\left(\frac{27}{24}\times\frac{E_x\left(i+\frac{1}{2},j,k+1\right)}{\Delta z}-\frac{1}{24}\times\frac{E_x\left(i+\frac{1}{2},j,k+2\right)}{\Delta z}\right)$$

$$-\frac{1}{\mu}\rho H_y\left(i+\frac{1}{2},j,k+\frac{1}{2}\right)$$

$$\frac{\mathrm{d}H_z\left(i+\frac{1}{2},j+\frac{1}{2},k\right)}{\mathrm{d}t}=\frac{1}{\mu}\left(\frac{1}{24}\times\frac{E_x\left(i+\frac{1}{2},j-1,k\right)}{\Delta y}-\frac{27}{24}\times\frac{E_x\left(i+\frac{1}{2},j,k\right)}{\Delta y}\right)$$

$$+\frac{1}{\mu}\left(\frac{27}{24}\times\frac{E_x\left(i+\frac{1}{2},j+1,k\right)}{\Delta y}-\frac{1}{24}\times\frac{E_x\left(i+\frac{1}{2},j+2,k\right)}{\Delta y}\right) \quad (5.1.16)$$

$$-\frac{1}{\mu}\left(\frac{1}{24}\times\frac{E_y\left(i-1,j+\frac{1}{2},k\right)}{\Delta x}-\frac{27}{24}\times\frac{E_y\left(i,j+\frac{1}{2},k\right)}{\Delta x}\right)$$

$$-\frac{1}{\mu}\left(\frac{27}{24}\times\frac{E_y\left(i+1,j+\frac{1}{2},k\right)}{\Delta x}-\frac{1}{24}\times\frac{E_y\left(i+2,j+\frac{1}{2},k\right)}{\Delta x}\right)$$

$$-\frac{1}{\mu}\rho H_z\left(i+\frac{1}{2},j+\frac{1}{2},k\right)$$

$$\frac{dE_x\left(i+\frac{1}{2},j,k\right)}{dt}=\frac{1}{\varepsilon}\left(\frac{1}{24}\times\frac{H_z\left(i+\frac{1}{2},j-\frac{3}{2},k\right)}{\Delta y}-\frac{27}{24}\times\frac{H_z\left(i+\frac{1}{2},j-\frac{1}{2},k\right)}{\Delta y}\right)$$

$$+\frac{1}{\varepsilon}\left(\frac{27}{24}\times\frac{H_z\left(i+\frac{1}{2},j+\frac{1}{2},k\right)}{\Delta y}-\frac{1}{24}\times\frac{H_z\left(i+\frac{1}{2},j+\frac{3}{2},k\right)}{\Delta y}\right)$$

$$-\frac{1}{\varepsilon}\left(\frac{1}{24}\times\frac{H_y\left(i+\frac{1}{2},j,k-\frac{3}{2}\right)}{\Delta z}-\frac{27}{24}\times\frac{H_y\left(i+\frac{1}{2},j,k-\frac{1}{2}\right)}{\Delta z}\right)\quad(5.1.17)$$

$$-\frac{1}{\varepsilon}\left(\frac{27}{24}\times\frac{H_y\left(i+\frac{1}{2},j,k-\frac{1}{2}\right)}{\Delta z}-\frac{1}{24}\times\frac{H_y\left(i+\frac{1}{2},j,k+\frac{3}{2}\right)}{\Delta z}\right)$$

$$-\frac{1}{\varepsilon}\gamma E_x\left(i+\frac{1}{2},j,k\right)$$

$$\frac{dE_y\left(i,j+\frac{1}{2},k\right)}{dt}=\frac{1}{\varepsilon}\left(\frac{1}{24}\times\frac{H_x\left(i,j+\frac{1}{2},k-\frac{3}{2}\right)}{\Delta z}-\frac{27}{24}\times\frac{H_x\left(i,j+\frac{1}{2},k-\frac{1}{2}\right)}{\Delta z}\right)$$

$$+\frac{1}{\varepsilon}\left(\frac{27}{24}\times\frac{H_x\left(i,j+\frac{1}{2},k+\frac{1}{2}\right)}{\Delta z}-\frac{1}{24}\times\frac{H_x\left(i,j+\frac{1}{2},k+\frac{3}{2}\right)}{\Delta z}\right)$$

$$-\frac{1}{\varepsilon}\left(\frac{1}{24}\times\frac{H_z\left(i-\frac{3}{2},j+\frac{1}{2},k\right)}{\Delta x}-\frac{27}{24}\times\frac{H_z\left(i-\frac{1}{2},j+\frac{1}{2},k\right)}{\Delta x}\right)\quad(5.1.18)$$

$$-\frac{1}{\varepsilon}\left(\frac{27}{24}\times\frac{H_z\left(i+\frac{1}{2},j+\frac{1}{2},k\right)}{\Delta x}-\frac{1}{24}\times\frac{H_z\left(i+\frac{3}{2},j+\frac{1}{2},k\right)}{\Delta x}\right)$$

$$-\frac{1}{\varepsilon}\gamma E_y\left(i,j+\frac{1}{2},k\right)$$

$$\frac{dE_z\left(i,j,k+\frac{1}{2}\right)}{dt}=\frac{1}{\varepsilon}\left(\frac{1}{24}\times\frac{H_y\left(i-\frac{3}{2},j,k+\frac{1}{2}\right)}{\Delta x}-\frac{27}{24}\times\frac{H_y\left(i-\frac{1}{2},j,k+\frac{1}{2}\right)}{\Delta x}\right)$$

$$+\frac{1}{\varepsilon}\left(\frac{27}{24}\times\frac{H_y\left(i+\frac{1}{2},j,k+\frac{1}{2}\right)}{\Delta x}-\frac{1}{24}\times\frac{H_y\left(i+\frac{3}{2},j,k+\frac{1}{2}\right)}{\Delta x}\right)$$

$$-\frac{1}{\varepsilon}\left(\frac{1}{24}\times\frac{H_x\left(i,j-\frac{3}{2},k+\frac{1}{2}\right)}{\Delta y}-\frac{27}{24}\times\frac{H_x\left(i,j-\frac{1}{2},k+\frac{1}{2}\right)}{\Delta y}\right) \tag{5.1.19}$$

$$-\frac{1}{\varepsilon}\left(\frac{27}{24}\times\frac{H_x\left(i,j+\frac{1}{2},k+\frac{1}{2}\right)}{\Delta y}-\frac{1}{24}\times\frac{H_x\left(i,j+\frac{3}{2},k+\frac{1}{2}\right)}{\Delta y}\right)$$

$$-\frac{1}{\varepsilon}\gamma E_z\left(i,j,k+\frac{1}{2}\right)$$

式（5.1.14）～式（5.1.19）为以 4 阶精度中心差分格式进行空间偏微分算子差分近似时，三维 Maxwell 旋度方程的空间离散形式。这些相互耦合的一阶时间常微分方程是时程精细积分算法应用的基础。

2. 直角坐标系中的 PITD(4)方法——二维形式

不失一般性，这里考虑二维 TE 波问题。设场量均与 z 坐标无关，于是由式（5.1.3）～式（5.1.8）可得其场分量 E_x、E_y 和 H_z 满足如下二维 Maxwell 方程：

$$\frac{\partial E_x}{\partial t}=\frac{1}{\varepsilon}\left(\frac{\partial H_z}{\partial y}-\gamma E_x\right) \tag{5.1.20}$$

$$\frac{\partial E_y}{\partial t}=\frac{1}{\varepsilon}\left(-\frac{\partial H_z}{\partial x}-\gamma E_y\right) \tag{5.1.21}$$

$$\frac{\partial H_z}{\partial t}=\frac{1}{\mu}\left(\frac{\partial E_x}{\partial y}-\frac{\partial E_y}{\partial x}-\rho H_z\right) \tag{5.1.22}$$

与在三维情况中一样，采用 4 阶精度中心差分格式对空间偏微分算子进行差分近似，可将偏微分方程式（5.1.20）～式（5.1.22）分别化为如下常微分方程：

$$\frac{dE_x\left(i+\frac{1}{2},j\right)}{dt}=\frac{1}{\varepsilon}\left(\frac{1}{24}\times\frac{H_z\left(i+\frac{1}{2},j-\frac{3}{2}\right)}{\Delta y}-\frac{27}{24}\times\frac{H_z\left(i+\frac{1}{2},j-\frac{1}{2}\right)}{\Delta y}\right)$$

$$+\frac{1}{\varepsilon}\left(\frac{27}{24}\times\frac{H_z\left(i+\frac{1}{2},j+\frac{1}{2}\right)}{\Delta y}-\frac{1}{24}\times\frac{H_z\left(i+\frac{1}{2},j+\frac{3}{2}\right)}{\Delta y}\right) \tag{5.1.23}$$

$$-\frac{1}{\varepsilon}\gamma E_x\left(i+\frac{1}{2},j\right)$$

$$\frac{\mathrm{d}E_y\left(i,j+\frac{1}{2}\right)}{\mathrm{d}t} = -\frac{1}{\varepsilon}\left(\frac{1}{24}\times\frac{H_z\left(i-\frac{3}{2},j+\frac{1}{2}\right)}{\Delta x} - \frac{27}{24}\times\frac{H_z\left(i-\frac{1}{2},j+\frac{1}{2}\right)}{\Delta x}\right)$$

$$-\frac{1}{\varepsilon}\left(\frac{27}{24}\times\frac{H_z\left(i+\frac{1}{2},j+\frac{1}{2}\right)}{\Delta x} - \frac{1}{24}\times\frac{H_z\left(i+\frac{3}{2},j+\frac{1}{2}\right)}{\Delta x}\right) \quad (5.1.24)$$

$$-\frac{1}{\varepsilon}\gamma E_y\left(i,j+\frac{1}{2}\right)$$

$$\frac{\mathrm{d}H_z\left(i+\frac{1}{2},j+\frac{1}{2}\right)}{\mathrm{d}t} = \frac{1}{\mu}\left(\frac{1}{24}\times\frac{E_x\left(i+\frac{1}{2},j-1\right)}{\Delta y} - \frac{27}{24}\times\frac{E_x\left(i+\frac{1}{2},j\right)}{\Delta y}\right)$$

$$+\frac{1}{\mu}\left(\frac{27}{24}\times\frac{E_x\left(i+\frac{1}{2},j+1\right)}{\Delta y} - \frac{1}{24}\times\frac{E_x\left(i+\frac{1}{2},j+2\right)}{\Delta y}\right)$$

$$-\frac{1}{\mu}\left(\frac{1}{24}\times\frac{E_y\left(i-1,j+\frac{1}{2}\right)}{\Delta x} - \frac{27}{24}\times\frac{E_y\left(i,j+\frac{1}{2}\right)}{\Delta x}\right) \quad (5.1.25)$$

$$-\frac{1}{\mu}\left(\frac{27}{24}\times\frac{E_y\left(i+1,j+\frac{1}{2}\right)}{\Delta x} - \frac{1}{24}\times\frac{E_y\left(i+2,j+\frac{1}{2}\right)}{\Delta x}\right)$$

$$-\frac{1}{\mu}\rho H_z\left(i+\frac{1}{2},j+\frac{1}{2}\right)$$

式（5.1.23）～式（5.1.25）为以 4 阶精度中心差分格式进行空间偏微分算子差分近似时，二维 Maxwell 旋度方程的空间离散形式。

3. 直角坐标系中的 PITD(4)方法——一维形式

在一维情况下，设 TEM 波沿 z 方向传播，场分量均与 x、y 无关，于是由式（5.1.3）～式（5.1.8）可得其场分量 E_x 和 H_y 满足如下一维 Maxwell 旋度方程：

$$\frac{\partial E_x}{\partial t} = \frac{1}{\varepsilon}\left(-\frac{\partial H_y}{\partial z} - \gamma E_x\right) \quad (5.1.26)$$

$$\frac{\partial H_y}{\partial t} = \frac{1}{\mu}\left(-\frac{\partial E_x}{\partial z}\right) \quad (5.1.27)$$

与在三维和二维情况中一样，采用 4 阶精度中心差分格式对空间偏微分算子进行差分近似，可以将偏微分方程式（5.1.26）和式（5.1.27）分别化为如下常微分方程：

$$\frac{\mathrm{d}E_x(k)}{\mathrm{d}t} = -\frac{1}{\varepsilon}\left(\frac{1}{24} \times \frac{H_y(k-3/2)}{\Delta z} - \frac{27}{24} \times \frac{H_y(k-1/2)}{\Delta z}\right)$$

$$-\frac{1}{\varepsilon}\left(\frac{27}{24} \times \frac{H_y(k+1/2)}{\Delta z} - \frac{1}{24} \times \frac{H_y(k+3/2)}{\Delta z}\right) - \frac{1}{\varepsilon}\gamma E_x(k)$$

（5.1.28）

$$\frac{\mathrm{d}H_y(k+1/2)}{\mathrm{d}t} = -\frac{1}{\mu}\left(\frac{1}{24} \times \frac{E_x(k-1)}{\Delta z} - \frac{27}{24} \times \frac{E_x(k)}{\Delta z}\right)$$

$$-\frac{1}{\mu}\left(\frac{27}{24} \times \frac{E_x(k+1)}{\Delta z} - \frac{1}{24} \times \frac{E_x(k+2)}{\Delta z}\right)$$

（5.1.29）

式（5.1.28）和式（5.1.29）为以 4 阶精度中心差分格式进行空间偏微分算子差分近似时，一维 Maxwell 旋度方程的空间离散形式。

5.1.2　电磁波 PITD(4)方法的矩阵形式

由上述过程可知，与 FDTD 方法不同，在电磁波 PITD(4)方法中，它不把时间微分算子用差分算子近似，而是仅对空间偏微分算子进行差分近似。对于三维、二维和一维问题，若将偏微分方程化为关于时间的一阶常微分方程组，可以统一写成矩阵形式为

$$\frac{\mathrm{d}\boldsymbol{X}}{\mathrm{d}t} = \boldsymbol{m}\boldsymbol{X} + \boldsymbol{f}(t)$$

（5.1.30）

式中，$\boldsymbol{X}$ 为一个包含全部网格节点上的电场和磁场分量的列向量；$\boldsymbol{m}$ 是一个与三维、二维或一维问题对应的系数矩阵；$\boldsymbol{f}(t)$ 为包含激励源的非齐次项。

与在第 3 章中一样，可以应用精细积分算法求常微分方程组式（5.1.30）的解，这里不再赘述。

5.1.3　电磁波 PITD(4)方法中媒质分界面电磁参数确定

由于媒质参数在两种媒质分界面处会发生突变，导致 Maxwell 方程微分形式在媒质分界面处失效。这里给出在电磁波 PITD(4)方法中处理媒质参数突变的方法。假设媒质分界面与直角坐标系中的 xoz 平面相平行，如图 5.1.2 所示。

与 FDTD 方法中的处理原则一样[5]，根据三维 Yee 模型中电场和磁场节点的空间位置分布，如果各个元胞的电磁参数以元胞中心点为样本值，那么，ε 和 γ 应取电场分量所在元胞棱边围绕的四个元胞中媒质参数平均值，而 μ 和 ρ 则应该取磁场分量所在元胞表面两侧两个元胞中媒质参数平均值。

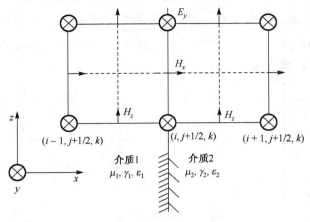

图 5.1.2　两种媒质的分界面

5.2　电磁波 PITD(4)方法解的数值稳定性分析

各种时域数值计算方法其时间步长Δt 和空间步长Δx、Δy、Δz 不是互相独立的，它们之间的取值必须满足一定的关系，以避免数值计算结果的不稳定[5~13]。在本节中，我们将首先从理论上得到电磁波 PITD(4)方法解的数值稳定性条件。然后，通过数值算例，对电磁波 PITD(4)方法解的数值稳定性条件进行验证。

由于任何波都可以展开为平面波，所以如果某种方法对于平面波不稳定，那么它就不会对其他波稳定。因此，为了进行稳定性分析，在空间谱域中，令电磁波中的各个场分量用平面波来描述如下：

$$E_x(t)\big|_{i_x,i_y,i_z} = E_x(t)\exp[-\mathrm{j}\,\tilde{k}_x i_x \Delta x + \tilde{k}_y i_y \Delta y + \tilde{k}_z i_z \Delta z] \qquad (5.2.1)$$

$$E_y(t)\big|_{i_x,i_y,i_z} = E_y(t)\exp[-\mathrm{j}\,\tilde{k}_x i_x \Delta x + \tilde{k}_y i_y \Delta y + \tilde{k}_z i_z \Delta z] \qquad (5.2.2)$$

$$E_z(t)\big|_{i_x,i_y,i_z} = E_z(t)\exp[-\mathrm{j}\,\tilde{k}_x i_x \Delta x + \tilde{k}_y i_y \Delta y + \tilde{k}_z i_z \Delta z] \qquad (5.2.3)$$

$$H_x(t)\big|_{i_x,i_y,i_z} = H_x(t)\exp[-(\tilde{k}_x i_x \Delta x + \tilde{k}_y i_y \Delta y + \tilde{k}_z i_z \Delta z] \qquad (5.2.4)$$

$$H_y(t)\big|_{i_x,i_y,i_z} = H_y(t)\exp[-\mathrm{j}(\tilde{k}_x i_x \Delta x + \tilde{k}_y i_y \Delta y + \tilde{k}_z i_z \Delta z] \qquad (5.2.5)$$

$$H_z(t)\big|_{i_x,i_y,i_z} = H_z(t)\exp[-(\tilde{k}_x i_x \Delta x + \tilde{k}_y i_y \Delta y + \tilde{k}_z i_z \Delta z] \qquad (5.2.6)$$

式中，$\tilde{k}_x$、$\tilde{k}_y$ 和 $\tilde{k}_z$ 分别为沿 x、y 和 z 方向的数值波数。

为简单起见，仅考虑无耗、均匀媒质空间。将式（5.2.1）～式（5.2.6）代入式（5.1.14）～式（5.1.19），可以得到电磁波 PITD(4)方法所需要的常微分方程组形式，写成矩阵形式为

$$\frac{\mathrm{d}X}{\mathrm{d}t} = MX \qquad (5.2.7)$$

式中，$X = [E_x, E_y, E_z, H_x, H_y, H_z]^T$ 为一个包含网格节点上的电场和磁场分量的列向量；M 是与波数 $(\tilde{k}_x, \tilde{k}_y, \tilde{k}_z)$、空间步长 $(\Delta x, \Delta y, \Delta z)$、媒质磁导率 μ 以及媒质介电常数 ε 有关的系数矩阵，其具体形式为

$$M = \begin{bmatrix} 0 & 0 & 0 & 0 & -\dfrac{jW_z}{\varepsilon} & \dfrac{jW_y}{\varepsilon} \\ 0 & 0 & 0 & \dfrac{jW_z}{\varepsilon} & 0 & -\dfrac{jW_x}{\varepsilon} \\ 0 & 0 & 0 & -\dfrac{jW_y}{\varepsilon} & \dfrac{jW_x}{\varepsilon} & 0 \\ 0 & \dfrac{jW_z}{\mu} & -\dfrac{jW_y}{\mu} & 0 & 0 & 0 \\ -\dfrac{jW_z}{\mu} & 0 & \dfrac{jW_x}{\mu} & 0 & 0 & 0 \\ \dfrac{jW_y}{\mu} & -\dfrac{jW_x}{\mu} & 0 & 0 & 0 & 0 \end{bmatrix} \tag{5.2.8}$$

其中

$$W_x = \frac{27\sin(\tilde{k}_x \Delta x / 2) - \sin(3\tilde{k}_x \Delta x / 2)}{24 \Delta x / 2} \tag{5.2.9}$$

$$W_y = \frac{27\sin(\tilde{k}_y \Delta y / 2) - \sin(3\tilde{k}_y \Delta y / 2)}{24 \Delta y / 2} \tag{5.2.10}$$

$$W_z = \frac{27\sin(\tilde{k}_z \Delta z / 2) - \sin(3\tilde{k}_z \Delta z / 2)}{24 \Delta z / 2} \tag{5.2.11}$$

根据矩阵理论分析，M 可以表达为如下形式：

$$M = \Upsilon \cdot \mathrm{diag}(\lambda_i) \cdot \Upsilon^{-1}, \quad i = 1, \cdots, 6 \tag{5.2.12}$$

式中，Υ 是矩阵 M 的特征向量；λ_i 是矩阵 M 的特征值。可以得到

$$\lambda_{1,2} = j\sqrt{\frac{1}{\mu\varepsilon}(W_x^2 + W_y^2 + W_z^2)} \tag{5.2.13}$$

$$\lambda_{3,4} = -j\sqrt{\frac{1}{\mu\varepsilon}(W_x^2 + W_y^2 + W_z^2)} \tag{5.2.14}$$

$$\lambda_{5,6} = 0 \tag{5.2.15}$$

根据式（5.2.7）可知，$(k+1)\Delta t$ 时刻的 $X^{(k+1)}$ 可以由 $k\Delta t$ 时刻的 $X^{(k)}$ 通过如下迭代公式获得：

$$X^{(k+1)} = TX^{(k)} \tag{5.2.16}$$

式中

$$T \approx \left[I + (M\tau) + \frac{(M\tau)^2}{2!} + \frac{(M\tau)^3}{3!} + \frac{(M\tau)^4}{4!} \right]^l \qquad (5.2.17)$$

其中，τ 是精细积分算法中所采用的子时间步长，$\tau = \Delta t / l$；$l = 2^N$，$N \in \mathbf{Z}^+$，N 为精细积分算法的迭代次数。

将式（5.2.12）代入式（5.2.17），根据谱映射定理，T 的特征值 υ_i 可以表示为

$$\upsilon_i = \left[1 + \frac{\lambda_i \Delta t}{l} + \frac{1}{2!}\left(\frac{\lambda_i \Delta t}{l}\right)^2 + \frac{1}{3!}\left(\frac{\lambda_i \Delta t}{l}\right)^3 + \frac{1}{4!}\left(\frac{\lambda_i \Delta t}{l}\right)^4 \right]^l, \quad i = 1, \cdots, 6 \qquad (5.2.18)$$

将式（5.2.13）～式（5.2.15）分别代入式（5.2.18），可以得到 T 的六个特征值分别为

$$\upsilon_{1,2} = (a + \mathrm{j}b)^l \qquad (5.2.19)$$

$$\upsilon_{3,4} = (a - \mathrm{j}b)^l \qquad (5.2.20)$$

$$\upsilon_{5,6} = 1 \qquad (5.2.21)$$

式中

$$a = 1 - \frac{1}{2!\mu\varepsilon}\left(\frac{\Delta t}{l}\right)^2 (W_x + W_y + W_z) + \frac{1}{4!(\mu\varepsilon)^2}\left(\frac{\Delta t}{l}\right)^4 (W_x + W_y + W_z)^2 \quad (5.2.22)$$

$$b = \frac{1}{\sqrt{\mu\varepsilon}}\left(\frac{\Delta t}{l}\right)\sqrt{W_x + W_y + W_z} - \frac{1}{3!(\sqrt{\mu\varepsilon})^3}\left(\frac{\Delta t}{l}\right)^3 \left(\sqrt{W_x + W_y + W_z}\right)^3 \quad (5.2.23)$$

根据 von Neumann 稳定性分析判据可知，只有当 T 的所有特征值的幅值都小于 1 时，电磁波 PITD(4) 方法的解才是稳定的。因此，当

$$|\upsilon_i| \leqslant 1, \quad i = 1, \cdots, 6 \qquad (5.2.24)$$

成立时，即解的稳定性得到保证。式（5.2.24）等价于

$$a^2 + b^2 \leqslant 1 \qquad (5.2.25)$$

因此可以得到电磁波 PITD(4) 方法的稳定性条件为[14, 15]

$$\Delta t \leqslant \frac{l\sqrt{12/7}}{\dfrac{1}{\sqrt{\mu\varepsilon}}\sqrt{\dfrac{1}{(\Delta x)^2} + \dfrac{1}{(\Delta y)^2} + \dfrac{1}{(\Delta z)^2}}} \qquad (5.2.26)$$

式中，$l = 2^N$，$N \in \mathbf{Z}^+$。

从式（5.2.26）可以看出，电磁波 PITD(4) 方法是一种条件稳定的时程计算方法，空间步长以及指数矩阵计算迭代次数 N 的不同选取都会影响到算法的稳定性。

已经知道，FDTD 方法的 CFL 稳定性条件为

$$\Delta t \leq \Delta t_{\text{CFL-FDTD}} = \frac{1}{\frac{1}{\sqrt{\mu\varepsilon}}\sqrt{\frac{1}{(\Delta x)^2}+\frac{1}{(\Delta y)^2}+\frac{1}{(\Delta z)^2}}} \tag{5.2.27}$$

比较式（5.2.26）和式（5.2.27）可以看出，电磁波 PITD(4)方法所允许的最大时间步长要远大于 FDTD 方法所允许的最大时间步长取值，它突破了 CFL 稳定性条件的制约。

5.3　电磁波 PITD(4)方法解的数值色散特性分析

在数值计算过程中，选取不同的空间步长、时间步长和波的传播方向，都会对数值计算方法的结果产生一定的影响，导致数值相速度与实际媒质中波的真实相速度有一定的差异。也就是说，即使方法是稳定的，由于方法本身的误差，它也不一定能保证得到理想的解[2, 6, 11~13]。因此，有必要分析由空间差分近似和精细积分算法产生的误差与空间步长及时间步长之间的关系。

下面来估计空间步长 $(\Delta x, \Delta y, \Delta z)$ 和时间步长 Δt 小到什么程度就可以减小这种数值色散误差。为了叙述方便，这里先定义如下参数：

（1）λ——自由空间的波长；

（2）Δ——正方体网格空间采样步长，$\Delta = \Delta x = \Delta y = \Delta z$；

（3）N_λ——采样密度，$N_\lambda = \lambda / \Delta$；

（4）$\tilde{k}$——数值波数；

（5）$\tilde{k}_x$——$\tilde{k}_x = \tilde{k}\sin\theta\cos\phi$；

（6）$\tilde{k}_y$——$\tilde{k}_y = \tilde{k}\sin\theta\sin\phi$；

（7）$\tilde{k}_z$——$\tilde{k}_z = \tilde{k}\cos\theta$；

（8）v_p——数值相速度，$v_p = \omega / \text{Re}(\tilde{k})$；

（9）c——光速；

（10）v_p / c——归一化相速度；

（11）$|c - v_p| / c$——归一化相速度误差；

（12）S——Courant 常数，$S = c\Delta t / \Delta$。

5.3.1　电磁波 PITD(4)方法的数值色散方程

在均匀、各向同性、线性和无损耗的媒质中，假设平面波的角频率为 ω，$X = [E_x, E_y, E_z, H_x, H_y, H_z]^{\text{T}}$ 为一个包含网格节点上电场和磁场的各个分量的列向量。可以得到

$$X^{(k)} = X^{(0)}e^{j\omega k\Delta t} \tag{5.3.1}$$

将式（5.3.1）代入式（5.2.16），可以得到

$$(T - e^{j\omega\Delta t}I)X^{(0)} = 0 \tag{5.3.2}$$

为确保式（5.3.2）有非平凡解，其系数矩阵行列式应该满足

$$\det(e^{j\omega\Delta t} \boldsymbol{I} - \boldsymbol{T}) = 0 \qquad (5.3.3)$$

对式（5.3.3）进行简化，得到

$$\tan^2\left(\frac{\omega\Delta t}{l}\right) = \frac{(\Lambda - \Lambda^3/3!)^2}{(1 - \Lambda^2/2! + \Lambda^4/4!)^2} \qquad (5.3.4)$$

式中

$$\Lambda = \frac{\Delta t}{l\sqrt{\mu\varepsilon}}\sqrt{W_x^2 + W_y^2 + W_z^2} \qquad (5.3.5)$$

式（5.3.4）给出了 $\tilde{k}_x$、$\tilde{k}_y$ 和 $\tilde{k}_z$ 与 ω 在电磁波 PITD(4)方法中的关系，即数值色散关系。

不难证明，当空间步长 $(\Delta x, \Delta y, \Delta z)$ 和时间步长 Δt 都趋于 0 时，式（5.3.4）将变为

$$\omega = v_p\sqrt{\tilde{k}_x^2 + \tilde{k}_y^2 + \tilde{k}_z^2} = v_p\tilde{k} \qquad (5.3.6)$$

式中，$\tilde{k}_x$、$\tilde{k}_y$ 和 $\tilde{k}_z$ 分别为平面波沿 x、y 和 z 方向的波数；v_p 是平面波在均匀的非色散介质中的相速度。这就是与数值色散关系相对应的在均匀的非色散介质中平面波的解析色散关系。

式（5.3.4）和式（5.3.6）之间的差别是由空间差分近似和精细积分算法近似所引起的结果，由此产生的误差就是数值色散误差。这一事实说明数值色散可以减小到任意程度，只要空间步长和时间步长足够小，但这将大大增加所需的计算机内存和 CPU 时间并使累积误差增加。因此，应采用适当的空间步长和时间步长，使得在计算机内存要求和 CPU 时间与计算精度之间取得平衡。

5.3.2 空间采样密度对电磁波 PITD(4)方法数值相速度的影响

假设有一个平面波沿空间网格的 x 轴方向传播，即 $\theta = 90°$，$\phi = 0°$，那么有 $\tilde{k}_x = \tilde{k}$，$\tilde{k}_y = 0$ 和 $\tilde{k}_z = 0$。现在根据数值色散方程式（5.3.4），来分析数值相速度随着空间步长取值的变化情况。

图 5.3.1 所示为归一化数值相速度与空间步长的关系曲线。图中，纵坐标为归一化数值相速度，横坐标为空间采样密度（每波长内所包含的空间步长的个数）。为了方便比较，图中给出了四种时域方法的归一化数值相速度，它们分别为传统 FDTD 方法、2 阶精度 PITD 方法、4 阶精度 PITD(4)方法和空间采用 4 阶而时间采用 2 阶的时域有限差分方法 FDTD(2,4)。

从图中可以看出，随着空间采样密度的增加，四种时域数值计算方法的归一化相速度都在逐渐接近实际相速度。但是，在相同空间采样密度的条件下，2 阶精度 PITD 方法的归一化相速度与真实值之间差别最大，其次是传统的 FDTD 方法。而 FDTD(2,4) 方法和 PITD(4)方法两者的误差相当，其归一化相速度随空间采样密度的变化曲线更接近真实情况。此外，从图 5.3.1 中还可以看出，PITD(4)、FDTD 和 PITD(2)这三种方法都表现为亚光速，而 FDTD(2,4)方法则表现为超光速。

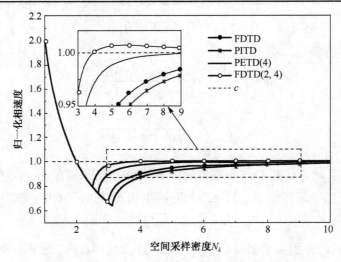

图 5.3.1　空间采样密度对相速度的影响

由于在图 5.3.1 中，很难分辨出 FDTD(2,4)和 PITD(4)这两种方法的归一化相速度随采样密度变化的细节，在这里定义一个新的参量——归一化相速度误差。通过分析归一化相速度误差随空间采样密度的变化，来对上述方法的计算准确性作进一步比较。归一化相速度误差的定义为

$$Nv_{p\text{-error}} = \frac{|c - v_p|}{c} \tag{5.3.7}$$

图 5.3.2 所示为 FDTD(2,4)、PITD(4)、FDTD 和 PITD 这四种方法的归一化相速度误差随空间采样密度的变化曲线。可以看出，在采样密度 $N_\lambda > 5.7$ 时，PITD(4)方法的归一化相速度误差要远小于其他三种方法的相速度误差。这表明采用具有 4 阶精度的

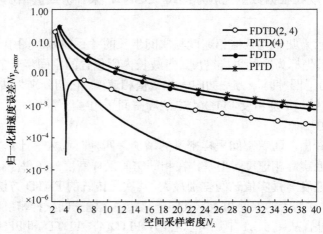

图 5.3.2　归一化相速度误差随空间采样密度变化曲线

中心差分格式对空间偏微分算子进行差分近似，可以极大地减小时程精细积分方法的数值相速度的计算误差，从而有效地减小数值色散。

另外，在相同的空间采样密度时，传统 PITD 方法和 PITD(4)方法的衰减常数均大于 FDTD 方法和 FDTD(2,4)方法的衰减常数。

5.3.3　空间采样密度对电磁波 PITD(4)方法数值相速度各向异性的影响

数值色散方程式（5.3.4）也表明，在 PITD(4)方法计算中波的传播速度与传播方向有关，这就是空间离散所引起的数值相速度的各向异性。这里，对 PITD(4)方法的数值相速度各向异性进行讨论。

假设有一平面波沿 X-Y 平面传播，即 $\theta = 0°$。设空间采样为正方形网格，即有 $\Delta = \Delta x = \Delta y$，Courant 常数 $S = 0.5$，矩阵指数精细积分算法的迭代次数为 $N = 5$。根据数值色散方程式（5.3.4），可以得到归一化数值相速度与空间网格中波的传播方向（采用 ϕ 来表示）的关系曲线。图 5.3.3～图 5.3.5 分别为空间采样密度 $N_\lambda = 5$，$N_\lambda = 10$ 和 $N_\lambda = 20$ 时，PITD(4)方法的归一化数值相速度各向异性特性曲线。为了方便比较，还同时给出了 FDTD、FDTD(2,4)和传统 PITD 三种方法的归一化数值相速度各向异性特性曲线。

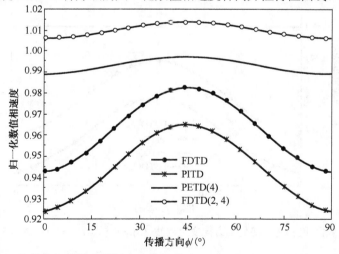

图 5.3.3　归一化数值相速度随传播方向变化曲线（ $S = 0.5$ ；$N_\lambda = 5$ ；$N = 5$ ；$l = 32$ ）

可以看出，FDTD、PITD、FDTD(2,4)和 PITD(4)这四种方法的归一化数值相速度并不是保持在一个恒定的数值上，而是随着传播方向的改变发生变化。也就是说，它们都具有一定的数值相速度各向异性特性。与 FDTD(2,4)和 PITD(4)这两种方法相比较，FDTD 方法和传统 PITD 方法的数值相速度各向异性特性更加明显，其归一化数值相速度误差更大。

还可以看到，PITD(4)方法对空间采样密度 N_λ 的变化非常敏感，随着空间采样密度 N_λ 的增加，其归一化数值相速的误差会迅速减小，数值计算结果更加接近真实值。与其他三种方法相比较，PITD(4)方法的数值相速的各向异性几乎可以忽略。

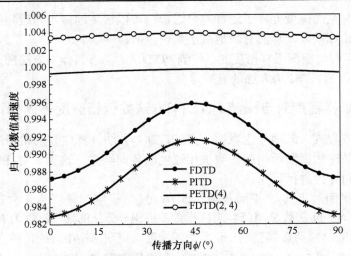

图 5.3.4　归一化数值相速度随传播方向变化曲线（ $S=0.5$ ； $N_\lambda=10$ ； $N=5$ ； $l=32$ ）

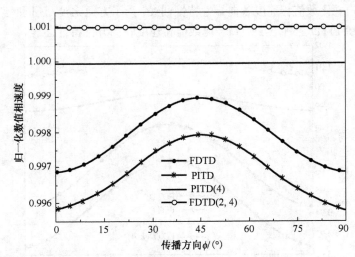

图 5.3.5　归一化数值相速度随传播方向变化曲线（ $S=0.5$ ； $N_\lambda=20$ ； $N=5$ ； $l=32$ ）

5.3.4　时间步长对电磁波 PITD(4)方法数值色散特性的影响

从 5.2 节中的分析可以知道，PITD(4)方法时间步长的取值范围要远远大于 FDTD 方法时间步长的取值范围。因此，这里有必要讨论时间步长对电磁波 PITD(4)方法数值色散特性的影响。

假设有一平面波沿 x 方向传播，即 $\phi=0°$ ， $\theta=0°$ 。此时有 $\tilde{k}_x=\tilde{k}$ ， $\tilde{k}_y=0$ 和 $\tilde{k}_z=0$ 。设矩阵指数计算的迭代次数为 $N=20$ ，则 $l=2^{20}$ 。图 5.3.6 所示为空间采样密度为 $N_\lambda=5$ ， $N_\lambda=10$ 和 $N_\lambda=20$ 时，PITD(4)方法的归一化数值相速度与 Courant 常数 S 的关系曲线。

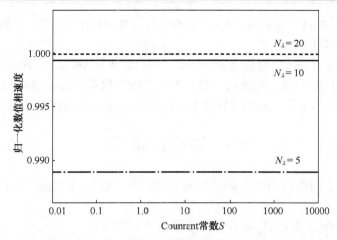

图 5.3.6　时间步长对电磁波 PITD(4)方法归一化数值相速度的影响

可以看到，随着 Courant 常数 S 从 0.01 变化到 10000，PITD(4)方法的归一化数值相速几乎保持为一条水平线。这说明 PITD(4)方法的归一化数值相速度只与空间采样密度相关，而几乎与时间步长无关。因此，在稳定性条件允许的时间步长取值范围内，采用较大的时间步长不会影响到 PITD(4)方法计算结果的准确性。也就是说，时程精细积分法的数值色散特性不受时间步长的影响。这一特性可以有效地减少计算过程所需的迭代次数，从而提高计算效率。

为了分析时间步长对时程精细积分法的数值相速度各向异性的影响，假设有一平面波沿 x 方向传播，即 $\phi=0°$，$\theta=0°$。此时有 $\tilde{k}_x=\tilde{k}$，$\tilde{k}_y=0$ 和 $\tilde{k}_z=0$。设矩阵指数计算的迭代次数为 $N=20$，则 $l=2^{20}$，空间采样密度固定为 $N_\lambda=5$。图 5.3.7 所示为 Courant

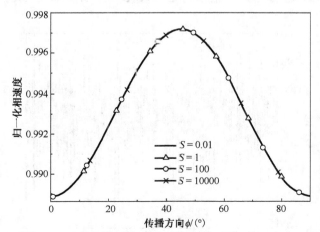

图 5.3.7　归一化相速度随传播方向变化曲线（$S=0.01$；$S=1$；
$S=100$；$S=10000$；$N_\lambda=5$；$N=20$；$l=2^{20}$）

常数为 $S=0.01$, $S=1$, $S=100$ 和 $S=10000$ 时，PITD(4)方法的归一化数值相速度随着传播方向 ϕ 变化的曲线。

可以看出，在 Courant 常数为 $S=0.01$, $S=1$, $S=100$ 和 $S=10000$ 四种情况下，四条曲线完全重合在一起。这表明 PITD(4)方法的数值相速各向异性与时间步长取值无关，采用大时间步长不会改变 PITD(4)方法的数值相速各向异性特性。

5.4 数 值 算 例

在本节中，我们将给出四个数值算例，来检验 PITD(4)方法的稳定性条件和数值色散特性。

算例 5.4.1　电磁波 PITD(4)方法数值稳定性条件验证。

这里应用 PITD(4)方法对一个二维谐振腔进行计算，通过采用不同时间步长来检验 PITD(4)方法的数值稳定性条件。谐振腔的几何尺寸为 $2m \times 1m$，内部介质为空气。以正方形网格对计算区域进行剖分，空间步长采用 $\Delta x = \Delta y = 0.1m$。

为了简单起见，设 $l=1$。根据稳定性条件式（5.2.26），PITD(4)方法的时间步长选取必须满足

$$\Delta t \leqslant \Delta t_{stable} = \frac{l\sqrt{12/7}}{\frac{1}{\sqrt{\mu\varepsilon}}\sqrt{\frac{1}{(\Delta x)^2}+\frac{1}{(\Delta y)^2}}} = \sqrt{12/7} \times \frac{1}{\frac{1}{\sqrt{\mu\varepsilon}}\sqrt{\frac{1}{(\Delta x)^2}+\frac{1}{(\Delta y)^2}}}$$

图 5.4.1 和图 5.4.2 中分别示出了时间步长为 $\Delta t = 0.5\Delta t_{stable}$ 和 $\Delta t = 1.1\Delta t_{stable}$ 时，$E_z(1,10)$ 随时间变化的曲线。可以看出，当 $\Delta t = 0.5\Delta t_{stable}$ 时，谐振腔处于谐振状态；而当 $\Delta t = 1.1\Delta t_{stable}$ 时，$E_z(1,10)$ 随时间迅速地发散，数值计算过程失败。这一结果表明稳定性条件式（5.2.26）是正确的。

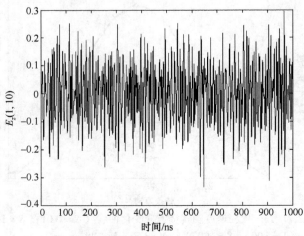

图 5.4.1　$l=1$, $\Delta t = 0.5\Delta t_{stable}$ 时，谐振腔电场分量 $E_z(1,10)$ 随时间变化曲线

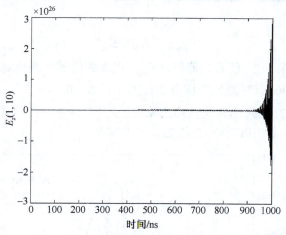

图 5.4.2 $l=1$ ， $\Delta t = 1.1\Delta t_{\text{stable}}$ 时，谐振腔电场分量 $E_z(1,10)$ 随时间变化曲线

算例 5.4.2   电磁波 PITD(4)方法数值色散关系验证。

以高斯脉冲在自由空间中沿 x 方向的传播过程，来验证电磁波 PITD(4)方法数值色散关系。高斯脉冲函数的时域形式为

$$E_z(x,t) = \exp\left[-4\pi\left(\frac{t-t_0-x/c}{T}\right)^2\right] \tag{5.4.1}$$

式中，脉冲中心 $t_0 = 500\text{ns}$ ；脉冲宽度 $T = 200\text{ns}$ 。在 PITD(4)方法计算中，时间步长取为 $\Delta t = 1\text{ns}$ ，空间步长取为 $\Delta = c\Delta t / 0.5$ ，整个计算区域被划分为 800 个网格节点。

图 5.4.3 所示为分别采用 FDTD、PITD 和 PITD(4)三种方法计算得到的电场分量 E_z 在 $t = 2000\text{ns}$ 时刻的空间分布。很显然，三种方法的计算结果都非常接近解析解，很难明确地分辨出每条曲线。

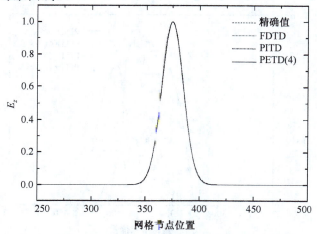

图 5.4.3   电场分量 E_z 在 $t = 2000\text{ns}$ 时的空间分布 （ $\Delta t = 1\text{ns}$ ； $S = 0.5$ ； $l = 2^{20}$ ）

　　如果定义

$$E_{zerror} = \left| E_{za} - E_{zn} \right|$$　　　　　　　　　（5.4.2）

式中，E_{za} 代表解析解；E_{zn} 代表数值解；E_{zerror} 代表数值解与解析解间的误差。图 5.4.4 所示为 E_{zerror} 在 $t = 2000\text{ns}$ 时刻的空间分布。其中，$S = 0.5, l = 2^{20}$。可以清楚地看出，PITD 方法和 FDTD 方法的计算误差都比较大，且 PITD 方法的计算误差略大于 FDTD 方法的计算误差。但是，PITD(4)方法的误差非常小。

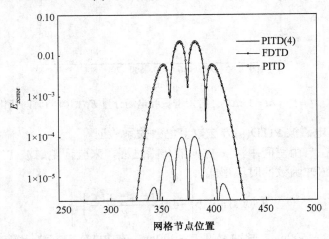

图 5.4.4　E_{zerror} 在 $t = 2000\text{ns}$ 时刻的空间分布（$\Delta t = 1\text{ns}$；$S = 0.5$；$l = 2^{20}$）

　　如果保持空间步长大小不变，将时间步长扩大为原来的 10 倍，即取 $S = 5$，这时分别采用传统 PITD 方法和 PITD(4)方法进行计算，并与 $S = 0.5$ 时的计算结果进行比较，如图 5.4.5 所示。可以看出，采用 10 倍时间步长对计算结果仍然没有影响。

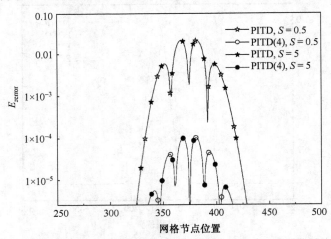

图 5.4.5　E_{zerror} 分别在 $S = 0.5$ 以及 $S = 5$ 时刻的空间分布（$l = 2^{20}$；$t = 2000\text{ns}$）

算例 5.4.3　二维谐振腔的谐振频率计算。谐振腔的几何尺寸为 $8.64\text{mm} \times 4.32\text{mm}$，内部为真空。

选取空间步长为 $\Delta x = \Delta y = 0.432\text{mm}$，时间步长为 $\Delta t = 2.7 \times 10^{-13}\text{s}$，总的计算时间为 $T = 2^{15}\Delta t$。首先分别采用 FDTD、PITD 和 PITD(4) 方法计算电场分量 E_z，然后对采样结果进行快速傅里叶变换得到电场分量的频谱分布，其中，峰值部分就是谐振腔的谐振频率。图 5.4.6 所示为分别采用 PITD 方法和 FDTD 方法计算出的电场分量 E_z 的频谱分布，同时也示出了理论解的值。可以看出，PITD 方法的计算结果要比 FDTD 方法的计算结果差。

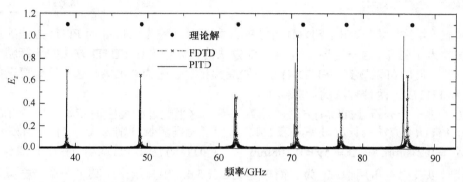

图 5.4.6　分别采用 PITD 方法和 FDTD 方法计算出的电场分量 E_z 的频谱分布

图 5.4.7 所示为分别采用 PITD(4) 方法和 FDTD 方法计算出的电场分量 E_z 的频谱分布，同时也给出了理论解。可以看出，PITD(4) 方法的计算结果要好于 FDTD 方法的计算结果。

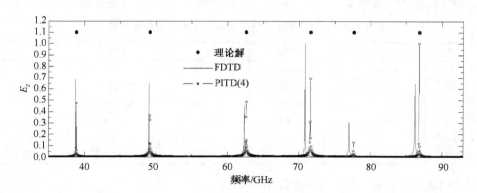

图 5.4.7　分别采用 PITD(4) 方法和 FDTD 方法计算出的电场分量 E_z 的频谱分布

为了更清楚地看出 FDTD、PITD 和 PITD(4) 这三种方法计算结果之间的差异，表 5.4.1 中列出了前六个谐振频率的数值计算结果。

表 5.4.1　三种数值方法计算得到的谐振频率结果比较

解析解	FDTD		PITD		PITD(4)	
谐振频率/GHz	谐振频率/GHz	相对误差/%	谐振频率/GHz	相对误差/%	谐振频率/GHz	相对误差/%
86.805	86.169	0.73	85.618	1.37	86.763	0.05
77.641	76.929	0.92	76.548	1.41	77.607	0.04
71.581	70.784	1.10	70.487	1.53	71.546	0.05
62.596	62.306	0.46	62.137	0.73	62.603	0.01
49.104	48.997	0.22	48.912	0.39	49.082	0.04
38.820	38.740	0.21	38.697	0.32	38.825	0.01

从表 5.4.1 中可以看出，FDTD 方法的最大相对误差为 1.1%，而 PITD 方法的最大相对误差为 1.53%；这一结果表明，PITD 方法的计算精度比 FDTD 方法的计算精度要略差一些。同时可以看到，PITD(4)方法的最大相对误差为 0.05%，这一结果要远好于 PITD 和 FDTD 这两种方法的计算结果。

为了进一步分析 PITD(4)方法的计算效率，这里通过改变空间步长来比较 FDTD 方法和 PITD(4)方法的计算效率。表 5.4.2 给出了空间步长分别为 $\Delta x = \Delta y = 0.432\text{mm}$、$\Delta x = \Delta y = 0.216\text{mm}$ 和 $\Delta x = \Delta y = 0.108\text{mm}$ 时，FDTD 方法和 PITD(4)方法的计算结果、计算耗时以及内存占用情况。为了简单起见，表 5.4.2 中只给出了其中一个谐振频率点（其解析解为 86.805GHz）的计算结果。

从表 5.4.2 中可以看出，FDTD 方法要达到 PITD(4)方法的计算精度，必须采用更小的空间步长。但是，由于受 CFL 稳定性性条件的制约，FDTD 方法必须取更小的时间步长。因此就会导致 FDTD 方法总的迭代次数增加，进而导致 CPU 耗时增加。也就是说，在采用较大的空间步长情况下，PITD(4)方法可以得到比 FDTD 方法更高的计算精度。

表 5.4.2　FDTD 和 PITD(4)两种方法的计算效率比较

参　　数	单　　位	PITD(4)	FDTD		
空间步长	mm	0.432	0.432	0.216	0.108
时间步长	s	1.44×10^{-12}	7.2×10^{-13}	3.6×10^{-13}	1.8×10^{-13}
网格		20×10	20×10	40×20	80×40
计算结果	GHz	86.763	86.169	86.636	86.763
CPU 耗时	s	3.4	0.9	4.1	59
内存占用	MB	5.1	1.2	2.2	4.2

算例 5.4.4　三维谐振腔的谐振频率计算。

如图 5.4.8 所示，三维谐振腔的几何尺寸分别为 $a = 0.012\text{m}$，$b = 0.006\text{m}$，$c = 0.008\text{m}$，腔体内部充满空气。

如果空间步长选取为 $\Delta x = \Delta y = 0.002\text{m}$，则空间将被划分为 $6 \times 3 \times 4$ 个网格节点。为了保证傅里叶变换的计算精度，选取时间步长为 $\Delta t = 1.6667 \times 10^{-10}\text{s}$，总计算时间选取为

$T = 2^{16}\Delta t$。这样总采样次数可以达到 2^{16} 次。为了方便比较，在计算过程中 PITD、FDTD 和 PITD(4)三种方法都使用这些参数。

在计算基本谐振频率时，首先对电场分量 E_z 进行采样，然后对采样的结果进行快速傅里叶变换，最后才能得到电场分量的频谱分布。在频谱分布图上的峰值点就是谐振腔的特征频率。图 5.4.9 给出了分别用 FDTD、PITD 和 PITD(4)方法计算出的电场分量频谱分布。

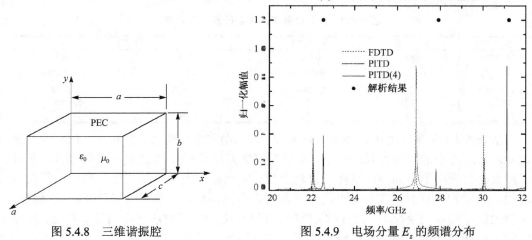

图 5.4.8　三维谐振腔　　　　　　　　图 5.4.9　电场分量 E_z 的频谱分布

为了与解析结果进行比较，在图中也以圆点标记出谐振腔的前六个谐振频率理论值。从图 5.4.9 中可以看出，PITD 方法的计算结果与 FDTD 方法的计算结果十分接近。而 PITD(4)方法的计算结果更接近于理论值，其计算精度要远高于 FDTD 和 PITD 两种方法的计算精度。

为了更清楚地看出 FDTD、PITD 和 PITD(4)三种方法计算结果之间的差异，在表 5.4.3 中分别列出了用这三种方法计算出的前六个谐振频率的结果，以及它们与理论值之间的相对误差。

表 5.4.3　三种方法计算出的基本谐振频率

解析解	FDTD		PITD		PITD(4)	
谐振频率 /GHz	谐振频率 /GHz	相对误差/%	谐振频率 /GHz	相对误差/%	谐振频率 /GHz	相对误差/%
22.519	22.065	2.00	22.068	2.00	22.545	0.11
27.931	26.894	3.72	26.890	3.73	27.828	0.41
31.228	30.098	3.62	30.098	3.62	31.147	0.26

从表 5.4.3 中可以看出，FDTD 方法的最大相对误差为 3.72%，PITD 方法的最大相对误差为 3.73%。这一结果表明，PITD 方法的计算精度比 FDTD 方法的计算精度要略差一些。同时可以看到，PITD(4)方法的最大相对误差为 0.41%，其计算精度要远高于 PITD 和 FDTD 这两种方法的计算精度。

现在,我们通过考察对计算机 CPU 占用时间、内存占用量要求以及计算结果精度,来分析 PITD(4)方法的计算效率。为了方便比较,这里同时给出了 FDTD 方法的计算机 CPU 占用时间、内存占用量和数值计算结果。在表 5.4.4 中列出了 PITD(4)和 FDTD两种方法的计算结果、CPU 时间以及内存占用量。为了简单起见,在表中只给出了其中一个谐振频率点(解析解为 22.5191GHz)的计算结果。

表 5.4.4　FDTD 和 PITD(4)计算效率比较

参　　数	单　　位	PITD(4)	FDTD	
空间步长	mm	0.002	0.002	0.0005
网　　格		6×3×4	6×3×4	24×12×16
计算结果	GHz	22.5448	22.0680	22.5447
CPU 耗时	s	7.31	16.20	126.56
内存占用	MB	1.62	0.58	1.20

从表 5.4.4 中可以看出,如果要达到与 PITD(4)方法相同的计算精度,FDTD 方法就必须采用更小的空间步长。但是,由于 FDTD 方法受 CFL 稳定性条件的制约,其时间步长必须采用更小的值。这样一来就会使总的网格结点数量急剧增加和总迭代次数增加,导致 FDTD 方法在计算过程中所需的内存占用量增大和 CPU 耗时增加。相反,在较大的空间步长情况下,PITD(4)方法可以得到比 FDTD 方法更高的计算精度,即在比较小的计算代价前提下,仍然可以得到满意的计算结果。

总之,与其他时域数值方法相比较,PITD(4)方法是一种高精度的数值算法。在满足计算精度要求的前提下,它完全可以在运算过程中采用较大的空间步长和时间步长,以较小的计算代价获得高的计算效率。

5.5　电磁波 PITD(4)方法中激励源的加入

下面讨论在电磁波 PITD(4)方法中激励源的加入方法。

5.5.1　面电流源在一维电磁波 PITD(4)方法中的加入

考虑导电媒质中沿 z 方向传播的 TEM 波。设面电流源沿 x 方向,此时有

$$-\frac{\partial H_y}{\partial z} = \varepsilon \frac{\partial E_x}{\partial t} + \gamma E_x + J_x \qquad (5.5.1)$$

$$\frac{\partial E_x}{\partial z} = -\mu \frac{\partial H_y}{\partial t} - \rho H_y \qquad (5.5.2)$$

考虑到面电流源 I 为在 y 方向单位宽度内的电流,而沿 z 方向理想厚度为 0。设在一维 PITD(4)方法中,面电流源 I 位于 E_x 节点且处于沿 z 方向的一个元胞中,则电流密度为

$$J_x(z_s) = \frac{I(t)}{\Delta z} \qquad (5.5.3)$$

为了引入激励源,需要以 4 阶精度中心差分格式对式(5.5.1)中的空间偏微分算子作差分近似,可以得到

$$\frac{dE_x(k_s)}{dt} = -\frac{1}{\varepsilon}\left[-\frac{H_y(k_s+3/2)}{24\Delta z} + \frac{27H_y(k_s+1/2)}{24\Delta z} - \frac{27H_y(k_s-1/2)}{24\Delta z} \right.$$

$$\left. +\frac{H_y(k_s-3/2)}{24\Delta z} \right] - \frac{I(t)}{\varepsilon\Delta z} - \frac{\gamma E_x(k_s)}{\varepsilon} \tag{5.5.4}$$

若面电流源附近为理想介质，即 $\gamma = 0$，则式（5.5.4）变为

$$\frac{dE_x(k_s)}{dt} = -\frac{1}{\varepsilon}\left[-\frac{H_y(k_s+3/2)}{24\Delta z} + \frac{27H_y(k_s+1/2)}{24\Delta z} - \frac{27H_y(k_s-1/2)}{24\Delta z} \right.$$

$$\left. +\frac{H_y(k_s-3/2)}{24\Delta z} \right] - \frac{I(t)}{\varepsilon\Delta z} \tag{5.5.5}$$

5.5.2　线电流源在二维电磁波 PITD(4)方法中的加入

二维 TM 波满足的 Maxwell 方程组为

$$\frac{\partial E_z}{\partial y} = -\mu\frac{\partial H_x}{\partial t} \tag{5.5.6}$$

$$\frac{\partial E_z}{\partial x} = \mu\frac{\partial H_y}{\partial t} \tag{5.5.7}$$

$$\frac{\partial H_y}{\partial x} - \frac{\partial H_x}{\partial y} = \varepsilon\frac{\partial E_z}{\partial t} + \gamma E_z + J_z \tag{5.5.8}$$

在二维 TM 波情况下，假设线电流源 I 位于空间网格节点 $E_z(i_s, j_s)$ 处，处于一个元胞内。此时，其电流密度为

$$J_s(i_z, j_z) = \frac{I(t)}{\Delta x \Delta y} \tag{5.5.9}$$

为了引入激励源，首先将式（5.5.9）代入式（5.5.8），然后以 4 阶精度中心差分格式对式（5.5.8）中空间偏微分算子作差分近似。可以得到

$$\frac{dE_z(i_s, j_s)}{dt} = \frac{1}{\varepsilon}\left(\frac{1}{24} \times \frac{H_y(i-3/2, j)}{\Delta x} - \frac{27}{24} \times \frac{H_y(i-1/2, j)}{\Delta x} \right)$$

$$+ \frac{1}{\varepsilon}\left(\frac{27}{24} \times \frac{H_y(i+1/2, j)}{\Delta x} - \frac{1}{24} \times \frac{H_y(i+3/2, j)}{\Delta x} \right)$$

$$- \frac{1}{\varepsilon}\left(\frac{1}{24} \times \frac{H_x(i, j-3/2)}{\Delta y} - \frac{27}{24} \times \frac{H_x(i, j-1/2)}{\Delta y} \right)$$

$$- \frac{1}{\varepsilon}\left(\frac{27}{24} \times \frac{H_x(i, j+1/2)}{\Delta y} - \frac{1}{24} \times \frac{H_x(i, j+3/2)}{\Delta y} \right)$$

$$- \frac{\gamma E_z(i_s, j_s)}{\varepsilon} - \frac{I(t)}{\varepsilon\Delta x \Delta y} \tag{5.5.10}$$

如果线电流源附近为理想介质，那么在式（5.5.10）中，有 $\gamma = 0$ 。式（5.5.10）就变为

$$
\begin{aligned}
\frac{dE_z(i_s, j_s)}{dt} &= \frac{1}{\varepsilon}\left(\frac{1}{24} \times \frac{H_y(i-3/2, j)}{\Delta x} - \frac{27}{24} \times \frac{H_y(i-1/2, j)}{\Delta x}\right) \\
&+ \frac{1}{\varepsilon}\left(\frac{27}{24} \times \frac{H_y(i+1/2, j)}{\Delta x} - \frac{1}{24} \times \frac{H_y(i+3/2, j)}{\Delta x}\right) \\
&- \frac{1}{\varepsilon}\left(\frac{1}{24} \times \frac{H_x(i, j-3/2)}{\Delta y} - \frac{27}{24} \times \frac{H_x(i, j-1/2)}{\Delta y}\right) \\
&- \frac{1}{\varepsilon}\left(\frac{27}{24} \times \frac{H_x(i, j+1/2)}{\Delta y} - \frac{1}{24} \times \frac{H_x(i, j+3/2)}{\Delta y}\right) - \frac{I(t)}{\varepsilon \Delta x \Delta y}
\end{aligned}
\tag{5.5.11}
$$

5.6　电磁波 PITD(4)方法的 PML 吸收边界条件

在本节中，我们将把 Berenger 的分裂场量 PML 吸收边界引入到 PITD(4)方法中。首先，推导出了 PML 吸收边界条件在PITD(4)方法中的时域精细积分形式，给出了 PML 媒质层参数的设置方法。然后，以点源辐射为例，详细分析时间步长和 PML 媒质层厚度对其吸收效果的影响。

5.6.1　电磁波 PITD(4)方法的三维 PML 吸收边界条件

在三维 PML 媒质中，每个场分量均被分解为两个子分量，6 个场分量共被分解为 12 个子分量，分别是 E_{xy}、E_{xz}、E_{yx}、E_{yz}、E_{zx}、E_{zy}、H_{xy}、H_{xz}、H_{yx}、H_{yz}、H_{zx} 和 H_{zy}。因此，PML 媒质中的 Maxwell 方程变为如下形式：

$$
\varepsilon \frac{\partial E_{xy}}{\partial t} + \gamma_y E_{xy} = \frac{\partial (H_{zx} + H_{zy})}{\partial y}
\tag{5.6.1}
$$

$$
\varepsilon \frac{\partial E_{xz}}{\partial t} + \gamma_z E_{xz} = -\frac{\partial (H_{yz} + H_{yx})}{\partial z}
\tag{5.6.2}
$$

$$
\varepsilon \frac{\partial E_{yz}}{\partial t} + \gamma_z E_{yz} = \frac{\partial (H_{xy} + H_{xz})}{\partial z}
\tag{5.6.3}
$$

$$
\varepsilon \frac{\partial E_{yx}}{\partial t} + \gamma_x E_{yx} = -\frac{\partial (H_{zx} + H_{zy})}{\partial x}
\tag{5.6.4}
$$

$$
\varepsilon \frac{\partial E_{zx}}{\partial t} + \gamma_x E_{zx} = \frac{\partial (H_{yz} + H_{yx})}{\partial x}
\tag{5.6.5}
$$

$$
\varepsilon \frac{\partial E_{zy}}{\partial t} + \gamma_y E_{zy} = -\frac{\partial (H_{xy} + H_{xz})}{\partial y}
\tag{5.6.6}
$$

$$
\mu \frac{\partial H_{xy}}{\partial t} + \rho_y H_{xy} = -\frac{\partial (E_{zx} + E_{zy})}{\partial y}
\tag{5.6.7}
$$

$$\mu\frac{\partial H_{xz}}{\partial t} + \rho_z H_{xz} = \frac{\partial(E_{yz} + E_{yx})}{\partial z} \tag{5.6.8}$$

$$\mu\frac{\partial H_{yz}}{\partial t} + \rho_z H_{yz} = -\frac{\partial(E_{xy} + E_{xz})}{\partial z} \tag{5.6.9}$$

$$\mu\frac{\partial H_{yx}}{\partial t} + \rho_x H_{yx} = \frac{\partial(E_{zx} + E_{zy})}{\partial x} \tag{5.6.10}$$

$$\mu\frac{\partial H_{zx}}{\partial t} + \rho_x H_{zx} = \frac{\partial(E_{yz} + E_{yx})}{\partial x} \tag{5.6.11}$$

$$\mu\frac{\partial H_{zy}}{\partial t} + \rho_y H_{zy} = \frac{\partial(E_{xy} + E_{xz})}{\partial y} \tag{5.6.12}$$

以 4 阶精度中心差分格式对式（5.6.1）～式（5.6.12）中的空间偏微分进行差分近似，保留其中的时间偏微分，可以得到

$$\varepsilon(i+1/2,j,k)\frac{\mathrm{d}E_{xy}(i+1/2,j,k)}{\mathrm{d}t} + \gamma_y(i+1/2,j,k)E_{xy}(i+1/2,j,k)$$
$$=\left(\frac{1}{24}\times\frac{H_{zx}(i+1/2,j-3/2,k)}{\Delta y} - \frac{27}{24}\times\frac{H_{zx}(i+1/2,j-1/2,k)}{\Delta y}\right)$$
$$+\left(\frac{27}{24}\times\frac{H_{zx}(i+1/2,j+1/2,k)}{\Delta y} - \frac{1}{24}\times\frac{H_{zx}(i+1/2,j+3/2,k)}{\Delta y}\right)$$
$$+\left(\frac{1}{24}\times\frac{H_{zy}(i+1/2,j-3/2,k)}{\Delta y} - \frac{27}{24}\times\frac{H_{zy}(i+1/2,j-1/2,k)}{\Delta y}\right) \tag{5.6.13}$$
$$+\left(\frac{27}{24}\times\frac{H_{zy}(i+1/2,j+1/2,k)}{\Delta y} - \frac{1}{24}\times\frac{H_{zy}(i+1/2,j+3/2,k)}{\Delta y}\right)$$

$$\varepsilon(i+1/2,j,k)\frac{\mathrm{d}E_{xz}(i+1/2,j,k)}{\mathrm{d}t} + \gamma_z(i+1/2,j,k)E_{xz}(i+1/2,j,k)$$
$$=-\left(\frac{1}{24}\times\frac{H_{yz}(i+1/2,j,k-3/2)}{\Delta z} - \frac{27}{24}\times\frac{H_{yz}(i+1/2,j,k-1/2)}{\Delta z}\right)$$
$$-\left(\frac{27}{24}\times\frac{H_{yz}(i+1/2,j,k+1/2)}{\Delta z} - \frac{1}{24}\times\frac{H_{yz}(i+1/2,j,k+3/2)}{\Delta z}\right)$$
$$-\left(\frac{1}{24}\times\frac{H_{yx}(i+1/2,j,k-3/2)}{\Delta z} - \frac{27}{24}\times\frac{H_{yx}(i+1/2,j,k-1/2)}{\Delta z}\right) \tag{5.6.14}$$
$$-\left(\frac{27}{24}\times\frac{H_{yx}(i+1/2,j,k+1/2)}{\Delta z} - \frac{1}{24}\times\frac{H_{yx}(i+1/2,j,k+3/2)}{\Delta z}\right)$$

$$\varepsilon(i,j+1/2,k)\frac{\mathrm{d}E_{yz}(i,j+1/2,k)}{\mathrm{d}t}+\gamma_z(i,j+1/2,k)E_{yz}(i,j+1/2,k)$$

$$=\left(\frac{1}{24}\times\frac{H_{zx}(i,j+1/2,k-3/2)}{\Delta z}-\frac{27}{24}\times\frac{H_{zx}(i,j+1/2,k-1/2)}{\Delta z}\right)$$

$$+\left(\frac{27}{24}\times\frac{H_{zx}(i,j+1/2,k+1/2)}{\Delta z}-\frac{1}{24}\times\frac{H_{zx}(i,j+1/2,k+3/2)}{\Delta z}\right) \quad (5.6.15)$$

$$+\left(\frac{1}{24}\times\frac{H_{zy}(i,j+1/2,k-3/2)}{\Delta z}-\frac{27}{24}\times\frac{H_{zy}(i,j+1/2,k-1/2)}{\Delta z}\right)$$

$$+\left(\frac{27}{24}\times\frac{H_{zy}(i,j+1/2,k+1/2)}{\Delta z}-\frac{1}{24}\times\frac{H_{zy}(i,j+1/2,k+3/2)}{\Delta z}\right)$$

$$\varepsilon(i,j+1/2,k)\frac{\mathrm{d}E_{yx}(i,j+1/2,k)}{\mathrm{d}t}+\gamma_x(i,j+1/2,k)E_{yx}(i,j+1/2,k)$$

$$=-\left(\frac{1}{24}\times\frac{H_{zx}(i-3/2,j+1/2,k)}{\Delta x}-\frac{27}{24}\times\frac{H_{zx}(i-1/2,j+1/2,k)}{\Delta x}\right)$$

$$-\left(\frac{27}{24}\times\frac{H_{zx}(i+1/2,j+1/2,k)}{\Delta x}-\frac{1}{24}\times\frac{H_{zx}(i+3/2,j+1/2,k)}{\Delta x}\right) \quad (5.6.16)$$

$$-\left(\frac{1}{24}\times\frac{H_{zy}(i-3/2,j+1/2,k)}{\Delta x}-\frac{27}{24}\times\frac{H_{zy}(i-1/2,j+1/2,k)}{\Delta x}\right)$$

$$-\left(\frac{27}{24}\times\frac{H_{zy}(i+1/2,j+1/2,k)}{\Delta x}-\frac{1}{24}\times\frac{H_{zy}(i+3/2,j+1/2,k)}{\Delta x}\right)$$

$$\varepsilon(i,j,k+1/2)\frac{\mathrm{d}E_{zx}(i,j,k+1/2)}{\mathrm{d}t}+\gamma_x(i,j,k+1/2)E_{zx}(i,j,k+1/2)$$

$$=\left(\frac{1}{24}\times\frac{H_{yx}(i-3/2,j,k+1/2)}{\Delta x}-\frac{27}{24}\times\frac{H_{yx}(i-1/2,j,k+1/2)}{\Delta x}\right)$$

$$+\left(\frac{27}{24}\times\frac{H_{yx}(i+1/2,j,k+1/2)}{\Delta x}-\frac{1}{24}\times\frac{H_{yx}(i+3/2,j,k+1/2)}{\Delta x}\right) \quad (5.6.17)$$

$$+\left(\frac{1}{24}\times\frac{H_{yz}(i-3/2,j,k+1/2)}{\Delta x}-\frac{27}{24}\times\frac{H_{yz}(i-1/2,j,k+1/2)}{\Delta x}\right)$$

$$+\left(\frac{27}{24}\times\frac{H_{yz}(i+1/2,j,k+1/2)}{\Delta x}-\frac{1}{24}\times\frac{H_{yz}(i+3/2,j,k+1/2)}{\Delta x}\right)$$

$$\varepsilon(i,j,k+1/2)\frac{\mathrm{d}E_{zy}(i,j,k+1/2)}{\mathrm{d}t}+\gamma_y(i,j,k+1/2)E_{zy}(i,j,k+1/2)$$

$$=-\left(\frac{1}{24}\times\frac{H_{zx}(i,j-3/2,k+1/2)}{\Delta y}-\frac{27}{24}\times\frac{H_{zx}(i,j-1/2,k+1/2)}{\Delta y}\right)$$

$$-\left(\frac{27}{24}\times\frac{H_{zx}(i,j+1/2,k+1/2)}{\Delta y}-\frac{1}{24}\times\frac{H_{zx}(i,j+3/2,k+1/2)}{\Delta y}\right)$$

$$-\left(\frac{1}{24}\times\frac{H_{zy}(i,j-3/2,k-1/2)}{\Delta y}-\frac{27}{24}\times\frac{H_{zy}(i,j-1/2,k+1/2)}{\Delta y}\right)\qquad(5.6.18)$$

$$-\left(\frac{27}{24}\times\frac{H_{zy}(i,j+1/2,k+1/2)}{\Delta y}-\frac{1}{24}\times\frac{H_{zy}(i,j+3/2,k+1/2)}{\Delta y}\right)$$

$$\mu(i,j+1/2,k+1/2)\frac{\mathrm{d}H_{xy}(i,j+1/2,k+1/2)}{\mathrm{d}t}$$

$$+\rho_y(i,j+1/2,k+1/2)H_{xy}(i,j+1/2,k+1/2)$$

$$=-\left(\frac{1}{24}\times\frac{E_{zx}(i,j-1,k+1/2)}{\Delta y}-\frac{27}{24}\times\frac{E_{zx}(i,j,k+1/2)}{\Delta y}\right)$$

$$-\left(\frac{27}{24}\times\frac{E_{zx}(i,j+1,k+1/2)}{\Delta y}-\frac{1}{24}\times\frac{E_{zx}(i,j+2,k+1/2)}{\Delta y}\right)$$

$$-\left(\frac{1}{24}\times\frac{E_{zy}(i,j-1,k+1/2)}{\Delta y}-\frac{27}{24}\times\frac{E_{zy}(i,j,k+1/2)}{\Delta y}\right)\qquad(5.6.19)$$

$$-\left(\frac{27}{24}\times\frac{E_{zy}(i,j+1,k+1/2)}{\Delta y}-\frac{1}{24}\times\frac{E_{zy}(i,j+2,k+1/2)}{\Delta y}\right)$$

$$\mu(i,j+1/2,k+1/2)\frac{\mathrm{d}H_{xz}(i,j+1/2,k+1/2)}{\mathrm{d}t}$$

$$+\rho_z(i,j+1/2,k+1/2)H_{xz}(i,j+1/2,k+1/2)$$

$$=\left(\frac{1}{24}\times\frac{E_{yx}(i,j+1/2,k-1)}{\Delta z}-\frac{27}{24}\times\frac{E_{yx}(i,j+1/2,k)}{\Delta z}\right)$$

$$+\left(\frac{27}{24}\times\frac{E_{yx}(i,j+1/2,k+1)}{\Delta z}-\frac{1}{24}\times\frac{E_{yx}(i,j+1/2,k+2)}{\Delta z}\right)$$

$$+\left(\frac{1}{24}\times\frac{E_{yz}(i,j+1/2,k-1)}{\Delta z}-\frac{27}{24}\times\frac{E_{yz}(i,j+1/2,k)}{\Delta z}\right)\qquad(5.6.20)$$

$$+\left(\frac{27}{24}\times\frac{E_{yz}(i,j+1/2,k+1)}{\Delta z}-\frac{1}{24}\times\frac{E_{yz}(i,j+1/2,k+2)}{\Delta z}\right)$$

$$\mu(i+1/2,j,k+1/2)\frac{\mathrm{d}H_{yz}(i+1/2,j,k+1/2)}{\mathrm{d}t}$$

$$+\rho_z(i+1/2,j,k+1/2)H_{yz}(i+1/2,j,k+1/2)$$

$$=-\left(\frac{1}{24}\times\frac{E_{xy}(i+1/2,j,k-1)}{\Delta z}-\frac{27}{24}\times\frac{E_{xy}(i+1/2,j,k)}{\Delta z}\right)$$

$$-\left(\frac{27}{24}\times\frac{E_{xy}(i+1/2,j,k+1)}{\Delta z}-\frac{1}{24}\times\frac{E_{xy}(i+1/2,j,k+2)}{\Delta z}\right)$$

$$-\left(\frac{1}{24}\times\frac{E_{xz}(i+1/2,j,k-1)}{\Delta z}-\frac{27}{24}\times\frac{E_{xz}(i+1/2,j,k)}{\Delta z}\right) \quad (5.6.21)$$

$$-\left(\frac{27}{24}\times\frac{E_{xz}(i+1/2,j,k+1)}{\Delta z}-\frac{1}{24}\times\frac{E_{xz}(i+1/2,j,k+2)}{\Delta z}\right)$$

$$\mu(i+1/2,j,k+1/2)\frac{\mathrm{d}H_{yx}(i+1/2,j,k+1/2)}{\mathrm{d}t}$$
$$+\rho_x(i+1/2,j,k+1/2)H_{yx}(i+1/2,j,k+1/2)$$

$$=\left(\frac{1}{24}\times\frac{E_{zx}(i-1,j,k+1/2)}{\Delta x}-\frac{27}{24}\times\frac{E_{zx}(i,j,k+1/2)}{\Delta x}\right)$$

$$+\left(\frac{27}{24}\times\frac{E_{zx}(i+1,j,k+1/2)}{\Delta x}-\frac{1}{24}\times\frac{E_{zx}(i+2,j,k+1/2)}{\Delta x}\right)$$

$$+\left(\frac{1}{24}\times\frac{E_{zy}(i-1,j,k+1/2)}{\Delta x}-\frac{27}{24}\times\frac{E_{zy}(i,j,k+1/2)}{\Delta x}\right) \quad (5.6.22)$$

$$+\left(\frac{27}{24}\times\frac{E_{zy}(i+1,j,k+1/2)}{\Delta x}-\frac{1}{24}\times\frac{E_{zy}(i+2,j,k+1/2)}{\Delta x}\right)$$

$$\mu(i+1/2,j,k+1/2)\frac{\mathrm{d}H_{zx}(i+1/2,j,k+1/2)}{\mathrm{d}t}$$
$$+\rho_x(i+1/2,j,k+1/2)H_{zx}(i+1/2,j,k+1/2)$$

$$=-\left(\frac{1}{24}\times\frac{E_{yx}(i-1,j,k+1/2)}{\Delta x}-\frac{27}{24}\times\frac{E_{yx}(i,j,k+1/2)}{\Delta x}\right)$$

$$-\left(\frac{27}{24}\times\frac{E_{yx}(i+1,j,k+1/2)}{\Delta x}-\frac{1}{24}\times\frac{E_{yx}(i+2,j,k+1/2)}{\Delta x}\right)$$

$$-\left(\frac{1}{24}\times\frac{E_{yz}(i-1,j,k+1/2)}{\Delta x}-\frac{27}{24}\times\frac{E_{yz}(i,j,k+1/2)}{\Delta x}\right) \quad (5.6.23)$$

$$-\left(\frac{27}{24}\times\frac{E_{yz}(i+1,j,k+1/2)}{\Delta x}-\frac{1}{24}\times\frac{E_{yz}(i+2,j,k+1/2)}{\Delta x}\right)$$

$$\mu(i+1/2,j+1/2,k)\frac{\mathrm{d}H_{zy}(i+1/2,j+1/2,k)}{\mathrm{d}t}$$
$$+\rho_y(i+1/2,j+1/2,k)H_{zy}(i+1/2,j+1/2,k)$$

$$=\left(\frac{1}{24}\times\frac{E_{xy}(i+1/2,j-1,k)}{\Delta y}-\frac{27}{24}\times\frac{E_{xy}(i+1/2,j,k)}{\Delta y}\right)$$

$$+\left(\frac{27}{24}\times\frac{E_{xy}(i+1/2,j+1,k)}{\Delta y}-\frac{1}{24}\times\frac{E_{xy}(i+1/2,j+2,k)}{\Delta y}\right)$$

$$+\left(\frac{1}{24}\times\frac{E_{xz}(i+1/2,j-1,k)}{\Delta y}-\frac{27}{24}\times\frac{E_{xz}(i+1/2,j,k)}{\Delta y}\right)\qquad(5.6.24)$$

$$+\left(\frac{27}{24}\times\frac{E_{xz}(i+1/2,j+1,k)}{\Delta y}-\frac{1}{24}\times\frac{E_{xz}(i+1/2,j+2,k)}{\Delta y}\right)$$

式（5.6.13）～式（5.6.24）就是用于 PITD(4)方法的三维 PML 吸收边界条件的常微分方程组形式。

5.6.2　电磁波 PITD(4)方法的二维 PML 吸收边界条件

1. TE 情形

在二维 TE 情形下，二维 PML 媒质中的 H_z 被分解为两个子分量 H_{zx} 和 H_{zy}。此时 PML 媒质层中的 Maxwell 方程变为如下形式：

$$\varepsilon_0\frac{\partial E_x}{\partial t}+\gamma_y E_x=\frac{\partial(H_{zx}+H_{zy})}{\partial y}\qquad(5.6.25)$$

$$\varepsilon_0\frac{\partial E_y}{\partial t}+\gamma_x E_y=-\frac{\partial(H_{zx}+H_{zy})}{\partial x}\qquad(5.6.26)$$

$$\mu_0\frac{\partial H_{zx}}{\partial t}+\rho_x H_{zx}=-\frac{\partial E_y}{\partial x}\qquad(5.6.27)$$

$$\mu_0\frac{\partial H_{zy}}{\partial t}+\rho_y H_{zy}=\frac{\partial E_x}{\partial y}\qquad(5.6.28)$$

以 4 阶精度中心差分格式对式（5.6.25）～式（5.6.28）中的空间偏微分进行差分近似，同时保留对时间的偏微分。可以得到

$$\varepsilon(i+1/2,j)\frac{\mathrm{d}E_x(i+1/2,j)}{\mathrm{d}t}+\gamma_y(i+1/2,j)E_x(i+1/2,j)$$

$$=\left(\frac{1}{24}\times\frac{H_{zx}(i+1/2,j-3/2)}{\Delta y}-\frac{27}{24}\times\frac{H_{zx}(i+1/2,j-1/2)}{\Delta y}\right)$$

$$+\left(\frac{27}{24}\times\frac{H_{zx}(i+1/2,j+1/2)}{\Delta y}-\frac{1}{24}\times\frac{H_{zx}(i+1/2,j+3/2)}{\Delta y}\right)$$

$$+\left(\frac{1}{24}\times\frac{H_{zy}(i+1/2,j-3/2)}{\Delta y}-\frac{27}{24}\times\frac{H_{zy}(i+1/2,j-1/2)}{\Delta y}\right)\qquad(5.6.29)$$

$$+\left(\frac{27}{24}\times\frac{H_{zy}(i+1/2,j+1/2)}{\Delta y}-\frac{1}{24}\times\frac{H_{zy}(i+1/2,j+3/2)}{\Delta y}\right)$$

$$\varepsilon(i,j+1/2)\frac{\mathrm{d}E_y(i,j+1/2)}{\mathrm{d}t}+\gamma_x(i,j+1/2)E_y(i,j+1/2)$$

$$=-\left(\frac{1}{24}\times\frac{H_{zx}(i-3/2,j+1/2)}{\Delta x}-\frac{27}{24}\times\frac{H_{zx}(i-1/2,j+1/2)}{\Delta x}\right)$$

$$-\left(\frac{27}{24}\times\frac{H_{zx}(i+1/2,j+1/2)}{\Delta x}-\frac{1}{24}\times\frac{H_{zx}(i+3/2,j+1/2)}{\Delta x}\right) \qquad (5.6.30)$$

$$-\left(\frac{1}{24}\times\frac{H_{zy}(i-3/2,j+1/2)}{\Delta x}-\frac{27}{24}\times\frac{H_{zy}(i-1/2,j+1/2)}{\Delta x}\right)$$

$$-\left(\frac{27}{24}\times\frac{H_{zy}(i+1/2,j+1/2)}{\Delta x}-\frac{1}{24}\times\frac{H_{zy}(i+3/2,j+1/2)}{\Delta x}\right)$$

$$\mu(i+1/2,j+1/2)\frac{\mathrm{d}H_{zx}(i+1/2,j+1/2)}{\mathrm{d}t}$$

$$+\rho_x(i+1/2,j+1/2)H_{zx}(i+1/2,j+1/2)$$

$$=-\left(\frac{1}{24}\times\frac{E_y(i-1,j+1/2)}{\Delta x}-\frac{27}{24}\times\frac{E_y(i,j+1/2)}{\Delta x}\right) \qquad (5.6.31)$$

$$-\left(\frac{27}{24}\times\frac{E_y(i+1,j+1/2)}{\Delta x}-\frac{1}{24}\times\frac{E_y(i+2,j+1/2)}{\Delta x}\right)$$

$$\mu(i+1/2,j+1/2)\frac{\mathrm{d}H_{zy}(i+1/2,j+1/2)}{\mathrm{d}t}$$

$$+\rho_y(i+1/2,j+1/2)H_{zy}(i+1/2,j+1/2)$$

$$=\left(\frac{1}{24}\times\frac{E_x(i+1/2,j-1)}{\Delta y}-\frac{27}{24}\times\frac{E_x(i+1/2,j)}{\Delta y}\right) \qquad (5.6.32)$$

$$+\left(\frac{27}{24}\times\frac{E_x(i+1/2,j+1)}{\Delta y}-\frac{1}{24}\times\frac{E_x(i+1/2,j+2)}{\Delta y}\right)$$

式（5.6.29）～式（5.6.32）即为在二维 TE 情形下，用于 PITD(4)方法的 PML 吸收边界条件的常微分方程组形式。

2. TM 情形

在二维 TM 情形下，PML 媒质中的场量 E_z 被分解为两个子分量 E_{zx} 和 E_{zy}。此时 PML 媒质层中的 Maxwell 方程变为如下形式：

$$\mu_0\frac{\partial H_x}{\partial t}+\rho_y H_x=-\frac{\partial(E_{zx}+E_{zy})}{\partial y} \qquad (5.6.33)$$

$$\mu_0\frac{\partial H_y}{\partial t}+\rho_x H_y=\frac{\partial(E_{zx}+E_{zy})}{\partial x} \qquad (5.6.34)$$

$$\varepsilon_0 \frac{\partial E_{zx}}{\partial t} + \gamma_x E_{zx} = \frac{\partial H_y}{\partial x} \tag{5.6.35}$$

$$\varepsilon_0 \frac{\partial E_{zy}}{\partial t} + \gamma_y E_{zy} = -\frac{\partial H_x}{\partial y} \tag{5.6.36}$$

以 4 阶精度中心差分格式对式（5.6.33）～式（5.6.36）中的空间偏微分进行差分近似，同时保留对时间的偏微分。可以得到

$$\mu(i,j+1/2)\frac{\mathrm{d}H_x(i,j+1/2)}{\mathrm{d}t} + \rho_y(i,j+1/2)H_x(i,j+1/2)$$
$$= -\left(\frac{1}{24}\times\frac{E_{zx}(i,j-1)}{\Delta y} - \frac{27}{24}\times\frac{E_{zx}(i,j)}{\Delta y}\right) - \left(\frac{27}{24}\times\frac{E_{zx}(i,j+1)}{\Delta y} - \frac{1}{24}\times\frac{E_{zx}(i,j+2)}{\Delta y}\right) \tag{5.6.37}$$
$$- \left(\frac{1}{24}\times\frac{E_{zy}(i,j-1)}{\Delta y} - \frac{27}{24}\times\frac{E_{zy}(i,j)}{\Delta y}\right) - \left(\frac{27}{24}\times\frac{E_{zy}(i,j+1)}{\Delta y} - \frac{1}{24}\times\frac{E_{zy}(i,j+2)}{\Delta y}\right)$$

$$\mu(i+1/2,j)\frac{\mathrm{d}H_y(i+1/2,j)}{\mathrm{d}t} + \rho_x(i+1/2,j)H_y(i+1/2,j)$$
$$= \left(\frac{1}{24}\times\frac{E_{zx}(i-1,j)}{\Delta x} - \frac{27}{24}\times\frac{E_{zx}(i,j)}{\Delta x}\right) + \left(\frac{27}{24}\times\frac{E_{zx}(i+1,j)}{\Delta x} - \frac{1}{24}\times\frac{E_{zx}(i+2,j)}{\Delta x}\right) \tag{5.6.38}$$
$$+ \left(\frac{1}{24}\times\frac{E_{zy}(i-1,j)}{\Delta x} - \frac{27}{24}\times\frac{E_{zy}(i,j)}{\Delta x}\right) + \left(\frac{27}{24}\times\frac{E_{zy}(i+1,j)}{\Delta x} - \frac{1}{24}\times\frac{E_{zy}(i+2,j)}{\Delta x}\right)$$

$$\varepsilon(i,j)\frac{\mathrm{d}E_{zx}(i,j)}{\mathrm{d}t} + \gamma_x(i,j)E_{zx}(i,j)$$
$$= \left(\frac{1}{24}\times\frac{H_y(i-3/2,j)}{\Delta x} - \frac{27}{24}\times\frac{H_y(i-1/2,j)}{\Delta x}\right) \tag{5.6.39}$$
$$+ \left(\frac{27}{24}\times\frac{H_y(i+1/2,j)}{\Delta x} - \frac{1}{24}\times\frac{H_y(i+3/2,j)}{\Delta x}\right)$$

$$\varepsilon(i,j)\frac{\mathrm{d}E_{zy}(i,j)}{\mathrm{d}t} + \gamma_x(i,j)E_{zy}(i,j)$$
$$= -\left(\frac{1}{24}\times\frac{H_y(i-3/2,j)}{\Delta x} - \frac{27}{24}\times\frac{H_y(i-1/2,j)}{\Delta x}\right) \tag{5.6.40}$$
$$- \left(\frac{27}{24}\times\frac{H_y(i+1/2,j)}{\Delta x} - \frac{1}{24}\times\frac{H_y(i+3/2,j)}{\Delta x}\right)$$

式（5.6.37）～式（5.6.40）即为在二维 TM 情形下，用于 PITD(4)方法的 PML 吸收边界条件的常微分方程组形式。

5.6.3　理想导体附近的差分格式

根据 PML 媒质的原理可以知道，其最外侧通常为理想导电体。由于 PITD(4)方法采用了 4 阶中心差分格式，因此当对 PML 媒质层进行空间离散时，会出现部分网格节点处于理想导体位置处，或者超过理想导体所在位置的情况。这时应当按电壁规则处理位于理想导体处或者计算区域以外位置的网格节点。

以图 5.6.1 所示的二维 TE 波情形下的 PML 媒质层为例，考虑计算区域右侧的 PML 吸收边界。对邻近理想导体的网格节点，如果在差分格式中要用到 $E_y(m,*)$、$E_y(m+1,*)$ 等网格节点时，就不能直接使用式（5.6.29）～式（5.6.32）的差分格式。因为这些网格节点位于理想导体处或者位于计算区域以外，此时应该按照电壁规则对这些网格节点处的场量进行处理。

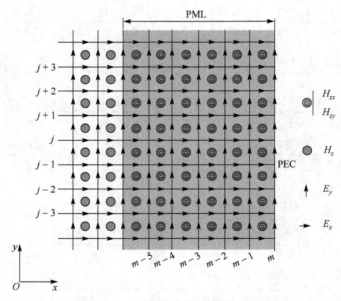

图 5.6.1　PML 中的理想导体边界示意

例如，考虑图 5.6.1 中的场量 $H_{zx}(m-3/2, j+1/2)$，当按照式（5.6.31）对其进行差分近似时，要用到 $E_y(m-3, j+1/2)$，$E_y(m-2, j+1/2)$，$E_y(m-1, j+1/2)$ 和 $E_y(m, j+1/2)$ 这四个场量，而此时 $E_y(m, j+1/2)$ 位于理想导电体的位置，也就是说 $E_y(m, j+1/2) = 0$。因此，$H_{zx}(m-3/2, j+1/2)$ 所满足的差分格式应当改为如下形式：

$$\mu(m-3/2, j+1/2)\frac{\mathrm{d}H_{zx}(m-3/2, j+1/2)}{\mathrm{d}t}$$
$$+ \rho_x(m-3/2, j+1/2)H_{zx}(m-3/2, j+1/2)$$

$$= -\left(\frac{1}{24} \times \frac{E_y(i-3,\,j+1/2)}{\Delta x} - \frac{27}{24} \times \frac{E_y(i-2,\,j+1/2)}{\Delta x} \right)$$
$$- \left(\frac{27}{24} \times \frac{E_y(i-1,\,j+1/2)}{\Delta x} \right) \tag{5.6.41}$$

考虑场量 $H_{zx}(m-1/2,\,j+1/2)$，按照式（5.6.31）对其进行差分近似时，要用到 $E_y(m-2,\,j+1/2)$，$E_y(m-1,\,j+1/2)$，$E_y(m,\,j+1/2)$ 和 $E_y(m+1,\,j+1/2)$ 这四个场量。从图 5.6.1 中可以看出，此时 $E_y(m,\,j+1/2)$ 位于理想导电体位置，而 $E_y(m+1,\,j+1/2)$ 位于计算区域以外。根据电壁的处理原则，此时有 $E_y(m,\,j+1/2)=0$ 以及 $E_y(m+1,\,j+1/2)=-E_y(m-1,\,j+1/2)$。因此，$H_{zx}(m,J)$ 所满足的差分格式应当改为如下形式：

$$\mu(m-1/2,\,j+1/2)\frac{\mathrm{d}H_{zx}(m-1/2,\,j+1/2)}{\mathrm{d}t}$$
$$+ \rho_x(m-1/2,\,j+1/2)H_{zx}(m-1/2,\,j+1/2) \tag{5.6.42}$$
$$= -\left(\frac{1}{24} \times \frac{E_y(m-2,\,j+1/2)}{\Delta x} - \frac{26}{24} \times \frac{E_y(m-1,\,j+1/2)}{\Delta x} \right)$$

考虑场量 $E_y(m-1,\,j+1/2)$，按照式（5.6.30）对其进行差分近似时，要用到 $H_{zx}(m-5/2,\,j+1/2)$，$H_{zx}(m-3/2,\,j+1/2)$，$H_{zx}(m-1/2,\,j+1/2)$ 和 $H_{zx}(m+1/2,\,j+1/2)$ 这四个场量，而此时 $H_{zx}(m+1/2,\,j+1/2)$ 位于计算区域之外。根据电壁的处理原则，此时有 $H_{zx}(m+1/2,\,j+1/2)=H_{zx}(m-1/2,\,j+1/2)$。因此，$E_y(m-1,\,j+1/2)$ 所满足的差分格式应当改为如下形式：

$$\varepsilon(m-1,\,j+1/2)\frac{\mathrm{d}E_y(m-1,\,j+1/2)}{\mathrm{d}t} + \gamma_x(m-1,\,j+1/2)E_y(m-1,\,j+1/2)$$
$$= -\left(\frac{1}{24} \times \frac{H_{zx}(m-5/2,\,j+1/2)}{\Delta x} - \frac{27}{24} \times \frac{H_{zx}(m-3/2,\,j+1/2)}{\Delta x} \right)$$
$$- \left(\frac{28}{24} \times \frac{H_{zx}(m-1/2,\,j+1/2)}{\Delta x} \right) \tag{5.6.43}$$
$$- \left(\frac{1}{24} \times \frac{H_{zy}(m-5/2,\,j+1/2)}{\Delta x} - \frac{27}{24} \times \frac{H_{zy}(m-3/2,\,j+1/2)}{\Delta x} \right)$$
$$- \left(\frac{28}{24} \times \frac{H_{zy}(i-1/2,\,j+1/2)}{\Delta x} \right)$$

以上就是 PITD(4) 方法在理想导体附近，PML 吸收边界差分格式的处理方法。

5.6.4　用于电磁波 PITD(4) 方法的 PML 吸收边界的吸收性能分析

下面通过一个点源辐射的算例，来分析用于电磁波 PITD(4) 方法的 PML 吸收边界的吸收效果。

　　如图 5.6.2 所示，点源 H_z 位于其中心位置，而 PML 媒质层位于计算区域的外侧。计算区域被离散为 42×42 个元胞，空间步长为 $\Delta = \Delta x = \Delta y = 1\text{mm}$。设置两个采样点分别为 A 点和 B 点，其中 A 点距离 PML 分界面一个网格节点，B 点距离水平和垂直方向 PML 交叉点处分界面一个网格节点。

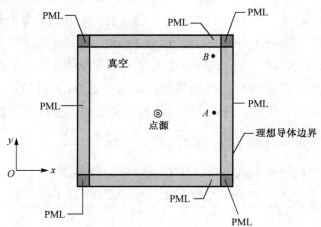

图 5.6.2　点源及采样点 A、B 的位置示意图

　　点源具有如下形式：

$$H_z = \frac{t - t_0}{\tau} \exp\left[-4\pi(t - t_0)^2 / \tau^2\right] \tag{5.6.44}$$

式中，$t_0 = 3\tau = 5.337 \times 10^{-11}\text{s}$。

　　在 PML 媒质层中，电导率 γ 按照式（5.6.45）进行设置：

$$\gamma(r) = \gamma_{\max}\left(\frac{r}{l}\right)^m, \quad m = 2, 3, 4 \tag{5.6.45}$$

式中，$\gamma_{\max} = \dfrac{(m+1)}{150\pi\Delta\sqrt{\varepsilon_{\text{reff}}}}$；$r$ 为设置位置到 PML 分界面的距离；l 为 PML 分界面到理想导电体的距离；$\varepsilon_{\text{reff}}$ 代表非均匀介质情况下的有效相对介电常数；Δ 代表最小的空间步长。

　　为了分析 PML 的吸收效果，这里定义 PML 的反射误差为

$$R = 20\lg\frac{\left|H^t - H^t_{\text{ref}}\right|}{\max\left|H^t_{\text{ref}}\right|} \tag{5.6.46}$$

式中，H^t 代表在采样点 A（或 B）处磁场分量 $H_z(t)$ 的计算值；H^t_{ref} 的取值与 FDTD 方法相类似，即为将计算区域扩大到足够大处，激励源位置不变，在相同采样点位置得到的磁场分量 $H_z(t)$ 的值。当 H^t_{ref} 的计算区域足够大时，参考点处没有从计算区域的外边界反射回来的电磁波。

1. PITD(4)和 FDTD 方法反射误差比较

按照 PITD(4)方法的原理，首先分别对图 5.6.2 中的内部计算区域和 PML 媒质层进行空间差分近似，得到 PITD(4)方法的常微分方程组。然后，采用精细积分算法对其进行求解。

取 PML 媒质层的厚度为 10 层，同时设 Courant 常数为 $S=0.5$。图 5.6.3 给出了在观测点 A 处，反射误差随时间变化的曲线。为了方便比较，在图中也给出了在相同计算条件下，采用 Berenger 分裂场量 PML 的 FDTD 方法的反射误差计算结果。可以看出，PITD(4)方法的 PML 吸收边界的最大反射误差与用于 FDTD 方法的 PML 吸收边界的最大反射误差是基本相同的，两者具有几乎一样的吸收性能。还可以看到，随着时间步迭代次数的增加，用于 PITD(4)方法的 PML 吸收边界的后时反射误差要远小于来自 FDTD 方法的 PML 吸收边界的后时反射误差。PITD(4)方法的 PML 吸收边界的这种特性特别适合于处理具有长过渡时间的时域电磁场问题分析。

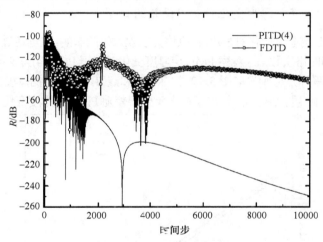

图 5.6.3　PITD(4)和 FDTD 两种方法反射误差比较（$S=0.5$）

2. 时间步长对 PML 吸收边界反射误差的影响

时程精细积分算法的一个最大特点就是时间步长的选取不受 FDTD 方法 CFL 稳定性条件的制约，可以采用大的时间步长。这里通过采用不同的时间步长，来观察其对用于 PITD(4)方法的 PML 吸收边界的吸收效果的影响。

图 5.6.4 给出了分别取 $S=0.5$，$S=2.5$ 和 $S=10$ 时，观察点 A 处反射误差随时间变化的曲线。可以看到，随着时间步长的增大，来自 PITD(4)方法的 PML 媒质层的反射误差也在增大，其吸收性能变差。值得注意的是，采用 Benenger 分裂场量方法的 ADI-FDTD 方法的 PML 吸收边界也存在着同样的问题。

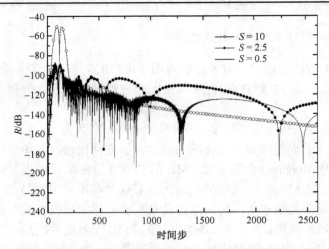

图 5.6.4　时间步长对 PML 反射误差的影响

3. PML 吸收边界层厚度变化对反射误差的影响

现在讨论 PML 层厚度变化对 PML 吸收边界吸收效果的影响。这里通过采用不同的 PML 媒质层的厚度（即网格层数）来观察 PML 层厚度变化对用于 PITD(4)方法的 PML 边界条件吸收性能的影响。采样点分别选取图 5.6.2 中的点 A 和点 B。PML 层的厚度分别选取为 3、4、5、6、7、8、9 和 10 层。图 5.6.5 给出了最大反射误差随 PML 层厚度变化的曲线。

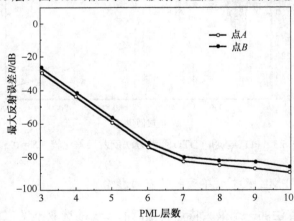

图 5.6.5　最大反射误差与 PML 厚度（网格层数）之间的关系

可以看到，来自 PML 层的最大反射误差会随着 PML 层厚度的增加而逐渐减小。同时还可以看到，观测点 A 处的反射误差比观测点 B 处的反射误差要略小。

4. γ_{max} 参数的最优值

研究结果表明，随着 PML 层厚度不同，对应有不同的反射系数 $R(0)$ 的最优取值。

在这里，文献[6]给出一个具有普遍适用性的 γ_{max} 优化参数：

$$\gamma_{\mathrm{opt}} = \frac{0.8(m+1)}{\eta\Delta} \tag{5.6.47}$$

式中，$\eta = \sqrt{\dfrac{\mu}{\varepsilon}}$。大量数值模拟结果表明，在进行 FDTD 计算时，式（5.6.47）的 γ_{opt} 参数选取方法对于很多实际工程问题都极为适合。

　　这里，对用于 PITD(4) 方法的 PML 媒质层 γ_{max} 参数的选取也进行类似探讨。令 $\gamma_{\mathrm{max}} = \dfrac{m+1}{\eta\Delta}$，分别取 $\gamma_{\mathrm{opt}} = (0.2 \sim 2.6)\gamma_{\mathrm{max}}$，观察来自 PML 层边界的最大反射误差随 $\gamma_{\mathrm{opt}} / \gamma_{\mathrm{max}}$ 的变化情况。图 5.6.6 给出了取 $S = 0.5$，$S = 2.5$ 和 $S = 10$ 时，观测点 A 处最大反射误差随 $\gamma_{\mathrm{opt}} / \gamma_{\mathrm{max}}$ 的变化曲线。

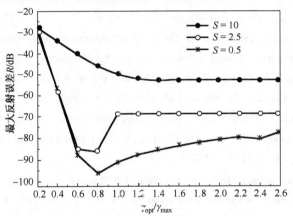

图 5.6.6　PML 媒质层最大反射误差与 γ_{opt} 取值的关系

　　从图 5.6.6 中可以看出，当 $\gamma_{\mathrm{opt}} / \gamma_{\mathrm{max}} \approx 0.8$ 时，PML 层的最大反射误差最小。这一结果和文献[6]的结论一致。式（5.6.47）可以作为 PITD(4) 方法的 PML 参数 γ_{max} 选取的优化公式。

　　总之，用于 PITD(4) 方法的 PML 层的吸收效果与用于 FDTD 方法的 PML 层的吸收效果基本一致，大时间步长会影响用于 PITD(4) 方法的 PML 层的吸收效果。与其他数值分析方法相比较，用于电磁波 PITD(4) 方法的 PML 层的后期反射误差更小，更适合于长时间过渡过程的数值仿真。

参 考 文 献

[1]　Jiang L L, Chen Z Z, Mao J F. On the numerical stability of the precise integration time-domain

(PITD) method[J]. IEEE Microwave and Wireless Components Letters, 2007, 17 (7): 471—473.

[2] Chen Z Z, Jiang L L, Mao J F. Numerical dispersion characteristics of the three-dimensional precise integration time-domain method[C]. 2007 International Microwave Symposium (IMS 2007), Honolulu, 2007: 1971—1974.

[3] Ma X K, Zhao X T, Zhao Y Z. A 3-D precise integration time-domain method without the restraints of the Courant-Friedrich-Levy stability condition for the numerical solution of Maxwell's equations[J]. IEEE Transactions on Microwave Theory and Techniques, 2006, 54 (7): 3026—3037.

[4] Zhao X T, Ma X K, Zhao Y Z. An unconditionally stable precise integration time domain method for the numerical solution of Maxwell's equations in circular cylindrical coordinates[J]. Progress in Electromagnetics Research-Pier, 2007, 69: 201—217.

[5] 葛德彪, 闫玉波. 电磁波时域有限差分方法[M]. 西安: 西安电子科技大学出版社, 2002.

[6] Taflove A, Hagness S C. Computational Electrodynamics: The Finite-difference Time-domain Method[M]. Norwood, Massachustts: Artech House, 2005.

[7] Abarbanel S, Gottlieb D, Hesthaven J S. Long time behavior of the perfectly matched layer equations in computational electromagnetics[J]. Journal of Scientific Computing, 2002,17 (1/2/3/4): 405—422.

[8] Zheng F H, Chen Z Z, Zhang J Z. A finite-difference time-domain method without the Courant stability conditions[J]. IEEE Microwave and Guided Wave Letters, 1999, 9 (11): 441—443.

[9] Zheng F H, Chen Z Z, Zhang J Z. Toward the development of a three-dimensional unconditionally stable finite-difference time-domain method[J]. IEEE Transactions on Microwave Theory and Techniques, 2000, 48 (9): 1550—1558.

[10] Yee K S. Numerical solution of initial boundary value problems involving Maxwell's equations in isotropic media[J]. IEEE Transactions on Antennas and Propagation, 1966, 14 (3): 302—307.

[11] Ogurtsov S, Georgakopoulos S V. FDTD schemes with minimal numerical dispersion[J]. IEEE Transactions on Advanced Packaging, 2009, 32 (1): 199—204.

[12] Represa J, Pereira C, Panizo M, et al. A simple demonstration of numerical dispersion under FDTD[J]. IEEE Transactions on Education, 1997, 40 (1): 98—102.

[13] Zheng F H, Chen Z Z. Numerical dispersion analysis of the unconditionally stable 3-D ADI-FDTD method[J]. IEEE Transactions on Microwave Theory and Techniques, 2001, 49 (5): 1006—1009.

[14] Bai Z M, Ma X K, Gang S. A Low-dispersion realization of precise integration time-domain method using a fourth-order accurate finite difference scheme [J]. IEEE Transactions on Antennas and Propagation, 2011, 59 (4): 1311—1320.

[15] 白仲明. 电磁波四阶精度时域精细积分方法及其应用技术[D]. 西安: 西安交通大学博士学位论文, 2011.

第 6 章　电磁波时程精细积分法应用中的子域技术

从前面几章的分析已经知道，时程精细积分算法具有良好的稳定性和数值色散误差几乎与时间步长无关的特点。从理论上讲，空间差分离散的步长越小，计算精度就会越高。但是，随着计算区域的扩大和计算模型的复杂化，未知量的数目将会明显地增多，最终使得矩阵指数的规模会急剧增大，导致精细积分算法对计算机内存的需求骤然增大。而计算工作量及内存占用的大量增加又阻碍了时程精细积分法的应用。这一问题已严重地阻碍了精细积分算法的进一步应用。

为了解决这一问题，钟万勰院士于 1995 年就提出了精细积分算法中的子域技术的概念[1]。其核心思想是将原来对整个计算区域内全部变量的一次同步求解运算，转化为对各个部分计算区域（也称为子域）内变量进行逐次或并行求解运算。借助于这种方式，可以显著地减小矩阵指数的规模，降低精细积分算法对计算设备的要求。数值计算经验表明，子域技术的时间步长不能取得太大，否则会导致算法不稳定[2]。在实际计算中，应该在计算量、计算精度和稳定性之间作出某种权衡，并且子域大小的选取和计算格式的选择都有很大的技巧。

在本章中，首先介绍基于子域技术的时程精细积分法的计算原理及其计算步骤。然后，介绍子域的划分原则、子域边界的处理方法和将子域计算结果合成为全域计算结果的处理方法。最后，讨论将 PML 吸收边界条件引入到基于子域技术的时程精细积分法的计算中，以及以 PML 层吸收边界条件作为子域截断边界的具体处理方法[3, 4]。

6.1　子域的划分原则和子域边界的处理

在第 2 章中，曾经初步介绍过基于子域技术的时程精细积分法。子域技术利用了差分法窄带宽的特点，在时间步长 Δt 内对某个网格节点 j 进行时间积分时，考虑到只有相邻的几个节点对该点的影响较大，因此只需考虑相邻的几个网格节点，这几个节点称为子域。这样一来，原来在每一时间步中需要全部节点都参与的计算，就可以转化为分别对各个子域的独立计算。

在应用基于子域技术的时程精细积分法计算时，首先需要将计算区域按照一定规则划分为多个子域，然后对各个子域采用精细积分算法求解，最后将各个子域的计算结果合成为全域计算结果。

为了节省篇幅，关于 Maxwell 方程中空间偏微分算子的差分近似，可以参见前面几章的结果，这里不再赘述。

6.1.1　子域的划分原则

对子域进行划分有着一定的技巧。这里首先给出子域划分的三条基本原则。

（1）应该根据计算精度要求和计算量限制来权衡子域的大小。一般来讲，子域选取得越大，计算结果就越准确，但过大的子域又会导致矩阵指数的规模增大，占用较多的计算机系统资源，降低运算速度。

（2）相邻子域边界部分的空间应该互相覆盖。覆盖范围的大小应该依据子域边界处理的情况来确定。

（3）各子域的几何尺寸不一定相同，但是在各子域内所包含的节点数目应该相等，这样便于使用统一的时程精细积分算法计算程序。

6.1.2　一维问题子域划分

如图 6.1.1 所示，整个计算区域被依次分割成 $2N-1$ 个子域，每个子域所占空间的大小为全域空间的 $1/N$。同时，相邻子域之间互相部分重叠，重叠比例占子域大小的 50%。例如，子域 2 的左边界，恰好为子域 1 的中心点；而子域 3 的左边界为子域 2 的中心点。

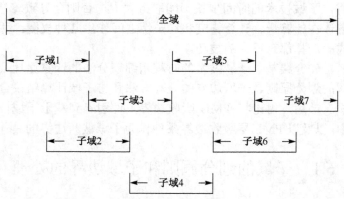

图 6.1.1　一维子域划分示例（子域大小为全域的 1/4）

6.1.3　二维问题子域划分

二维问题的子域划分如图 6.1.2 所示。整个计算区域被划分为 9 个子域，每个子域的大小为全域范围的 1/4。可以看到各个子域之间是互相重叠的。

6.1.4　三维问题子域划分

对于三维问题，其子域划分的基本思想和方法与一维和二维问题的子域划分是相同的，就是要保证相邻子域互相重叠。限于篇幅，这里不再赘述。

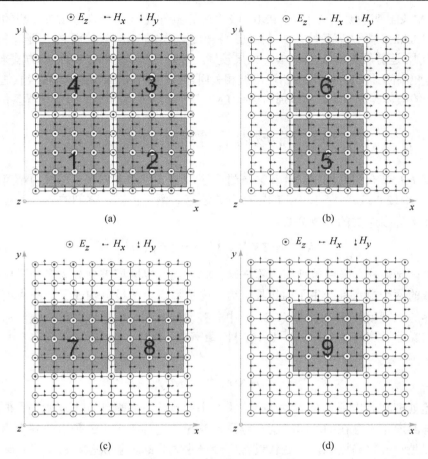

图 6.1.2　二维子域划分示意（子域大小为全域的 1/4）

6.1.5　子域边界的处理

在通常情况下，采用全域进行计算时，边界条件要么是给定的，要么是采用吸收边界条件的方法来模拟无限空间。但是，在采用基于子域技术的时程精细积分法时，除了整个计算区域的边界外，还会出现因子域划分而产生的各个子域的边界。这些子域边界中只有很少一部分可以采用全域的边界条件，而对其他子域的边界必须对其进行单独处理。

边界条件的选取和处理方法是瞬态电磁场数值模拟时经常遇到的问题，它与具体的数值方法紧密相联系。一些表面上差别不大的处理方式其效果往往差别较大，有时不仅会影响计算的稳定性，甚至可能会出现数值失稳的问题。

对于基于子域技术的时域精细积分方法而言，在分析涡流方程问题时，通常可以通过在边界处进行插值计算来处理子域边界问题；而在分析电磁波问题时，采用

Engquist-Majda 吸收边界条件或 PML 吸收边界条件通常都能获得比较理想的结果。Engquist-Majda 吸收边界条件只涉及截断边界附近一层或两层网格；而 PML 通常需要3～9个网格层，运算较为复杂，但 PML 效果较好。对基于子域技术的 PITD(4) 方法来说，由于其具有较高的计算精度，在分析电磁波相关问题时，采用 Engquist-Majda 吸收边界会降低该方法的整体计算精度，所以通常选择 PML 吸收边界作为子域的吸收边界条件。

6.2　单个子域内的时程精细积分计算

按照 6.1 节介绍的原则对计算区域进行子域划分后，在每一个子域内都可以写出形如式（3.1.12）或式（5.1.30）的常微分方程组。假设已知 t_k 时刻的 $\boldsymbol{X}^{(k)}$，那么就可以得到如下逐步递推的计算公式：

$$\boldsymbol{X}^{(k+1)} = \boldsymbol{T}\boldsymbol{X}^{(k)} + \int_{t_k}^{t_{k+1}} \mathrm{e}^{(t_{k+1}-s)\boldsymbol{m}} \boldsymbol{f}(s)\mathrm{d}s \tag{6.2.1}$$

式中，$\boldsymbol{T} = \exp(\boldsymbol{m}\Delta t)$ 采用精细积分算法来计算。当计算区域被划分为多个子域后，在各个子域的两个端点都产生了内边界，这些内边界点处的场量构成了非齐次项 $\boldsymbol{f}$。对子域边界的处理就转化为对式（6.2.1）中非齐次项的积分问题。在计算这一积分时，一般都假设非齐次项 $\boldsymbol{f}$ 在时间步 (t_k, t_{k+1}) 内是常数，即有 $\boldsymbol{f}_j = \boldsymbol{f}(j\Delta t)$。因此，式（6.2.1）就可以写为

$$\boldsymbol{X}^{(k+1)} = \exp(\boldsymbol{m}\Delta t)(\boldsymbol{X}^{(k)} + \boldsymbol{m}^{-1}\boldsymbol{f}_j) - \boldsymbol{m}^{-1}\boldsymbol{f}_j \tag{6.2.2}$$

上述处理非齐次项积分的方法会带来两个问题：一是要对矩阵 $\boldsymbol{m}$ 求逆，但在某些时候矩阵的逆是不存在的，这样就会导致计算无法进行下去；二是对非齐次项进行线性化近似是一种粗略近似，在迭代过程中会产生大量的累积误差，最终导致计算结果误差增大，特别是对系统固有频率未知/激励剧烈变化的情况更是如此。

非齐次项的积分计算对时程精细积分法在实际应用中的性能有着很大的影响，这是一个十分复杂的理论问题，采用理论分析与数值方法相结合是一种有效解决问题的途径。在这里，采用高斯数值积分方法对式（6.2.1）中的非齐次项进行积分计算。高斯数值积分公式为

$$\int_a^b f(t)\mathrm{d}t = \frac{b-a}{2}\sum_{k=1}^{N} w_k f\left(\frac{a+b}{2} + \frac{b-a}{2}x_k\right) \tag{6.2.3}$$

若采用三点高斯积分（取 $N=3$），则式（6.2.1）中非齐次项积分为

$$\int_{t_k}^{t_{k+1}} \mathrm{e}^{(t_{k+1}-s)\boldsymbol{m}} \boldsymbol{f}(s)\mathrm{d}s = \frac{\Delta t}{2}\left[\frac{5}{9}\mathrm{e}^{\left(\frac{\Delta t}{2}+\frac{\Delta t}{2}\sqrt{\frac{3}{5}}\right)\boldsymbol{m}}\boldsymbol{f}\left(t_k + \frac{\Delta t}{2} - \frac{\Delta t}{2}\sqrt{\frac{3}{5}}\right) + \frac{8}{9}\mathrm{e}^{\left(\frac{\Delta t}{2}\right)\boldsymbol{m}}\boldsymbol{f}\left(t_k + \frac{\Delta t}{2}\right)\right]$$
$$+ \frac{\Delta t}{2}\left[\frac{5}{9}\mathrm{e}^{\left(\frac{\Delta t}{2}-\frac{\Delta t}{2}\sqrt{\frac{3}{5}}\right)\boldsymbol{m}}\boldsymbol{f}\left(t_k + \frac{\Delta t}{2} + \frac{\Delta t}{2}\sqrt{\frac{3}{5}}\right)\right] \tag{6.2.4}$$

由式（6.2.4）可知，只要能求出 f 中所包含的该子域边界节点上场量在 $t_1 = t_k + \Delta t / 2$，$t_2 = t_k + \Delta t / 2 - \Delta t \sqrt{3/5} / 2$ 和 $t_2 = t_k + \Delta t / 2 + \Delta t \sqrt{3/5} / 2$ 各个时刻的值，就可以求得非齐次项的积分值。

很显然，应用高斯数值积分方法不但可以提高计算精度，而且避免了矩阵求逆。在后面章节的数值算例中，将对高斯数值积分方法的具体应用和边界节点的插值处理进行详细的介绍。

6.3　子域计算结果的合成方法

基于子域技术的时程精细积分法的计算误差，在很大程度上来源于子域边界处的计算误差。根据子域划分原则可以知道，各个相邻子域是有部分空间互相重叠的，所以为了提高基于子域技术的时程精细积分法的计算精度，在将各子域计算结果合成为全域计算结果时应保留各子域中靠近子域中心部分的节点的计算结果，而舍弃靠近子域边界处节点的计算结果，将其换成柜邻子域靠近中心处与这部分舍弃节点所对应位置处的计算结果。下面详细介绍子域计算结果的合成方法。

6.3.1　一维问题子域计算结果的合成方法

对于一维问题，在经过一个时间步运算之后，应当按照图 6.3.1 所示的方法进行合成处理来获得各个子域内节点的计算结果。保留靠近中心处（黑色区域）节点的计算结果，舍弃靠近边界处（白色区域）节点的计算结果，由各个子域内被保留下来节点的计算结果组合来构成这一时间步运算之后全域的计算结果。图 6.3.1 给出了子域大小为全域的 1/4 时，一维问题子域计算结果的合成处理方法。

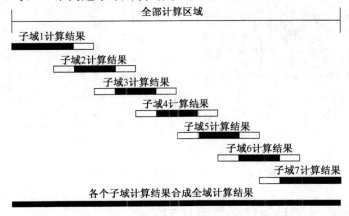

图 6.3.1　一维问题子域计算结果合成示意

6.3.2　二维问题子域计算结果的合成方法

对于二维问题，同样在经过一个时间步运算之后，在对子域计算结果进行合成处理时，采用与一维问题子域计算结果合成处理相同的方法。舍弃各个子域内靠近边界处节点的计算结果，保留各个子域靠近中心处节点的计算结果。

如图 6.3.2 所示，给出了二维问题子域计算结果合成方法的示意图。经过一个时间步计算后，应该舍弃靠近边界处（深色区域）节点的计算结果，保留各个子域靠近中心处（浅色区域）节点的计算结果。将各个子域中保留下来节点的计算结果（浅色区域）相组合，就是整个计算区域的计算结果。

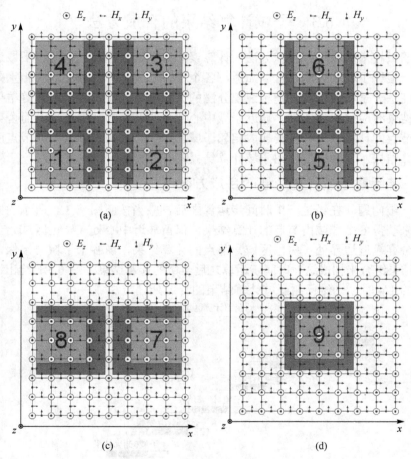

图 6.3.2　二维子域计算结果合成示意

6.3.3　三维问题子域计算结果的合成方法

对于三维问题，其子域计算结果的合成方法，与上述一维、二维问题中的合成方法相类似，这里不再赘述。

6.4 PML 吸收边界在基于子域技术的 PITD(4)方法中的应用

在基于子域技术的 PITD(4)方法中，最核心的算法仍然是 PITD(4)方法。因此，对于每个子域的 PITD(4)计算，必须采用高精度的截断边界，这样才能最大限度地发挥 PITD(4)方法高计算精度的特点。根据前面的讨论知道，用于 PITD(4)方法的 PML 吸收边界条件具有很好的吸收效果，完全可以满足对各个子域边界截断的需要。

在本节中，我们将把 PML 吸收边界条件引入到基于子域技术的时程精细积分法中。也就是说，采用 PML 吸收边界条件对各个子域的边界进行截断，借助其良好的吸收效果来确保在子域内部不会出现较大的计算误差，使 PITD(4)方法的高计算精度优势得到正常发挥。下面对 PML 吸收边界条件用于子域边界截断的处理方法进行详细的讨论。

6.4.1 电磁波动方程的空间离散形式

以二维 TM 波为例，设媒质为各向同性、线性和均匀的理想介质，则 Maxwell 方程为

$$\frac{\partial H_x}{\partial t} = -\frac{1}{\mu}\frac{\partial E_z}{\partial y} \tag{6.4.1}$$

$$\frac{\partial H_y}{\partial t} = \frac{1}{\mu}\frac{\partial E_z}{\partial x} \tag{6.4.2}$$

$$\frac{\partial E_z}{\partial t} = \frac{1}{\varepsilon}\left(\frac{\partial H_y}{\partial x} - \frac{\partial H_x}{\partial y}\right) \tag{6.4.3}$$

采用 4 阶精度中心差分格式对式（6.4.1）～式（6.4.3）进行空间差分近似，有

$$\begin{aligned}
\frac{\mathrm{d}H_x(i,j+1/2)}{\mathrm{d}t} = &-\frac{1}{\mu}\left(\frac{1}{24}\times\frac{E_z(i,j-1)}{\Delta y} - \frac{27}{24}\times\frac{E_z(i,j)}{\Delta y}\right)\\
&-\frac{1}{\mu}\left(\frac{27}{24}\times\frac{E_z(i,j+1)}{\Delta y} - \frac{1}{24}\times\frac{E_z(i,j+2)}{\Delta y}\right)
\end{aligned} \tag{6.4.4}$$

$$\begin{aligned}
\frac{\mathrm{d}H_y(i+1/2,j)}{\mathrm{d}t} = &\frac{1}{\mu}\left(\frac{1}{24}\times\frac{E_z(i-1,j)}{\Delta x} - \frac{27}{24}\times\frac{E_z(i,j)}{\Delta x}\right)\\
&+\frac{1}{\mu}\left(\frac{27}{24}\times\frac{E_z(i+1,j)}{\Delta x} - \frac{1}{24}\times\frac{E_z(i+2,j)}{\Delta x}\right)
\end{aligned} \tag{6.4.5}$$

$$\begin{aligned}
\frac{\mathrm{d}E_z(i,j)}{\mathrm{d}t} = &\frac{1}{\varepsilon}\left(\frac{1}{24}\times\frac{H_y(i-3/2,j)}{\Delta x} - \frac{27}{24}\times\frac{H_y(i-1/2,j)}{\Delta x}\right)\\
&+\frac{1}{\varepsilon}\left(\frac{27}{24}\times\frac{H_y(i+1/2,j)}{\Delta x} - \frac{1}{24}\times\frac{H_y(i+3/2,j)}{\Delta x}\right)
\end{aligned}$$

$$-\frac{1}{\varepsilon}\left(\frac{1}{24}\times\frac{H_x(i,j-3/2)}{\Delta y}-\frac{27}{24}\times\frac{H_x(i,j-1/2)}{\Delta y}\right)$$

$$-\frac{1}{\varepsilon}\left(\frac{27}{24}\times\frac{H_x(i,j+1/2)}{\Delta y}-\frac{1}{24}\times\frac{H_x(i,j+3/2)}{\Delta y}\right)\tag{6.4.6}$$

6.4.2　PML 层用于截断子域边界时的子域划分方法

一般说来，以 PML 层作为子域截断边界，只要保证 PML 层有一定的厚度，就可以基本上消除来自子域边界的反射，从而保证 PML 层与媒质分界面（线）以内的计算区域的计算结果的准确性。因此，在对子域进行划分时，如果 PML 层作为子域截断边界，那么相邻子域之间需要 PML 层部分地相交叉并且相邻，在这一点上是与 6.1 节中的子域划分方法略有区别的。

图 6.4.1 给出了二维空间被划分为 100×100 个网格节点时，PML 层用作子域截断

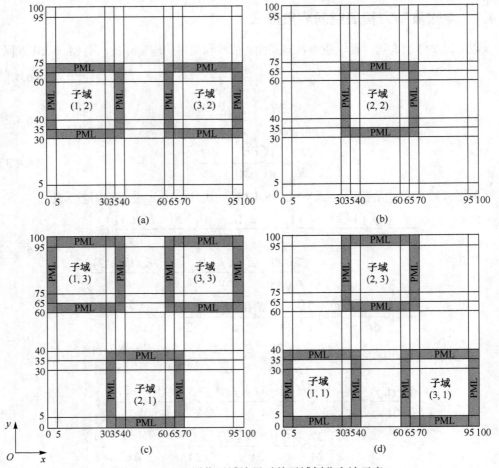

图 6.4.1　PML 用作子域边界时的子域划分方法示意

边界的子域划分示意。图中的 PML 层厚度为 5 层，整个计算区域被划分为3×3个子域，每个子域的大小大约为全域的 1/9。如图 6.4.1（d）所示，子域(1,1)是点(0,0)、点(40,0)、点(40,40)和点(0,40)为其角点的矩形区域，其中的深色部分为子域(1,1)的 PML 边界。应当注意到，所有子域的 PML 层交叉相邻但又不重叠。

　　为了清楚起见，图 6.4.2 给出了 PML 层作为子域边界时的细微结构。可以看出，子域（1,2）和子域（2,2）是两个左右相邻的子域，子域（1,2）的右边界为（35：40，30：70），而子域（2,2）的左边界为（30：35，30：70）。很显然，这样的划分方法比图 6.1.2 所示的子域划分方法更为有效，在每个子域大小保持不变的情况下，可以使总的子域数目减少将近一半，使得在进行子域运算时总的迭代次数会明显地减少。

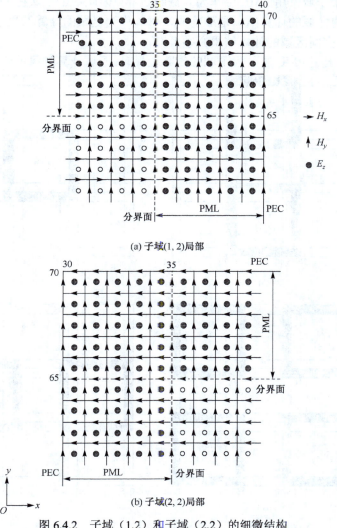

(a) 子域(1, 2)局部

(b) 子域(2, 2)局部

图 6.4.2　子域（1,2）和子域（2,2）的细微结构

6.4.3　子域问题的计算

以 PML 层作为子域的截断边界时，其设置和参数选取方法与第 5 章中所使用方法完全一致。在对每个子域进行精细积分计算时，仍然采用 PITD(4)方法。

6.4.4　子域计算结果的合成方法

当经过一个时间步，完成了对各个子域的精细积分运算之后，需要对各个子域的计算结果进行合成，从而得到整个计算区域的计算结果。仍然采用前面的子域划分模型（图 6.4.1），以二维问题为例来说明子域计算结果的合成方法。

由于对各个子域采用 PML 层作为其截断边界，因此各个子域在 PML 层与媒质分界面（线）以内区域的计算结果是准确的，可以作为全域的计算结果予以保留，而各个子域 PML 层空间区域的计算结果必须舍弃。

图 6.4.3 给出了 PML 层作为子域的截断边界时，子域计算结果的合成方法示意图。

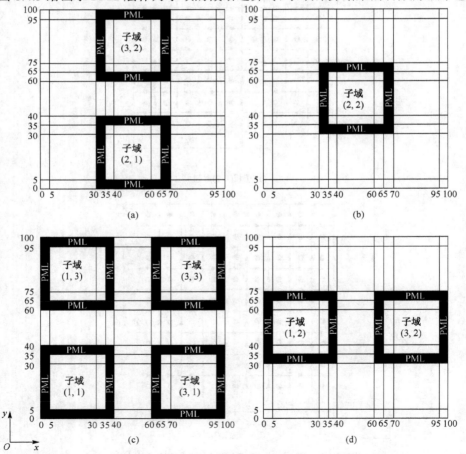

图 6.4.3　PML 作为子域边界时子域计算结果合成方法示意

对于各个子域的计算结果,只保留浅灰色区域内的计算结果,将其作为在这个位置上全域的计算结果。对各个子域边界处 PML 层所在位置的计算结果,则应全部舍弃。例如,对于图 6.4.3 (d) 中的子域(1,2),它所在的空间区域是由节点(0,30)、节点(40,30)、节点(40,70)和节点(0,70)为其角点的矩形区域。按照子域计算结果的合成方法,应该保留其内部由节点(5,5)、节点(35,35)、节点(35,65)和节点(5,65)为其角点的矩形区域内的计算结果,而舍弃 PML 层区域内的计算结果。很显然,保留下来的所有子域的浅灰色区域恰好就是全域的计算结果。

6.5　基于子域技术的 PITD 方法分析变压器叠片铁心中的涡流

在电工设备中,为了在同样的绕组和电流时获得比较大的磁通,很多设备都使用了铁磁材料。由于这些铁磁材料通常又是导电材料,因此在磁通的建立或消失过程中铁心内部都会产生涡流。涡流磁场的作用是趋于阻止激励电流的变化,使得铁磁材料内部的磁场不能迅速增加,只能逐步达到稳态值。而在达到稳态前,需要经历一段过渡时间。在某些情况下,如强磁场的建立、消失或者施加脉冲磁场时,这个过渡过程对设备的影响尤其明显,因此对扩散过程进行精确的数值分析就显得极为重要。

在本节中,应用基于子域技术的 PITD 方法来分析当线圈中激励电流发生突变时,铁心叠片内部磁场的瞬态变化过程。

6.5.1　计算模型

以变压器铁心叠片为例,分析当绕组中电流突变时铁心叠片中的磁场瞬态变化。近似认为所有叠片中磁场相同,所以只分析其中的一片,其简化模型如图 6.5.1 所示。

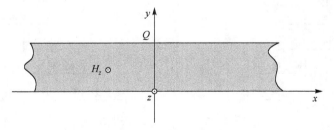

图 6.5.1　铁心叠片示意图

假设铁心叠片的宽度和长度远大于其厚度 a ,这里分别取 $a = 1\text{mm}$,电导率 $\gamma = 1 \times 10^7 \text{S/m}$ 和相对磁导率 $\mu_r = 3000$ 。给定边界条件为

$$\begin{cases} H(0,t) = \begin{cases} 1\text{A} \cdot \text{m}^{-1}, & t \leqslant 0 \\ 0, & t > 0 \end{cases} \\ H(0.001,t) = \begin{cases} 1\text{A} \cdot \text{m}^{-1}, & t \leqslant 0 \\ 0, & t > 0 \end{cases} \end{cases} \quad (6.5.1)$$

和初始条件为

$$H(y,0) = 1\text{A} \cdot \text{m}^{-1}, \quad 0 < y < 1\text{mm} \tag{6.5.2}$$

不难得到，在铁心叠片内磁场 $\boldsymbol{H} = H\boldsymbol{e}_z$ 满足如下涡流方程：

$$\frac{\partial^2 H}{\partial y^2} = \mu\gamma \frac{\partial H}{\partial t} \tag{6.5.3}$$

采用 2 阶中心差分对式（6.5.3）中的空间偏微分进行差分近似，有

$$\frac{\text{d}H(j,t)}{\text{d}t} = \frac{1}{\gamma\mu} \frac{H(j+1,t) - 2H(j,t) + H(j-1,t)}{\Delta x^2} \tag{6.5.4}$$

6.5.2　子域划分及其子域边界处理

空间步长取为 1/1024mm，对计算区域进行差分离散。此时，全域总共包含 1024 个空间网格节点。按照前面介绍的子域划分方法，分别取子域为整个计算区域大小的 1/8 和 1/16，这样就将对原来全域的计算分别转化为对 15 个和 31 个子域的计算。

图 6.5.2 给出了子域大小为全域的 1/8 时的子域划分示意。可以看到，按照前面介绍的子域划分原则，整个计算区域将被划分为 15 个互相重叠的子域，每个子域内包含 128 个空间网格节点。

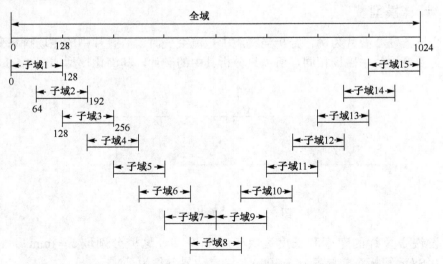

图 6.5.2　子域划分示意图（子域大小为全域的 1/8）

式（6.5.1）只给定了全域的边界条件。但是当计算区域被划分为多个子域后，各个子域都将会产生新的内边界。对于各子域来说，这些内边界点处的场量就构成了非齐次积分项。因此，对子域边界的处理，就转化为对非次项的积分问题。在这里，我们采用高斯数值积分方法完成非齐次项积分计算。高斯数值积分公式为

$$\int_a^b f(t)\mathrm{d}t = \frac{b-a}{2}\sum_{k=1}^{N} w_k f\left(\frac{a+b}{2}+\frac{b-a}{2}x_k\right)$$

若采用三点高斯积分（取 $N=3$），则非齐次项积分为

$$\int_{t_k}^{t_{k+1}} \mathrm{e}^{(t_{k+1}-s)m} f(s)\mathrm{d}s = \frac{\Delta t}{2}\left[\frac{5}{9}\mathrm{e}^{\left(\frac{\Delta t}{2}+\frac{\Delta t}{2}\sqrt{\frac{3}{5}}\right)m} f\left(t_k+\frac{\Delta t}{2}-\frac{\Delta t}{2}\sqrt{\frac{3}{5}}\right)+\frac{8}{9}\mathrm{e}^{\left(\frac{\Delta t}{2}\right)m} f\left(t_k+\frac{\Delta t}{2}\right)\right]$$

$$+\frac{\Delta t}{2}\left[\frac{5}{9}\mathrm{e}^{\left(\frac{\Delta t}{2}-\frac{\Delta t}{2}\sqrt{\frac{3}{5}}\right)m} f\left(t_k+\frac{\Delta t}{2}+\frac{\Delta t}{2}\sqrt{\frac{3}{5}}\right)\right] \tag{6.5.5}$$

由式（6.5.5）可知，只要能求出 f 中所包含该子域边界节点上的场量（分为全域边界节点上的场量和子域划分而产生的内边界节点上的场量）在 $t_1=t_k+\dfrac{\Delta t}{2}$，$t_2=t_k+\dfrac{\Delta t}{2}-\dfrac{\Delta t}{2}\sqrt{\dfrac{3}{5}}$ 和 $t_2=t_k+\dfrac{\Delta t}{2}+\dfrac{\Delta t}{2}\sqrt{\dfrac{3}{5}}$ 各个时刻的值，就可以求得非齐次项的积分值。

对于子域内边界节点上的场量（假设该场量为电场强度 E），设 t_k 时刻所有场量的值都已知，现在要求 $t=t_k+\Delta t$ 时刻的值。对一维问题，应用 Taylor 展开公式有

$$E_j^t \approx E_j^{t_k} + \Delta t \frac{\mathrm{d}E_j^{t_k}}{\mathrm{d}t} + (\Delta t)^2 \frac{\mathrm{d}^2 E_j^{t_k}}{2!\mathrm{d}t^2} \tag{6.5.6}$$

另一方面，采用 2 阶中心差分对 Maxwell 方程 $-\dfrac{\partial H}{\partial y}=\varepsilon\dfrac{\partial E}{\partial t}+\gamma E$ 进行差分近似，可以得到

$$\frac{\mathrm{d}E_j^{t_k}}{\mathrm{d}t} = -\frac{1}{\varepsilon}\left(\frac{H_{j+1}^{t_k}-H_{j-1}^{t_k}}{\Delta y}+\gamma E_j^{t_k}\right) \tag{6.5.7}$$

式（6.5.7）两边同时求时间的微分，则有

$$\frac{\mathrm{d}^2 E_j^{t_k}}{\mathrm{d}t^2} = -\frac{1}{\varepsilon\Delta y}\frac{\mathrm{d}H_{j+1}^{t_k}}{\mathrm{d}t}+\frac{1}{\varepsilon\Delta y}\frac{\mathrm{d}H_{j-1}^{t_k}}{\mathrm{d}t}-\frac{\gamma}{\varepsilon}\frac{\mathrm{d}E_j^{t_k}}{\mathrm{d}t} \tag{6.5.8}$$

再采用 2 阶中心差分对 Maxwell 方程 $\dfrac{\partial E}{\partial y}=-\mu\dfrac{\partial H}{\partial t}$ 进行差分近似，则有

$$\frac{\mathrm{d}H_{j+1}^{t_k}}{\mathrm{d}t} = -\frac{1}{\mu}\left(\frac{E_{j+2}^{t_k}-E_j^{t_k}}{\Delta y}\right) \tag{6.5.9}$$

和

$$\frac{\mathrm{d}H_{j-1}^{t_k}}{\mathrm{d}t} = -\frac{1}{\mu}\left(\frac{E_j^{t_k}-E_{j-2}^{t_k}}{\Delta y}\right) \tag{6.5.10}$$

将式（6.5.7）、式（6.5.9）和式（6.5.10）代入式（6.5.8），就可以求得 $\dfrac{\mathrm{d}^2 E_j^{t_k}}{\mathrm{d}t^2}$。将式（6.5.7）、式（6.5.8）代入式（6.5.6），即可求出 E_j^t。若边界节点上的场量为磁场强度 H，同样可以按照上述方法类似地求出。对于 $f(t)$ 中所包含的全域边界节点上的场量，则直接由给定的边界条件或吸收边界条件来确定。

6.5.3　子域计算结果合成

按照前面几节介绍过的子域计算结果合成方法，在每个子域中只保留靠近中间部分节点的计算结果，这部分数据占全部数值量的 1/2。图 6.5.3 给出了子域合成的示意图。空间步长为 1/1024mm，整个计算区域被剖分为 1025 个空间节点，每个子域大小为全域的 1/8，每个子域包含 125 个空间网格节点。按照子域计算结果的合成方法，由于子域左边的边界条件是给定的，不存在计算误差，所以对子域 1，保留节点编号为 0～95 的计算结果，将它们作为全域网格 0～95 的计算结果。而对子域 2，由于其左右两边的边界都属于内边界，所以两边的部分计算结果都要舍弃，只保留中间一段节点编号为 96～127 的计算结果，将它们作为全域网格节点 96～127 的计算结果。其他子域计算结果的处理，都按照这个原则依次类推。

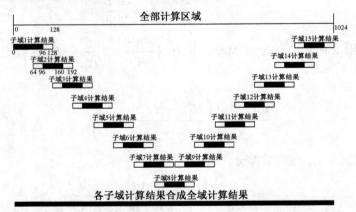

图 6.5.3　子域计算结果合成示意图（子域大小为全域的 1/8）

6.5.4　计算结果分析

1. 计算精度和计算速度

表 6.5.1 给出了 $t = 0.005\text{s}$ 时刻，$y = 0.25\text{mm}$ 和 $y = 0.5\text{mm}$ 处磁场 H 的解析解、PITD、FDTD 和基于子域技术的 PITD 三种数值方法的数值计算结果。可以看出，基于子域技术的 PITD 方法的计算精度要远高于 FDTD 方法，可以达到 PITD 方法的计算精度，接近于解析解。但是，它的运算耗时最少、计算速度最快。

表 6.5.1　全域精细积分方法和基于子域技术的时域精细积分方法的计算结果

方　法	子域大小	空间步长/mm	时间步长/s	$H(0.25,0.5)$	$H(0.5,0.5)$	CPU 耗时/s
解析解				0.24316856	0.34388579	
全域精细积分方法		1/1024	5×10^{-3}	0.24316859	0.34388583	367
		1/2048		0.24316855	0.34388577	1781
时域有限差分方法		1/1024	1×10^{-10}	0.24153862	0.34263106	1946
		1/2048	2×10^{-11}	0.24208776	0.34288303	18843
基于子域技术的时域	1/8	1/1024	5×10^{-7}	0.24316848	0.34388567	25.5
精细积分方法	1/16	1/2048	1×10^{-7}	0.24316853	0.34388574	188

　　此外，采用高斯数值积分方法来计算非齐次项积分，并以泰勒展开式对高斯插值点进行近似，不仅可以提高计算精度，还能使得计算中采用较大的时间步长，提高运算速度。

　　2. 存储量需求分析

　　图 6.5.4 所示为上述三种方法的存储量要求。从图 6.5.4（b）中可以看出，PITD 方法的存储量要求最大，求解变量每增加一倍，其存储量要求便会增大 4 倍左右；FDTD 方法的存储量要求与文献[5]中所述基本一致，每增加 1000 个变量大约需要内存 16KB；而基于子域技术的 PITD 方法，由于在运算过程采用了统一的精细积分运算模块，每个子域规模相同，除了计算程序需要额外占用固定的内存（在此例中，子域稀疏矩阵规模为 127×127，计算程序需要额外占用固定的内存大约为 780KB，但该额外占用的内存却不会随着求解变量的增加而改变）外，基于子域技术的 PITD 方法的存储量要求与 FDTD 方法基本接近。由此可见，采用子域技术可以有效地克服 PITD 方法内存占用大的缺陷。

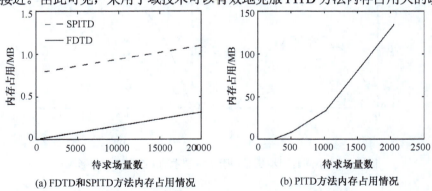

(a) FDTD和SPITD方法内存占用情况　　　　(b) PITD方法内存占用情况

图 6.5.4　FDTD、基于子域技术的 PITD 和全域 PITD 三种方法的内存占用情况

　　3. 稳定性能分析

　　图 6.5.5 给出了当时间长度为 $t = 0.001\text{s}$ 时，采用 FDTD 方法的磁场强度 H 计算结果。图 6.5.5（a）是 FDTD 方法的计算结果，时间步长为 $\Delta t = 0.000001\text{s}$，共需要进行

1000 个时间步的计算。在这种时间步长下，FDTD 方法不稳定。图 6.5.5（b）是 FDTD 方法取时间步长 $\Delta t = 0.0000001\text{s}$ 时，经过 10000 个时间步计算，磁场强度 H 的计算结果。可以看到，这时 FDTD 方法是稳定的。

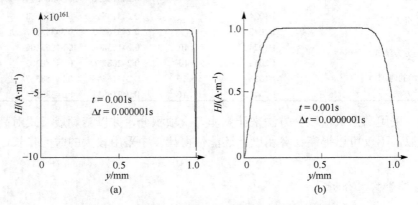

图 6.5.5　时间步长对 FDTD 方法计算结果的影响

图 6.5.6 是基于子域技术的 PITD 方法的计算结果。从图 6.5.6（a）中可以看出，取时间步长 $\Delta t = 0.0001\text{s}$，经过 10 个时间步长运算后，曲线变形是由于采用了较大时间步长导致子域计算过程中相邻点的作用加强，引起子域边界的误差累积明显增加。图 6.5.6（b）是取时间步长 $\Delta t = 0.00001\text{s}$ 时，经过 100 个时间步长运算后得到的计算结果。可以看出，图 6.5.6（a）和图 6.5.6（b）中数值结果都不发散。

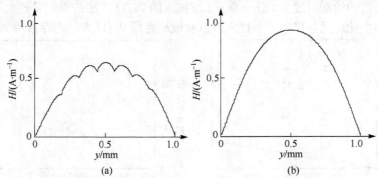

图 6.5.6　不同时间步长对基于子域技术的 PITD 方法的影响

4. 时间步长和空间步长的影响分析

首先，我们来分析时间步长的影响。若空间步长固定为 $\Delta x = 1/512\text{mm}$，选取子域大小为全域的 1/4，假设 t_k 时刻的磁场强度 H 已知，采用不同的时间步长 Δt，按照子域技术计算某一个子域（这里选取子域 2）经过一个时间步在 $t = t_k + \Delta t = 0.005\ \text{s}$ 时的值，计算结果如图 6.5.7 所示。

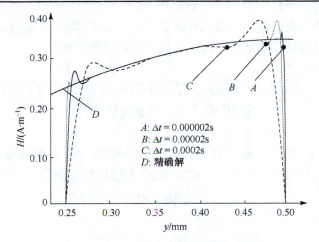

图 6.5.7　时间步长对单个子域计算结果的影响

从图 6.5.7 中可以看出，时间步长取得过大会导致子域两端计算误差增加，并向子域中心扩散，使得满足精度要求的结点数量减少；而时间步长取得过小又会造成总的迭代次数增加，增大了计算时间。因此合理选择时间步长是保证计算精度、提高计算速度的关键。按照子域划分及子域计算结果合成方法，相邻子域应互相重叠，计算结果只保留子域靠近中心的节点的值，舍弃靠近子域边缘部分节点的结果。因此，时间步长大小的选取必须保证每个子域靠近中心部分有 1/2 以上的节点，经过一个时间步的计算后，计算结果才能够满足精度要求。

最后，我们来分析空间步长的影响。取子域的大小为全域的 1/4，固定时间步长为 $\Delta t = 0.000001$s，采用不同的空间步长（取空间最大步长为全域长度的 1/256），按照子域技术来计算 $H(0.00025, 0.005)$ 的值，观察空间步长变化对计算精度的影响。图 6.5.8 给出了相对计算误差与空间步长之间的关系。

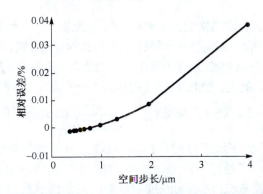

图 6.5.8　空间步长对基于子域技术的时域精细积分方法计算结果的影响

总之，数值算例表明，采用 PITD 方法分析导体内部电磁场的瞬态过程，即使采用较粗的网格划分，也能得到很高的计算精度。而采用基于子域技术的 PITD 方法则可以在保证计算结果精度的前提下，大幅度地提高计算效率。

6.6　基于子域技术的 PITD(4)方法分析自由空间中二维电磁波传播

如图 6.6.1 所示，考虑二维 TM 波在自由空间中的传播。计算区域的大小为 0.24m ×0.24m，激励源在计算区域中心。这里，选择正弦波作为激励源，其时域形式为

$$E_z = \sin(2\pi f_0 t) \tag{6.6.1}$$

式中，$f_0 = 20\text{GHz}$。

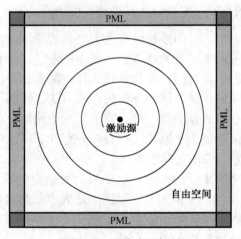

图 6.6.1　二维点源辐射

将整个计算区域以正方形网格剖分为 400×400 个元胞，空间步长为 $\Delta = \Delta x = 0.6\text{mm}$，时间步长取 $\Delta t = 1\times 10^{-12}$ s。在采用基于子域技术的 PITD(4)方法进行计算时，将整个计算区域分为 20×20 个子域，并以 PML 层作为各个子域的边界，各个子域的 PML 边界交界处按照前面介绍过的方法进行处理。PML 层厚度选择为 5 个元胞，其中的电导率分布依照前面介绍的方法选取，取 $m = 3$，而 $\gamma_{\max}$ 按照 $\gamma_{\max} = \dfrac{m+1}{150\pi\Delta\sqrt{\varepsilon_{\text{reff}}}}$ 选择，同时选择 $\varepsilon_{\text{reff}} = 1$。

现在考察 PML 作为子域边界时，PML 吸收边界性能对算法稳定性的影响。图 6.6.2～图 6.6.4 分别给出了经过 100 个时间步、200 个时间步和 10000 个时间步的空间电场分布。可以看到，图 6.6.2 所示的经过 100 个时间步的迭代运算的电场空间分布与图 6.6.3 以及图 6.6.4 的电场空间分布都是稳定的。因此，采用 PML 作为各个子域的边界的计算结果是稳定的。

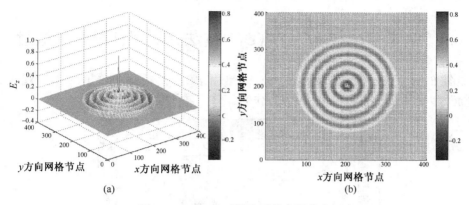

图 6.6.2　100 个时间步后的电场分布

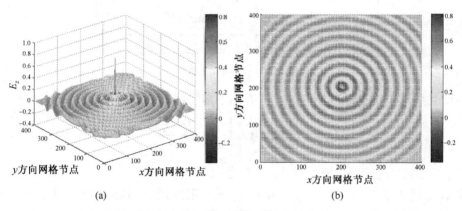

图 6.6.3　200 个时间步后的电场分布

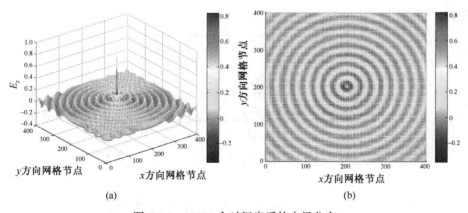

图 6.6.4　10000 个时间步后的电场分布

6.7　基于子域技术的 PITD(4)方法分析圆柱导体的散射

如图 6.7.1 所示，考虑二维 TM 波，点激励源从导体圆柱的左侧入射，观察点位于激励源和导体圆柱中间，采用 PML 作为计算区域的吸收边界。

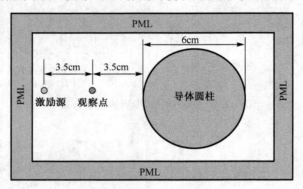

图 6.7.1　导体圆柱散射

激励源采用正弦调制高斯脉冲，具有如下形式：

$$E_z = \sin(2\pi f_0 t)\exp\left[-\left(4\pi\frac{(t-t_0)^2}{\tilde{\tau}^2}\right)\right] \qquad (6.7.1)$$

式中，$f_0 = 20\text{GHz}$；$t_0 = 1.25\times10^{-10}\text{s}$；$\tilde{\tau} = 2\times10^{-10}\text{s}$。

选取空间步长为 $\Delta = \Delta x = \Delta y = 6\text{mm}$，采用正方形网格将整个计算区域剖分为 400×250 个元胞。分别使用 FDTD 方法和基于子域技术的 PITD(4)方法计算观察点的电场强度 E_z，计算结果如图 6.7.2 所示。可以看出，这两种方法的计算结果都与理论解相接近。

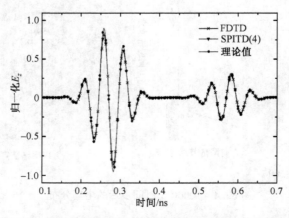

图 6.7.2　分别采用 FDTD 方法和 SPITD(4)方法的计算结果

为了更好地区分图 6.7.2 中的计算结果，定义一个计算误差 E_{zerr}。有

$$E_{zerr} = \left| E_z - E_{ztheory} \right| \tag{6.7.2}$$

式中，E_z 代表某种数值方法的计算结果；$E_{ztheory}$ 代表理论解。从图 6.7.3 中可以看出，基于子域技术的 PITD(4)方法的计算误差 E_{zerr} 要远小于 FDTD 方法的计算误差 E_{zerr}。

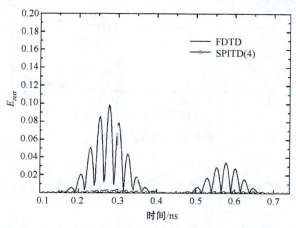

图 6.7.3　FDTD 方法与 SPITD(4)方法的计算误差

为了考察内存占用情况，将整个计算区域分别离散为 80×80 个、160×160 个、240×240 个、320×320 个和 400×400 个元胞，然后采用基于子域技术的 PITD(4)方法进行计算。子域的大小均选为 20×20 个元胞，子域周围采用 PML 层作为子域边界，PML 层的厚度选择为 5 层。

现在，观察在每种情况下的内存占用情况。通过对计算过程中各个变量占用内存情况分析，发现内存占用最大的变量分别如下。

（1）与单个子域内的时域精细积分计算相关的变量。主要包括子域的系数矩阵以及它关于时间的矩阵指数等。很明显的是，假设子域的规模不发生变化，那么这部分内存占用也将是一个固定的数值，不会随着整个计算区域元胞数的变化而变化。在上面的例子中，这部分变量占用的内存为 35.14MB。

（2）与整个计算区域相关的变量。主要包括每个元胞所包含的待求场量和在运算过程中所需要的辅助变量。这部分变量占用的内存会随着整个计算区域的变化而变化。

图 6.7.4 给出了内存占用随计算区域元胞变化的曲线，同时也给出了 FDTD 方法在相同情况下的内存占用情况。可以看到，除了单个子域内时域精细积分本身需要一定的内存占用量以外，基于子域技术的 PITD(4)方法的内存占用量随着计算区域的变化规律，与 FDTD 方法的内存占用规律很接近。这表明它完全克服了 PITD(4)方法内存占用随着计算区域的增大而急剧增加的缺陷。

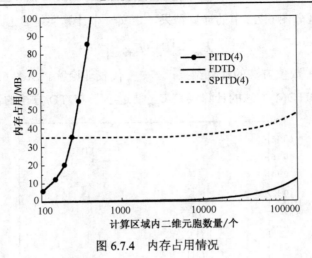

图 6.7.4　内存占用情况

6.8　基于蛙跳格式的电磁波时程精细积分方法

由前面几节的介绍看出，采用子域技术可以有效地降低电磁波时程精细积分方法对空间采样率的要求，达到减小矩阵指数维数的目的。但是在计算大型问题时，它对计算机的内存需求仍然过高。针对这一问题，本节介绍一种基于蛙跳格式的电磁波时程精细积分方法（leapfrog scheme-based precise integration time domain，L-PITD）方法[6]。在 L-PITD 方法中，首先将 PITD 方法中的常微分方程组分成两组，然后应用蛙跳格式在时程积分过程中交错地求解这两组常微分方程，形成时程递推计算公式。理论分析和数值实例计算结果表明，L-PITD 方法的内存需求远低于 PITD 方法的内存需求。

6.8.1　L-PITD 方法的空间离散形式

在三维直角坐标系下，考虑 PITD 方法的空间离散式（3.1.6a）～式（3.1.6f）的矩阵形式，若交换在矩阵形式中 $E_z|_{i,j,k+1/2}$ 和 $H_z|_{i+1/2,j+1/2,k}$ 的位置，则有

$$\frac{\mathrm{d}X}{\mathrm{d}t} = MX \tag{6.8.1}$$

式中

$$X = [E_x(i+1/2,j,k), E_y(i,j+1/2,k), H_z(i+1/2,j+1/2,k),$$
$$H_x(i,j+1/2,k+1/2), H_y(i+1/2,j,k+1/2), E_z(i,j,k+1/2)]^{\mathrm{T}} \tag{6.8.2}$$

和

$$M = \begin{bmatrix} -\dfrac{\gamma}{\varepsilon} & 0 & \dfrac{D_y}{\varepsilon} & 0 & -\dfrac{D_z}{\varepsilon} & 0 \\ 0 & -\dfrac{\gamma}{\varepsilon} & -\dfrac{D_x}{\varepsilon} & \dfrac{D_z}{\varepsilon} & 0 & 0 \\ \dfrac{D_y}{\mu} & -\dfrac{D_x}{\mu} & 0 & 0 & 0 & 0 \\ 0 & \dfrac{D_z}{\mu} & 0 & 0 & 0 & -\dfrac{D_y}{\mu} \\ -\dfrac{D_z}{\mu} & 0 & 0 & 0 & 0 & \dfrac{D_x}{\mu} \\ 0 & 0 & 0 & -\dfrac{D_y}{\varepsilon} & \dfrac{D_x}{\varepsilon} & -\dfrac{\gamma}{\varepsilon} \end{bmatrix}$$

(6.8.3)

式中，$D_x = (X_{-h} - X_h)/\Delta x$，$D_y = (Y_{-h} - Y_h)/\Delta y$ 和 $D_z = (Z_{-h} - Z_h)/\Delta z$ 分别是 PITD 方法在 x、y 和 z 方向的空间差分算子。在这里，X_h、Y_h 和 Z_h 分别是在 x、y 和 z 方向的空间半位移算子。

在 L-PITD 方法中，按照电磁场量在某一空间坐标的取值为整数和半整数两种情况，将 X 分成 X_1 和 X_2 两组。其中，X_1 包含所有这一空间坐标为整数的电磁场量，X_2 包含所有这一空间坐标为半整数的电磁场量。不失一般性地，这里按照电磁场量在 z 坐标的取值，将 X 分成 X_1 和 X_2 两组，有

$$X_1 = [E_x(i+1/2, j, k), E_y(i, j-1/2, k), H_z(i+1/2, j+1/2, k)]^{\mathrm{T}} \qquad (6.8.4)$$

和

$$X_2 = [H_x(i, j+1/2, k+1/2), H_y(i+1/2, j, k+1/2), E_z(i, j, k+1/2)]^{\mathrm{T}} \qquad (6.8.5)$$

如图 6.8.1 所示，给出了 X_1 和 X_2 在空间中的排布。

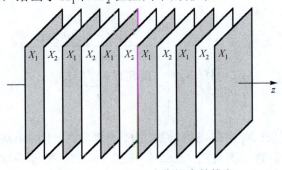

图 6.8.1　X_1 和 X_2 在空间中的排布

将式（6.8.4）和式（6.8.5）代入式（6.8.1），可以将式（6.8.1）分解成两个常微分方程组，有

$$\frac{\mathrm{d}\boldsymbol{X}_1}{\mathrm{d}t} = \boldsymbol{M}_{11}\boldsymbol{X}_1 + \boldsymbol{M}_{12}\boldsymbol{X}_2 \tag{6.8.6}$$

和

$$\frac{\mathrm{d}\boldsymbol{X}_2}{\mathrm{d}t} = \boldsymbol{M}_{22}\boldsymbol{X}_2 + \boldsymbol{M}_{21}\boldsymbol{X}_1 \tag{6.8.7}$$

在式（6.8.6）和式（6.8.7）中，有

$$\boldsymbol{M}_{11} = \begin{bmatrix} -\dfrac{\gamma}{\varepsilon} & 0 & \dfrac{D_y}{\varepsilon} \\ 0 & -\dfrac{\gamma}{\varepsilon} & -\dfrac{D_x}{\varepsilon} \\ \dfrac{D_y}{\mu} & -\dfrac{D_x}{\mu} & 0 \end{bmatrix}, \quad \boldsymbol{M}_{12} = \begin{bmatrix} 0 & -\dfrac{D_z}{\varepsilon} & 0 \\ \dfrac{D_z}{\varepsilon} & 0 & 0 \\ 0 & 0 & 0 \end{bmatrix}$$

$$\boldsymbol{M}_{21} = \begin{bmatrix} 0 & \dfrac{D_z}{\mu} & 0 \\ -\dfrac{D_z}{\mu} & 0 & 0 \\ 0 & 0 & 0 \end{bmatrix}, \quad \boldsymbol{M}_{22} = \begin{bmatrix} 0 & 0 & -\dfrac{D_y}{\mu} \\ 0 & 0 & \dfrac{D_x}{\mu} \\ -\dfrac{D_y}{\varepsilon} & \dfrac{D_x}{\varepsilon} & -\dfrac{\gamma}{\varepsilon} \end{bmatrix}$$

在这里，应该注意到 $\boldsymbol{M}_{12}\boldsymbol{X}_2$ 和 $\boldsymbol{M}_{21}\boldsymbol{X}_1$ 是两个列向量，有

$$\boldsymbol{F}_1 = \boldsymbol{M}_{12}\boldsymbol{X}_2 = \begin{bmatrix} -\dfrac{D_z H_y(i+1/2, j, k+1/2)}{\varepsilon} \\ \dfrac{D_z H_x(i, j+1/2, k+1/2)}{\varepsilon} \\ 0 \end{bmatrix} \tag{6.8.8}$$

和

$$\boldsymbol{F}_2 = \boldsymbol{M}_{21}\boldsymbol{X}_1 = \begin{bmatrix} \dfrac{D_z E_y(i, j+1/2, k)}{\mu} \\ -\dfrac{D_z E_x(i+1/2, j, k)}{\mu} \\ 0 \end{bmatrix} \tag{6.8.9}$$

应该注意到，$\boldsymbol{F}_1$ 不包含 $\boldsymbol{X}_1$ 中的电磁场量，$\boldsymbol{F}_2$ 不包含 $\boldsymbol{X}_2$ 中的电磁场量。因此，可以将 $\boldsymbol{F}_1$ 和 $\boldsymbol{F}_2$ 分别看做微分方程组式（6.8.6）和式（6.8.7）的非齐次项。这样，它们就可以分别写为如下形式：

$$\frac{\mathrm{d}\boldsymbol{X}_1}{\mathrm{d}t} = \boldsymbol{M}_{11}\boldsymbol{X}_1 + \boldsymbol{F}_1 \tag{6.8.10}$$

和

$$\frac{\mathrm{d}X_2}{\mathrm{d}t} = M_{22}X_2 + F_2 \qquad (6.8.11)$$

式（6.8.10）和式（6.8.11）就是 Maxwell 旋度方程组在三维直角坐标系下 L-PITD 方法空间离散形式的矩阵形式。

应用蛙跳格式（将 X_1 和 X_2 在时间上相差半个步长交替计算）和常微分方程组理论，就可以得到时程递推形式，有

$$X_1^{(k+1)} = T_{11}X_1^{(k)} + T_{11}^{k+1}\int_{k\Delta t}^{(k+1)\Delta t} \exp(-sM_{11})F_1(s)\mathrm{d}s \qquad (6.8.12)$$

和

$$X_2^{(k+1/2)} = T_{22}X_2^{(k-1/2)} + T_{22}^{k+1/2}\int_{(k-1/2)\Delta t}^{(k+1/2)\Delta t} \exp(-sM_{22})F_2(s)\mathrm{d}s \qquad (6.8.13)$$

式中，$T_{11} = \exp(\Delta t M_{11})$；$T_{22} = \exp(\Delta t M_{22})$。

在 L-PITD 方法中，应用精细积分算法计算矩阵指数 T_{11} 和 T_{22}，有

$$T_{11} = \left(I + \tau M_{11} + \frac{\tau^2 M_{11}^2}{2!} + \frac{\tau^3 M_{11}^3}{3!} + \frac{\tau^4 M_{11}^4}{4!}\right)^{2^N} \qquad (6.8.14)$$

和

$$T_{22} = \left(I + \tau M_{22} + \frac{\tau^2 M_{22}^2}{2!} + \frac{\tau^3 M_{22}^3}{3!} + \frac{\tau^4 M_{22}^4}{4!}\right)^{2^N} \qquad (6.8.15)$$

式中，$\tau (= \Delta t / 2^N)$ 是子时间步长。并应用中值定理计算积分项 $\int_{k\Delta t}^{(k+1)\Delta t} \exp(-sM_{11})F_1(s)\mathrm{d}s$ 和 $\int_{(k-1/2)\Delta t}^{(k+1/2)\Delta t} \exp(-sM_{22})F_2(s)\mathrm{d}s$。这样，就有如下时程递推公式：

$$X_1^{(k+1)} = T_{11}X_1^{(k)} + \Delta t T_{11}^{1/2}F_1^{(k+1/2)} \qquad (6.8.16)$$

和

$$X_2^{(k+1/2)} = T_{22}X_2^{(k-1/2)} + \Delta t T_{22}^{1/2}F_2^{(k)} \qquad (6.8.17)$$

通过分析可以得到，对于一个 $L \times M \times N$ 的三维直角坐标网格，矩阵指数 T_{11} 的维数是 $3LM + L + M$，矩阵指数 T_{22} 的维数是 $3LM + 2L + 2M + 1$，这要远小于 PITD 方法中矩阵指数 T 的维数 $6LMN + 3LM + 3LN + 3MN + L + M + N$。因此，L-PITD 方法的内存需求远小于 PITD 方法的内存需求。

6.8.2　算例

算例 6.8.1　三维谐振腔问题。

为了验证 L-PITD 方法的计算精度和计算效率，分别应用 FDTD 方法、PITD 方法

和 L-PITD 方法分别计算图 6.8.2 和图 6.8.3 所示的三维矩形介质谐振腔的归一化谐振频率。

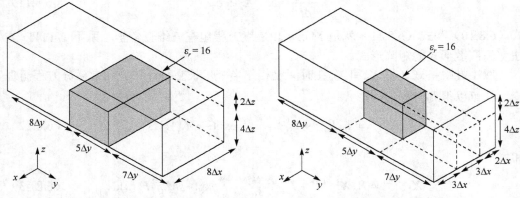

图 6.8.2　三维矩形介质谐振腔（一）　　　图 6.8.3　三维矩形介质谐振腔（二）

对于图 6.8.2 和图 6.8.3 所示的三维矩形介质谐振腔，在 FDTD 方法和 L-PITD 方法中应用 $8\times20\times6$ 的空间网格，在 PITD 方法中应用 $4\times10\times3$ 的空间网格。在 FDTD 方法取 Courant 常数 $S=1/\sqrt{48}$，即 Courant 稳定性条件所容许的最大值。在 PITD 方法和 L-PITD 方法中取 Courant 常数 $S=1$，预先选定的正整数 $N=20$。

应用 FDTD 方法、PITD 方法和 L-PITD 方法计算归一化谐振频率的计算结果分别如表 6.8.1 和表 6.8.2 所示。

表 6.8.1　图 6.8.2 归一化谐振频率的计算结果

项　目	FDTD	PITD	L-PITD
空间网格	$8\times20\times6$	$4\times10\times3$	$8\times20\times6$
Courant 常数	0.1443	1	1
计算结果	0.0271	0.0264	0.0271
CPU 时间/s	0.210934	0.322479	0.146932
内存需求/MB	0.0588	9.0064	2.2589

表 6.8.2　图 6.8.3 归一化谐振频率的计算结果

项　目	FDTD	PITD	L-PITD
空间网格	$8\times20\times6$	$4\times10\times3$	$8\times20\times6$
Courant 常数	0.1443	1	1
计算结果	0.0406	0.0352	0.0406
CPU 时间/s	0.274578	0.315652	0.169486
内存需求/MB	0.0588	9.0064	2.2589

从表 6.8.1 和表 6.8.2 中可以看出，应用蛙跳格式使得 L-PITD 方法的内存需求远小于 PITD 方法的内存需求。在这三种方法中，L-PITD 方法的 CPU 时间最短。

算例 6.8.2　线馈矩阵微带天线问题。

为了验证 L-PITD 方法具有计算较大规模工程问题的能力，分别应用 FDTD 方法和

L-PITD 方法计算图 6.8.4 所示的线馈矩阵微带天线的散射参数 S_{11}。在实际计算中，空间步长取为 $\Delta x = 0.389\text{mm}$、$\Delta y = 0.265\text{mm}$ 和 $\Delta z = 0.400\text{mm}$，空间网格为 $60 \times 16 \times 100$，即矩形贴片尺寸为 $32\Delta x \times 40\Delta z$。在 FDTD 方法中时间步长 $\Delta t = 0.441\text{ps}$，在 L-PITD 方法中时间步长 $\Delta t = 0.882\text{ps}$，且预先选定的正整数 $N = 10$。通过在激励平面上加载具有高斯脉冲形式（$f(t) = \exp[-(t - t_0)^2 / T^2]$，$T = 15\text{ps}$，$t_0 = 3T$）的软源来实现激励。设置激励平面离开贴片的距离为 $50\Delta z$，端口参考平面与贴片之间的距离为 $10\Delta z$，端口 1 的微带线宽度为 $6\Delta x$。应用 1 阶近似 Engquist-Majda 边界条件作为吸收边界条件。在 FDTD 方法中仿真时间长度为 $8000\Delta t$，在 L-PITD 方法中仿真时间长度为 $4000\Delta t$，即保持两种方法的仿真时间长度一致。

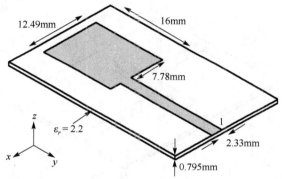

图 6.8.4　线馈矩阵微带天线

如图 6.8.5 所示，给出了线馈矩阵微带天线的散射参数 S_{11} 的计算结果。可以看出，当 L-PITD 方法的时间步长 Δt 是 FDTD 方法的时间步长 Δt 的两倍时，两种方法的计算结果十分接近。

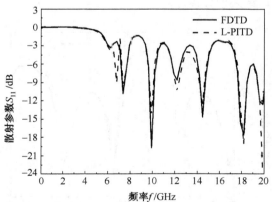

图 6.8.5　散射参数 S_{11} 随频率的变化

算例 6.8.3　微带低通滤波器问题。

如图 6.8.6 所示，分别应用 FDTD 方法和 L-PITD 方法计算，微带低通滤波器的散射参数 S_{11} 和 S_{21}。在实际计算中，空间步长取为 $\Delta x = 0.4064\text{mm}$、$\Delta y = 0.265\text{mm}$ 和 $\Delta z = 0.4233\text{mm}$，空间网格为 $80 \times 16 \times 100$，即矩形贴片尺寸为 $50\Delta x \times 6\Delta z$。在 FDTD 方法中时间步长 $\Delta t = 0.441\text{ps}$，在 L-PITD 方法中时间步长 $\Delta t = 0.882\text{ps}$，且预先选定的正整数 $N = 10$。通过在激励平面上加载具有高斯脉冲形式（$f(t) = \exp[-(t-t_0)^2 / T^2]$，$T = 15\text{ps}$，$t_0 = 3T$）的软源来实现激励。设置激励平面离开贴片的距离为 $50\Delta z$，端口 1 和 2 的参考平面与贴片之间的距离均为 $10\Delta z$，端口 1 和 2 的微带线宽度均为 $6\Delta x$。应用 1 阶近似 Engquist-Majda 边界条件作为吸收边界条件。在 FDTD 方法中仿真时间长度为 $4000\Delta t$，在 L-PITD 方法中仿真时间长度为 $2000\Delta t$。

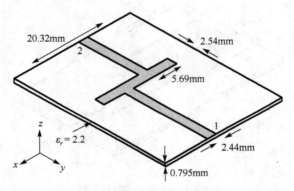

图 6.8.6　微带低通滤波器

如图 6.8.7 和图 6.8.8 所示，分别给出了微带低通滤波器的散射参数 S_{11} 和 S_{21} 的计算结果。可以看出，当 L-PITD 方法的时间步长 Δt 是 FDTD 方法的时间步长 Δt 的两倍时，这两种方法的计算结果十分接近。

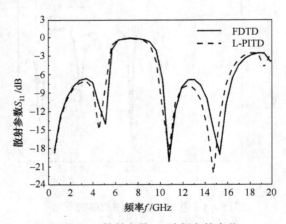

图 6.8.7　散射参数 S_{11} 随频率的变化

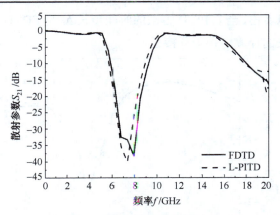

图 6.8.8 散射参数 S_{21} 随频率的变化

算例 6.8.4 微带耦合器问题。

如图 6.8.9 所示，分别应用 FDTD 方法和 L-PITD 方法计算微带耦合器的散射参数 S_{11}、S_{21}、S_{31} 和 S_{41}。在实际计算中，空间步长取为 $\Delta x = 0.406\text{mm}$、$\Delta y = 0.265\text{mm}$ 和 $\Delta z = 0.406\text{mm}$，空间网格为 $60 \times 16 \times 100$，即微带耦合器的中心距离为 $24\Delta x \times 24\Delta z$。在 FDTD 方法中时间步长 $\Delta t = 0.441\text{ps}$，在 L-PITD 方法中时间步长 $\Delta t = 0.882\text{ps}$，且预先选定的正整数 $N = 10$。通过在激励平面上加载具有高斯脉冲形式（$f(t) = \exp[-(t - t_0)^2 / T^2]$，$T = 15\text{ps}$，$t_0 = 3T$）的软源来实现激励。设置激励平面到耦合器的距离为 $50\Delta z$，端口 1~4 的参考平面与耦合器之间的距离均为 $10\Delta z$，端口 1~4 的微带线宽度均为 $6\Delta x$，耦合器的微带线宽度为 $10\Delta x$。应用 1 阶近似 Engquist-Majda 边界条件作为吸收边界条件。在 FDTD 方法中仿真时间长度为 $4000\Delta t$，在 L-PITD 方法中仿真时间长度为 $2000\Delta t$。

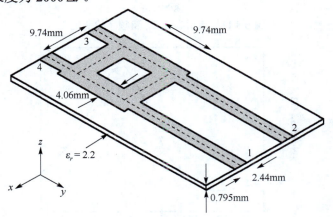

图 6.8.9 微带耦合器

如图 6.8.10~图 6.8.13 所示，分别给出了微带耦合器的散射参数 S_{11}、S_{21}、S_{31} 和

S_{41} 的计算结果。可以看出，当 L-PITD 方法的时间步长 Δt 是 FDTD 方法的时间步长 Δt 的两倍时，两种方法的计算结果十分接近。

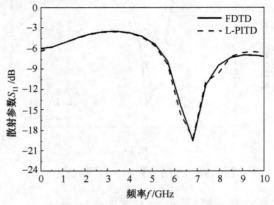

图 6.8.10　散射参数 S_{11} 随频率的变化

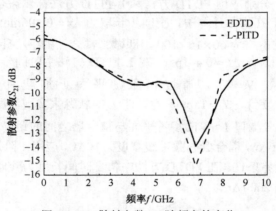

图 6.8.11　散射参数 S_{21} 随频率的变化

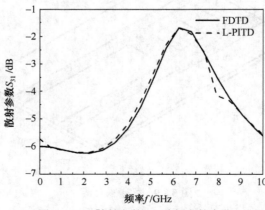

图 6.8.12　散射参数 S_{31} 随频率的变化

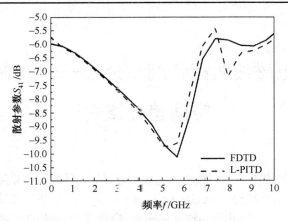

图 6.8.13　散射参数 S_{41} 随频率的变化

参 考 文 献

[1]　钟万勰. 子域精细积分及偏微分方程数值解[J].计算结构力学及其应用, 1995, 12 (3): 253—259.

[2]　陈飚松, 顾元宪.瞬态热传导方程的子结构精细积分方法[J]. 应用力学学报, 2001, 18 (1): 14—18.

[3]　白仲明, 赵彦珍, 马西奎.子域精细积分方法在求解 Maxwell 方程组中的应用分析[J].电工技术学报, 2010, 25 (4): 1—9.

[4]　白仲明. 电磁波四阶精度时域精细积分方法及其应用技术[D].西安: 西安交通大学博士学位论文, 2011.

[5]　葛德彪, 闫玉波.电磁波时域有限差分方法[M]. 西安: 西安电子科技大学出版社, 2002.

[6]　Sun G, Ma X K, Bai Z M. A Low-memory-requirement realization of precise integration time domain method using a leapfrog scheme[J]. IEEE Microwave and Wireless Components Letters, 2012, 22 (6): 294—296.

第 7 章 电磁波时程精细积分法——小波 Galerkin 空间差分格式

在本章中，我们将应用小波 Galerkin 空间差分格式[1]对 Maxwell 旋度方程组进行空间离散，然后应用精细时程积分（precise time-step integration，PI）算法对所得到的常微分方程组进行求解，介绍一种基于小波 Galerkin 空间差分格式的电磁波时程精细积分法（wavelet-Galerkin scheme-based precise integration time domain，WG-PITD 方法）[2~4]。

7.1 基于小波 Galerkin 空间差分格式的电磁波时程精细积分法的基本原理

本节将以一个媒质参数不随时间变化且各向同性的无源区域中的电磁波问题为例，介绍基于小波 Galerkin 空间差分格式的电磁波时程精细积分法的基本原理。

7.1.1 WG-PITD 方法的空间差分格式

考虑空间中的一个无源区域，在线性、各向同性、无色散的介质中，则 Maxwell 旋度方程可写为

$$\nabla \times \boldsymbol{H} = \varepsilon \frac{\partial \boldsymbol{E}}{\partial t} + \gamma \boldsymbol{E} \tag{7.1.1a}$$

$$\nabla \times \boldsymbol{E} = -\mu \frac{\partial \boldsymbol{H}}{\partial t} \tag{7.1.1b}$$

在三维直角坐标系下可以展开成六个标量方程，有

$$\varepsilon \frac{\partial E_x}{\partial t} = -\gamma E_x + \frac{\partial H_z}{\partial y} - \frac{\partial H_y}{\partial z} \tag{7.1.2}$$

$$\varepsilon \frac{\partial E_y}{\partial t} = -\gamma E_y + \frac{\partial H_x}{\partial z} - \frac{\partial H_z}{\partial x} \tag{7.1.3}$$

$$\varepsilon \frac{\partial E_z}{\partial t} = -\gamma E_z + \frac{\partial H_y}{\partial x} - \frac{\partial H_x}{\partial y} \tag{7.1.4}$$

$$\mu \frac{\partial H_x}{\partial t} = -\frac{\partial E_z}{\partial y} + \frac{\partial E_y}{\partial z} \tag{7.1.5}$$

$$\mu \frac{\partial H_y}{\partial t} = -\frac{\partial E_x}{\partial z} + \frac{\partial E_z}{\partial x} \tag{7.1.6}$$

$$\mu \frac{\partial H_z}{\partial t} = -\frac{\partial E_z}{\partial x} + \frac{\partial E_x}{\partial y} \tag{7.1.7}$$

　　如图 7.1.1 所示，电磁场分量的空间采样点按照 Yee 空间网格分布，即电磁场分量在空间上交错分布，且每一个电场分量在其法向平面上被四个切向的磁场分量环绕，同样每一个磁场分量在其法向平面上被四个切向的电场分量环绕。

　　在 WG-PITD 方法中，电磁场分量在空间上用 2 阶 Daubechies 尺度函数位移的乘积展开，有

$$E_x(t) = \sum_{l,m,n} E_x^{\phi_{D2}}(t)\Big|_{l+1/2,m,n} \phi_{D2,l+1/2}(x)\phi_{D2,m}(y)\phi_{D2,n}(z) \tag{7.1.8}$$

$$E_y(t) = \sum_{l,m,n} E_y^{\phi_{D2}}(t)\Big|_{l,m+1/2,n} \phi_{D2,l}(x)\phi_{D2,m+1/2}(y)\phi_{D2,n}(z) \tag{7.1.9}$$

$$E_z(t) = \sum_{l,m,n} E_z^{\phi_{D2}}(t)\Big|_{l,m,n+1/2} \phi_{D2,l}(x)\phi_{D2,m}(y)\phi_{D2,n+1/2}(z) \tag{7.1.10}$$

$$H_x(t) = \sum_{l,m,n} H_x^{\phi_{D2}}(t)\Big|_{l,m+1/2,n+1/2} \phi_{D2,l}(x)\phi_{D2,m+1/2}(y)\phi_{D2,n+1/2}(z) \tag{7.1.11}$$

$$H_y(t) = \sum_{l,m,n} H_y^{\phi_{D2}}(t)\Big|_{l+1/2,m,n+1/2} \phi_{D2,l+1/2}(x)\phi_{D2,m}(y)\phi_{D2,n+1/2}(z) \tag{7.1.12}$$

$$H_z(t) = \sum_{l,m,n} H_z^{\phi_{D2}}(t)\Big|_{l+1/2,m+1/2,n} \phi_{D2,l+1/2}(x)\phi_{D2,m+1/2}(y)\phi_{D2,n}(z) \tag{7.1.13}$$

式中，$\phi_{D2,l}(x) = \phi_{D2}\left(\dfrac{x}{\Delta x} - l + M_1\right)$ 是 2 阶 Daubechies 尺度函数（图7.1.2）；$M_1 = \displaystyle\int_{-\infty}^{+\infty} x\phi_{D2}(x)\mathrm{d}x$ 是 2 阶 Daubechies 尺度函数的一阶矩。

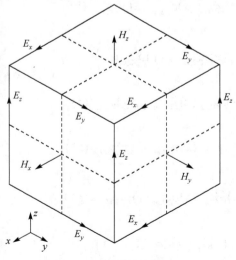

图 7.1.1　Yee 空间网格

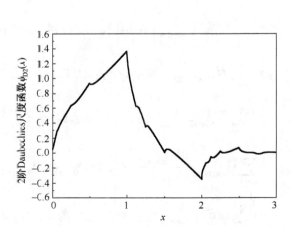

图 7.1.2　2 阶 Daubechies 尺度函数

在这里，应该注意到 2 阶 Daubechies 尺度函数的位移有如下采样性质：

$$\phi_{D2}(M_1 + n) = \delta[n], \quad n \in \mathbf{Z} \tag{7.1.14}$$

式中，$\delta[n]$ 是单位冲激函数；$\mathbf{Z}$ 是整数域。

由式（7.1.14）可知，式（7.1.8）～式（7.1.13）中的系数就是相对应电磁场分量在空间采样点上的值。即有 $E_x^{\phi_{D2}}(t)\big|_{l+1/2,m,n} = E_x\big|_{l+1/2,m,n}$，$E_y^{\phi_{D2}}(t)\big|_{l,m+1/2,n} = E_y\big|_{l,m+1/2,n}$，$E_z^{\phi_{D2}}(t)\big|_{l,m,n+1/2} = E_z\big|_{l,m,n+1/2}$，$H_x^{\phi_{D2}}(t)\big|_{l,m+1/2,n+1/2} = H_x\big|_{l,m+1/2,n+1/2}$，$H_y^{\phi_{D2}}(t)\big|_{l+1/2,m,n+1/2} = H_y\big|_{l+1/2,m,n+1/2}$，$H_z^{\phi_{D2}}(t)\big|_{l+1/2,m+1/2,n} = H_z\big|_{l+1/2,m+1/2,n}$。

将式（7.1.8）～式（7.1.13）代入式（7.1.2）～式（7.1.7），然后应用 Galerkin 方法对其两端同时进行内积，有

$$\left\langle \sum_{l,m,n} \varepsilon\big|_{l+1/2,m,n} \frac{dE_x\big|_{l+1/2,m,n}}{dt} \phi_{D2,l+1/2}(x)\phi_{D2,m}(y)\phi_{D2,n}(z), \phi_{D2,l'+1/2}(x)\phi_{D2,m'}(y)\phi_{D2,n'}(z) \right\rangle$$

$$= -\left\langle \sum_{l,m,n} (\gamma E_x)\big|_{l+1/2,m,n} \phi_{D2,l+1/2}(x)\phi_{D2,m}(y)\phi_{D2,n}(z), \phi_{D2,l'+1/2}(x)\phi_{D2,m'}(y)\phi_{D2,n'}(z) \right\rangle \tag{7.1.15}$$

$$+\left\langle \sum_{l,m,n} H_z\big|_{l+1/2,m+1/2,n} \phi_{D2,l+1/2}(x)\phi_{D2,n}(z)\frac{\partial\phi_{D2,m+1/2}(y)}{\partial y}, \phi_{D2,l'+1/2}(x)\phi_{D2,m'}(y)\phi_{D2,n'}(z) \right\rangle$$

$$-\left\langle \sum_{l,m,n} H_y\big|_{l+1/2,m,n+1/2} \phi_{D2,l+1/2}(x)\phi_{D2,m}(y)\frac{\partial\phi_{D2,n+1/2}(z)}{\partial z}, \phi_{D2,l'+1/2}(x)\phi_{D2,m'}(y)\phi_{D2,n'}(z) \right\rangle$$

$$\left\langle \sum_{l,m,n} \varepsilon\big|_{l,m+1/2,n} \frac{dE_y\big|_{l,m+1/2,n}}{dt} \phi_{D2,l}(x)\phi_{D2,m+1/2}(y)\phi_{D2,n}(z), \phi_{D2,l'}(x)\phi_{D2,m'+1/2}(y)\phi_{D2,n'}(z) \right\rangle$$

$$= -\left\langle \sum_{l,m,n} (\gamma E_y)\big|_{l,m+1/2,n} \phi_{D2,l}(x)\phi_{D2,m+1/2}(y)\phi_{D2,n}(z), \phi_{D2,l'}(x)\phi_{D2,m'+1/2}(y)\phi_{D2,n'}(z) \right\rangle \tag{7.1.16}$$

$$+\left\langle \sum_{l,m,n} H_x\big|_{l,m+1/2,n+1/2} \phi_{D2,l}(x)\phi_{D2,m+1/2}(y)\frac{\partial\phi_{D2,n+1/2}(z)}{\partial z}, \phi_{D2,l'}(x)\phi_{D2,m'+1/2}(y)\phi_{D2,n'}(z) \right\rangle$$

$$-\left\langle \sum_{l,m,n} H_z\big|_{l+1/2,m+1/2,n} \phi_{D2,m+1/2}(y)\phi_{D2,n}(z)\frac{\partial\phi_{D2,l+1/2}(x)}{\partial x}, \phi_{D2,l'}(x)\phi_{D2,m'+1/2}(y)\phi_{D2,n'}(z) \right\rangle$$

$$\left\langle \sum_{l,m,n} \varepsilon\big|_{l,m,n+1/2} \frac{dE_z\big|_{l,m,n+1/2}}{dt} \phi_{D2,l}(x)\phi_{D2,m}(y)\phi_{D2,n+1/2}(z), \phi_{D2,l'}(x)\phi_{D2,m'}(y)\phi_{D2,n'+1/2}(z) \right\rangle$$

$$= -\left\langle \sum_{l,m,n} (\gamma E_z)\big|_{l,m,n+1/2} \phi_{D2,l}(x)\phi_{D2,m}(y)\phi_{D2,n+1/2}(z), \phi_{D2,l'}(x)\phi_{D2,m'}(y)\phi_{D2,n'+1/2}(z) \right\rangle$$

$$+\left\langle \sum_{l,m,n} H_y\Big|_{l+1/2,m,n+1/2}\phi_{\mathrm{D2},m}(y)\phi_{\mathrm{D2},n+1/2}(z)\frac{\partial\phi_{\mathrm{D2},l-1/2}(x)}{\partial x},\phi_{\mathrm{D2},l'}(x)\phi_{\mathrm{D2},m'}(y)\phi_{\mathrm{D2},n'+1/2}(z)\right\rangle$$
$$-\left\langle \sum_{l,m,n} H_x\Big|_{l,m+1/2,n+1/2}\phi_{\mathrm{D2},l}(x)\phi_{\mathrm{D2},n+1/2}(z)\frac{\partial\phi_{\mathrm{D2},m+1/2}(y)}{\partial y},\phi_{\mathrm{D2},l'}(x)\phi_{\mathrm{D2},m'}(y)\phi_{\mathrm{D2},n'+1/2}(z)\right\rangle \tag{7.1.17}$$

$$\left\langle \sum_{l,m,n}\mu\Big|_{l,m+1/2,n+1/2}\frac{\mathrm{d}H_x\big|_{l,m+1/2,n+1/2}}{\mathrm{d}t}\phi_{\mathrm{D2},l}(x)\phi_{\mathrm{D2},m+1/2}(y)\phi_{\mathrm{D2},n+1/2}(z),\right.$$
$$\left.\phi_{\mathrm{D2},l'}(x)\phi_{\mathrm{D2},m'+1/2}(y)\phi_{\mathrm{D2},n'+1/2}(z)\right\rangle$$
$$=-\left\langle \sum_{l,m,n} E_z\Big|_{l,m,n+1/2}\phi_{\mathrm{D2},l}(x)\phi_{\mathrm{D2},n+1/2}(z)\frac{\partial\phi_{\mathrm{D2},m}(y)}{\partial y},\phi_{\mathrm{D2},l'}(x)\phi_{\mathrm{D2},m'+1/2}(y)\phi_{\mathrm{D2},n'+1/2}(z)\right\rangle \tag{7.1.18}$$
$$+\left\langle \sum_{l,m,n} E_y\Big|_{l,m+1/2,n}\phi_{\mathrm{D2},l}(x)\phi_{\mathrm{D2},m+1/2}(y)\frac{\partial\phi_{\mathrm{D2},n}(z)}{\partial z},\phi_{\mathrm{D2},l'}(x)\phi_{\mathrm{D2},m'+1/2}(y)\phi_{\mathrm{D2},n'+1/2}(z)\right\rangle$$

$$\left\langle \sum_{l,m,n}\mu\Big|_{l+1/2,m,n+1/2}\frac{\mathrm{d}H_y\big|_{l+1/2,m,n+1/2}}{\mathrm{d}t}\phi_{\mathrm{D2},l+1/2}(x)\phi_{\mathrm{D2},m}(y)\phi_{\mathrm{D2},n+1/2}(z),\right.$$
$$\left.\phi_{\mathrm{D2},l'+1/2}(x)\phi_{\mathrm{D2},m'}(y)\phi_{\mathrm{D2},n'+1/2}(z)\right\rangle$$
$$=-\left\langle \sum_{l,m,n} E_x\Big|_{l+1/2,m,n}\phi_{\mathrm{D2},l+1/2}(x)\phi_{\mathrm{D2},m}(y)\frac{\partial\phi_{\mathrm{D2},n}(z)}{\partial z},\phi_{\mathrm{D2},l'+1/2}(x)\phi_{\mathrm{D2},m'}(y)\phi_{\mathrm{D2},n'+1/2}(z)\right\rangle \tag{7.1.19}$$
$$+\left\langle \sum_{l,m,n} E_z\Big|_{l,m,n+1/2}\phi_{\mathrm{D2},m}(y)\phi_{\mathrm{D2},n+1/2}(z)\frac{\partial\phi_{\mathrm{D2},l}(x)}{\partial x},\phi_{\mathrm{D2},l'+1/2}(x)\phi_{\mathrm{D2},m'}(y)\phi_{\mathrm{D2},n'+1/2}(z)\right\rangle$$

$$\left\langle \sum_{l,m,n}\mu\Big|_{l+1/2,m+1/2,n}\frac{\mathrm{d}H_z\big|_{l+1/2,m+1/2,n}}{\mathrm{d}t}\phi_{\mathrm{D2},l+1/2}(x)\phi_{\mathrm{D2},m+1/2}(y)\phi_{\mathrm{D2},n}(z),\right.$$
$$\left.\phi_{\mathrm{D2},l'+1/2}(x)\phi_{\mathrm{D2},m'+1/2}(y)\phi_{\mathrm{D2},n'}(z)\right\rangle$$
$$=-\left\langle \sum_{l,m,n} E_y\Big|_{l,m+1/2,n}\phi_{\mathrm{D2},m+1/2}(y)\phi_{\mathrm{D2},n}(z)\frac{\partial\phi_{\mathrm{D2},l}(x)}{\partial x},\phi_{\mathrm{D2},l'+1/2}(x)\phi_{\mathrm{D2},m'+1/2}(y)\phi_{\mathrm{D2},n'}(z)\right\rangle \tag{7.1.20}$$
$$+\left\langle \sum_{l,m,n} E_x\Big|_{l+1/2,m,n}\phi_{\mathrm{D2},l+1/2}(x)\phi_{\mathrm{D2},n}(z)\frac{\partial\phi_{\mathrm{D2},m}(y)}{\partial y},\phi_{\mathrm{D2},l'+1/2}(x)\phi_{\mathrm{D2},m'+1/2}(y)\phi_{\mathrm{D2},n'}(z)\right\rangle$$

在这里，应该注意到 2 阶 Daubechies 尺度函数的如下正交性质：

$$\left\langle \phi_{\mathrm{D2},l}(x),\phi_{\mathrm{D2},l'}(x)\right\rangle=\delta_{l,l'}\Delta x \tag{7.1.21}$$

和紧支撑性质：

$$\left\langle \phi_{D2,l}(x), \frac{\mathrm{d}\phi_{D2,l'+1/2}(x)}{\mathrm{d}x} \right\rangle = \sum_{p=-3}^{2} a_p \delta_{l+p,l'} \tag{7.1.22}$$

式中，$\delta_{l,l'}$ 为 Kronecker delta 函数。当 $p \geqslant 0$ 时，系数 a_p 取值如表 7.1.1 所示；当 $p < 0$ 时，$a_p = -a_{-1-p}$。

表 7.1.1　WG-PITD 方法中的系数 $a_p (p \geqslant 0)$

p	0	1	2
a_p	1.229167	−0.093750	0.010417

将式（7.1.21）和式（7.1.22）代入式（7.1.15）～式（7.1.20），有

$$\begin{aligned}
\frac{\mathrm{d}E_x|_{l+1/2,m,n}}{\mathrm{d}t} = & -\frac{\gamma|_{l+1/2,m,n}}{\varepsilon|_{l+1/2,m,n}} E_x|_{l+1/2,m,n} \\
& + \frac{1}{\varepsilon|_{l+1/2,m,n}} \sum_{p=-3}^{2} a_p \left(\frac{H_z|_{l+1/2,m+p+1/2,n}}{\Delta y} - \frac{H_y|_{l+1/2,m,n+p+1/2}}{\Delta z} \right)
\end{aligned} \tag{7.1.23}$$

$$\begin{aligned}
\frac{\mathrm{d}E_y|_{l,m+1/2,n}}{\mathrm{d}t} = & -\frac{\gamma|_{l,m+1/2,n}}{\varepsilon|_{l,m+1/2,n}} E_y|_{l,m+1/2,n} \\
& + \frac{1}{\varepsilon|_{l,m+1/2,n}} \sum_{p=-3}^{2} a_p \left(\frac{H_x|_{l,m+1/2,n+p+1/2}}{\Delta z} - \frac{H_z|_{l+p+1/2,m+1/2,n}}{\Delta x} \right)
\end{aligned} \tag{7.1.24}$$

$$\begin{aligned}
\frac{\mathrm{d}E_z|_{l,m,n+1/2}}{\mathrm{d}t} = & -\frac{\gamma|_{l,m,n+1/2}}{\varepsilon|_{l,m,n+1/2}} E_z|_{l,m,n+1/2} \\
& + \frac{1}{\varepsilon|_{l,m,n+1/2}} \sum_{p=-3}^{2} a_p \left(\frac{H_y|_{l+p+1/2,m,n+1/2}}{\Delta x} - \frac{H_x|_{l,m+p+1/2,n+1/2}}{\Delta y} \right)
\end{aligned} \tag{7.1.25}$$

$$\frac{\mathrm{d}H_x|_{l,m+1/2,n+1/2}}{\mathrm{d}t} = -\frac{1}{\mu|_{l,m+1/2,n+1/2}} \sum_{p=-3}^{2} a_p \left(\frac{E_z|_{l,m+p+1,n+1/2}}{\Delta y} - \frac{E_y|_{l,m+1/2,n+p+1}}{\Delta z} \right) \tag{7.1.26}$$

$$\frac{\mathrm{d}H_y|_{l+1/2,m,n+1/2}}{\mathrm{d}t} = -\frac{1}{\mu|_{l+1/2,m,n+1/2}} \sum_{p=-3}^{2} a_p \left(\frac{E_x|_{l+1/2,m,n+p+1}}{\Delta z} - \frac{E_z|_{l+p+1,m,n+1/2}}{\Delta x} \right) \tag{7.1.27}$$

$$\frac{\mathrm{d}H_z|_{l+1/2,m+1/2,n}}{\mathrm{d}t} = -\frac{1}{\mu|_{l+1/2,m+1/2,n}} \sum_{p=-3}^{2} a_p \left(\frac{E_y|_{l+p+1,m+1/2,n}}{\Delta x} - \frac{E_x|_{l+1/2,m+p+1,n}}{\Delta y} \right) \tag{7.1.28}$$

上述常微分方程式（7.1.23）～式（7.1.28）就是 Maxwell 旋度方程在三维直角坐标系下 WG-PITD 方法的空间离散形式。

7.1.2　WG-PITD 方法的时域递推

若考虑到边界条件和激励源，可以将式（7.1.23）～式（7.1.28）所表示的常微分方程组写成如下矩阵形式：

$$\frac{\mathrm{d}\boldsymbol{u}}{\mathrm{d}t} = \boldsymbol{m}\boldsymbol{u} + \boldsymbol{f}(t) \tag{7.1.29}$$

式中，$\boldsymbol{u}$ 是一个包含全部网格节点上的电场和磁场分量的列向量；$\boldsymbol{m}$ 是一个与三维、二维和一维问题分别对应的系数矩阵，由空间步长和介质参数决定；$\boldsymbol{f}(t)$ 是由于引入激励源和强加边界条件所产生的非齐次项。应该注意到，非齐次项 $\boldsymbol{f}(t)$ 的形式与具体问题有关。

应用常微分方程组理论，常微分方程式（7.1.29）的通解可以表示为

$$\boldsymbol{u}(t) = \mathrm{e}^{m(t-t_0)}\boldsymbol{u}(t_0) - \mathrm{e}^{mt}\int_{t_0}^{t}\mathrm{e}^{-m\tau}\boldsymbol{f}(\tau)\mathrm{d}\tau \tag{7.1.30}$$

式中，$\boldsymbol{u}_0$ 为 $\boldsymbol{u}$ 的初始值。为了简单起见，不失一般性地，这里假设非齐次项在时间步 (t_k, t_{k+1}) 内是线性的，即

$$\boldsymbol{f}(t) = \boldsymbol{r}_0 + \boldsymbol{r}_1(t - t_k) \tag{7.1.31}$$

现在令时间步长为 Δt，则一系列等步长 Δt 的时刻为 $t_k = k\Delta t (k = 0, 1, 2, \cdots)$，于是由式（7.1.30）得到逐步递推的计算公式为

$$\boldsymbol{u}^{(k+1)} = \boldsymbol{T}[\boldsymbol{u}^{(k)} + \boldsymbol{m}^{-1}(\boldsymbol{r}_0 + \boldsymbol{m}^{-1}\boldsymbol{r}_1)] - \boldsymbol{m}^{-1}[\boldsymbol{r}_0 + \boldsymbol{m}^{-1}\boldsymbol{r}_1 + \boldsymbol{r}_1\Delta t] \tag{7.1.32}$$

式中，$\boldsymbol{T} = \exp(\boldsymbol{m}\Delta t)$；$\boldsymbol{u}^{(k)} = \boldsymbol{u}(k\Delta t)$。可以看出，只要计算出矩阵指数 $\boldsymbol{T} = \exp(\boldsymbol{m}\Delta t)$，并代入初始值 $\boldsymbol{u}^{(0)}$，就可以利用式（7.1.32）方便地逐步递推计算出 $\boldsymbol{u}$ 在各个时刻的值。

显然，应用式（7.1.32）进行时程递推计算的关键是矩阵指数 $\boldsymbol{T}$ 的计算。

7.2　无损耗介质中 WG-PITD 方法解的数值稳定性

在本节中，我们将首先从理论上得到 WG-PITD 方法解的数值稳定性条件。然后，通过数值算例，对电磁波 WG-PITD 解的数值稳定性条件进行验证。

为了简单起见，这里分析无损耗介质中 WG-PITD 方法解的数值稳定性。考虑空间中的无源区域，在线性、各向同性、无色散和无损耗的均匀介质中，常微分方程式（7.1.23）～式（7.1.28）将分别简化为

$$\frac{\mathrm{d}E_x|_{l+1/2,m,n}}{\mathrm{d}t} = \frac{1}{\varepsilon|_{l+1/2,m,n}}\sum_{p=-3}^{2}a_p\left(\frac{H_z|_{l+1/2,m+p+1/2,n}}{\Delta y} - \frac{H_y|_{l+1/2,m,n+p+1/2}}{\Delta z}\right) \tag{7.2.1}$$

$$\frac{\mathrm{d}E_y|_{l,m+1/2,n}}{\mathrm{d}t} = \frac{1}{\varepsilon|_{l,m+1/2,n}} \sum_{p=-3}^{2} a_p \left(\frac{H_x|_{l,m+1/2,n+p+1/2}}{\Delta z} - \frac{H_z|_{l+p+1/2,m+1/2,n}}{\Delta x} \right) \quad (7.2.2)$$

$$\frac{\mathrm{d}E_z|_{l,m,n+1/2}}{\mathrm{d}t} = \frac{1}{\varepsilon|_{l,m,n+1/2}} \sum_{p=-3}^{2} a_p \left(\frac{H_y|_{l+p+1/2,m,n+1/2}}{\Delta x} - \frac{H_x|_{l,m+p+1/2,n+1/2}}{\Delta y} \right) \quad (7.2.3)$$

$$\frac{\mathrm{d}H_x|_{l,m+1/2,n+1/2}}{\mathrm{d}t} = -\frac{1}{\mu|_{l,m+1/2,n+1/2}} \sum_{p=-3}^{2} a_p \left(\frac{E_z|_{l,m+p+1,n+1/2}}{\Delta y} - \frac{E_y|_{l,m+1/2,n+p+1}}{\Delta z} \right) \quad (7.2.4)$$

$$\frac{\mathrm{d}H_y|_{l+1/2,m,n+1/2}}{\mathrm{d}t} = -\frac{1}{\mu|_{l+1/2,m,n+1/2}} \sum_{p=-3}^{2} a_p \left(\frac{E_x|_{l+1/2,m,n+p+1}}{\Delta z} - \frac{E_z|_{l+p+1,m,n+1/2}}{\Delta x} \right) \quad (7.2.5)$$

$$\frac{\mathrm{d}H_z|_{l+1/2,m+1/2,n}}{\mathrm{d}t} = -\frac{1}{\mu|_{l+1/2,m+1/2,n}} \sum_{p=-3}^{2} a_p \left(\frac{E_y|_{l+p+1,m+1/2,n}}{\Delta x} - \frac{E_x|_{l+1/2,m+p+1,n}}{\Delta y} \right) \quad (7.2.6)$$

根据 von Neumann 稳定性分析方法，考虑正弦均匀平面波解，即

$$E_x(t;(l+1/2)\Delta x, m\Delta y, n\Delta z) = E_x(t) \exp\{-\mathrm{j}[(l+1/2)\beta_x \Delta x + m\beta_y \Delta y + n\beta_z \Delta z]\} \quad (7.2.7)$$

$$E_y(t;l\Delta x,(m+1/2)\Delta y, n\Delta z) = E_y(t) \exp\{-\mathrm{j}[l\beta_x \Delta x + (m+1/2)\beta_y \Delta y + n\beta_z \Delta z]\} \quad (7.2.8)$$

$$E_z(t;l\Delta x, m\Delta y,(n+1/2)\Delta z) = E_z(t) \exp\{-\mathrm{j}[l\beta_x \Delta x + m\beta_y \Delta y + (n+1/2)\beta_z \Delta z]\} \quad (7.2.9)$$

$$H_x(t;l\Delta x,(m+1/2)\Delta y,(n+1/2)\Delta z) = \\ H_x(t) \exp\{-\mathrm{j}[l\beta_x \Delta x + (m+1/2)\beta_y \Delta y + (n+1/2)\beta_z \Delta z]\} \quad (7.2.10)$$

$$H_y(t;(l+1/2)\Delta x, m\Delta y,(n+1/2)\Delta z) = \\ H_y(t) \exp\{-\mathrm{j}[(l+1/2)\beta_x \Delta x + m\beta_y \Delta y + (n+1/2)\beta_z \Delta z]\} \quad (7.2.11)$$

$$H_z(t;(l+1/2)\Delta x,(m+1/2)\Delta y, n\Delta z) = \\ H_z(t) \exp\{-\mathrm{j}[(l+1/2)\beta_x \Delta x + (m+1/2)\beta_y \Delta y + n\beta_z \Delta z]\} \quad (7.2.12)$$

式中，β_x、β_y 和 β_z 分别是数值相位波数 β 的 x、y 和 z 方向分量。将式（7.2.7）~式（7.2.12）代入式（7.2.1）~式（7.2.6），可以得到

$$\frac{\mathrm{d}X}{\mathrm{d}t} = MX \quad (7.2.13)$$

式中，X 是一个由网格节上的电场和磁场分量幅值所构成的列向量：

$$X = [E_x(t), E_y(t), E_z(t), H_x(t), H_y(t), H_z(t)]^{\mathrm{T}} \quad (7.2.14)$$

M 是一个由空间步长 Δx、Δy 和 Δz，数值波数 β_x、β_y 和 β_z 以及媒质介电常数 ε 和磁导率 μ 确定的系数矩阵，M 的具体形式为

$$M = \begin{bmatrix} & & & 0 & -\dfrac{D_z}{\varepsilon} & \dfrac{D_y}{\varepsilon} \\[2mm] & 0 & & \dfrac{D_z}{\varepsilon} & 0 & -\dfrac{D_x}{\varepsilon} \\[2mm] & & & -\dfrac{D_y}{\varepsilon} & \dfrac{D_x}{\varepsilon} & 0 \\[2mm] 0 & \dfrac{D_z}{\mu} & -\dfrac{D_y}{\mu} & & & \\[2mm] -\dfrac{D_z}{\mu} & 0 & \dfrac{D_x}{\mu} & & 0 & \\[2mm] \dfrac{D_y}{\mu} & -\dfrac{D_x}{\mu} & 0 & & & \end{bmatrix} \tag{7.2.15}$$

其中

$$D_x = -\mathrm{j} \sum_{p=0}^{2} \frac{a_p \sin[(2p+1)\beta_x \Delta x / 2]}{\Delta x / 2} \tag{7.2.16}$$

$$D_y = -\mathrm{j} \sum_{p=0}^{2} \frac{a_p \sin[(2p+1)\beta_y \Delta y / 2]}{\Delta y / 2} \tag{7.2.17}$$

$$D_z = -\mathrm{j} \sum_{p=0}^{2} \frac{a_p \sin[(2p+1)\beta_z \Delta z / 2]}{\Delta z / 2} \tag{7.2.18}$$

根据矩阵理论，矩阵 M 分解成如下形式：

$$M = P \mathrm{diag}(\lambda_i) P^{-1}, \quad i = 1,2,3,\cdots,6 \tag{7.2.19}$$

式中，P 是由系数矩阵 M 特征向量构成的矩阵；λ_i 是系数矩阵 M 的特征值。可以得到，特征值 λ_i 满足如下代数方程：

$$\lambda^2 \left[\lambda^2 - \frac{1}{\varepsilon \mu}(D_x^2 + D_y^2 + D_z^2) \right]^2 = 0 \tag{7.2.20}$$

解其得到

$$\lambda_{1,2} = 0, \quad \lambda_{3,4} = \mathrm{j}\zeta, \quad \lambda_{5,6} = -\mathrm{j}\zeta \tag{7.2.21}$$

式中

$$\zeta = \sqrt{\frac{1}{\varepsilon \mu} \sum_{w=x,y,z} \left\{ \sum_{p=0}^{2} \frac{a_p \sin[(2p+1)\beta_w \Delta w / 2]}{\Delta w / 2} \right\}^2} \tag{7.2.22}$$

假设时间步长取为 Δt，那么由式（7.2.13）可得，从时刻 $t = k\Delta t$ 的场量 $X^{(k)}$ 到时刻 $t = (k+1)\Delta t$ 的场量 $X^{(k+1)}$ 的如下时程递推计算公式：

$$X^{(k+1)} = TX^{(k)} \tag{7.2.23}$$

在应用精细算法进行实际计算时，矩阵指数 T 的计算公式为

$$T = \left[I + \frac{M\Delta t}{l} + \frac{(M\Delta t)^2}{2!l^2} + \frac{(M\Delta t)^3}{3!l^3} + \frac{(M\Delta t)^4}{4!l^4} \right]^l \tag{7.2.24}$$

式中，$l = 2^N$（$N \in \mathbf{Z}^+$）是一个预先选取的整数。将式（7.2.19）代入式（7.2.24），容易得到矩阵 T 的六个本征值分别为

$$r_i = \left[1 + \frac{\lambda_i \Delta t}{l} + \frac{(\lambda_i \Delta t)^2}{2!l^2} + \frac{(\lambda_i \Delta t)^3}{3!l^3} + \frac{(\lambda_i \Delta t)^4}{4!l^4} \right]^l, \quad i = 1,2,3,4,5,6 \tag{7.2.25}$$

利用式（7.2.21），可以依次求得

$$\begin{cases} r_{1,2} = 1 \\ r_{3,4} = \left[1 - \frac{(\Delta t \zeta)^2}{2!l^2} + \frac{(\Delta t \zeta)^4}{4!l^4} + \mathrm{j}\left(\frac{\Delta t \zeta}{l} - \frac{(\Delta t \zeta)^3}{3!l^3} \right) \right]^l \\ r_{5,6} = \left[1 - \frac{(\Delta t \zeta)^2}{2!l^2} + \frac{(\Delta t \zeta)^4}{4!l^4} - \mathrm{j}\left(\frac{\Delta t \zeta}{l} - \frac{(\Delta t \zeta)^3}{3!l^3} \right) \right]^l \end{cases} \tag{7.2.26}$$

由递推计算公式（7.2.23）可知，矩阵指数 T 就是时程递推计算的增益矩阵。根据 von Neumann 稳定性条件，如果增益矩阵 T 的特征值 r 模的最大值小于或者等于 1（$\max|r| \leqslant 1$），那么递推计算就是数值稳定的。由式（7.2.26）可知，在无损耗介质中 WG-PITD 方法的 von Neumann 稳定性条件可以等价为

$$\left(1 - \frac{(\Delta t \zeta)^2}{2!l^2} + \frac{(\Delta t \zeta)^4}{4!l^4} \right)^2 + \left(\frac{\Delta t \zeta}{l} - \frac{(\Delta t \zeta)^3}{3!l^3} \right)^2 \leqslant 1 \tag{7.2.27}$$

将式（7.2.22）代入式（7.2.27），有

$$\frac{\Delta t}{l} \leqslant \frac{\sqrt{2}}{c \sum_{p=0}^{2}|a_p|} \left(\frac{1}{\Delta x^2} + \frac{1}{\Delta y^2} + \frac{1}{\Delta z^2} \right)^{-1/2} = \frac{3\sqrt{2}}{4c} \left(\frac{1}{\Delta x^2} + \frac{1}{\Delta y^2} + \frac{1}{\Delta z^2} \right)^{-1/2} \tag{7.2.28}$$

式中，$c = 1/\sqrt{\varepsilon\mu}$。由 $l = 2^N$（$N \in \mathbf{Z}^+$），有

$$\Delta t \leqslant \frac{3 \times 2^{N-3/2}}{c} \left(\frac{1}{\Delta x^2} + \frac{1}{\Delta y^2} + \frac{1}{\Delta z^2} \right)^{-1/2} \tag{7.2.29}$$

式（7.2.29）就是在无损耗介质中 WG-PITD 方法的数值稳定性条件。可以看出，在无损耗介质中，WG-PITD 方法的数值稳定性条件比传统 PITD 方法的数值稳定性条件要苛刻（其最大时间步长是传统 PITD 方法最大时间步长的 3/4），但远比 FDTD 方法中的 Courant 稳定性条件要宽松得多。对于任意预先选定的正整数 N（通常 $N = 20$），WG-PITD 方法的时间步长 Δt 都可以远大于 FDTD 方法中 Courant 稳定性条件所限制的值。

7.3　无损耗介质中 WG-PITD 方法解的数值色散特性

7.3.1　无损耗介质中 WG-PITD 方法的数值色散方程

考虑正弦均匀平面波情况，即在式（7.2.7）～式（7.2.12）的基础上，有

$$X^{(k)} = X^{(0)} e^{jk\omega\Delta t} \tag{7.3.1}$$

将式（7.3.1）代入时程递推计算公式（7.2.23），有

$$(e^{j\omega\Delta t}I - T)X^{(0)} = 0 \tag{7.3.2}$$

由该齐次方程组有非零解的条件：

$$\det(e^{j\omega\Delta t}I - T) = 0 \tag{7.3.3}$$

可解得

$$\tan^2\left(\frac{\omega\Delta t}{l}\right) = \left(\frac{\dfrac{\Delta t\zeta}{l} - \dfrac{(\Delta t\zeta)^3}{3!l^3}}{1 - \dfrac{(\Delta t\zeta)^2}{2!l^2} + \dfrac{(\Delta t\zeta)^4}{4!l^4}}\right)^2 \tag{7.3.4}$$

式中

$$\zeta^2 = c^2 \sum_{w=x,y,z} \left[\sum_{p=0}^{2} a_p \frac{\sin\left[(2p+1)\beta_w\Delta w/2\right]}{\Delta w/2} \right]^2 \tag{7.3.5}$$

式（7.3.4）就是在无损耗介质中 WG-PITD 方法的数值色散方程式。

当时间步长 Δt 和空间步长（Δx、Δy 和 Δz）都趋近于 0 时，式（7.3.4）就趋近于电磁波在无损耗介质中的解析色散方程，即

$$\omega^2 = c^2\beta_0^2 \tag{7.3.6}$$

式中，β_0 是电磁波的真实相位常数。

为了定量分析在无损耗介质中 WG-PITD 方法的数值色散特性，这里定义数值相位误差 NPE：

$$\text{NPE} = \frac{\beta - \beta_0}{\beta_0} \tag{7.3.7}$$

7.3.2　时间步长对 WG-PITD 方法数值色散特性的影响

对于一维均匀网格划分，如图 7.3.1 所示，在无损耗介质中 WG-PITD 方法的数值相位误差 NPE 随 Courant 常数 S（$S = c\Delta t / \Delta_{\max}$，$\Delta_{\max}$ 是空间步长的最大值）的变化曲线。这里，取 Courant 常数 $S \in (0.25, 1024)$，预先选定的正整数 $N = 20$，空间采样密度 N_λ（电磁波波长/空间步长）分别为 5、10 和 20。

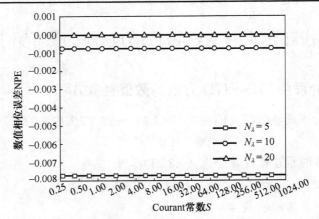

图 7.3.1　无损耗介质中 WG-PITD 方法的数值相位误差 NPE 随 Courant 常数 S 的变化（$N = 20$）

从图 7.3.1 中可以看出，WG-PITD 方法的数值相位误差 NPE < 0，数值相位误差 NPE 曲线都几乎是平直的。这说明在无损耗介质中 WG-PITD 方法的数值相速度（$v = \omega / \beta$）通常大于电磁波的真实波速，且其数值色散误差基本上不受时间步长 Δt 的影响。其原因就是在数值色散方程式（7.3.4）中的子时间步长 $\tau(= \Delta t / 2^N)$ 能够被预先选定的正整数 N 限定在任意小的范围内。

7.3.3　空间步长对 WG-PITD 方法数值色散特性的影响

对于一维均匀网格划分，如图 7.3.2 所示，分别给出在无损耗介质中 FDTD、PITD、WGTD 和 WG-PITD 这四种方法的数值相位误差 NPE 随空间采样密度 N_λ 的变化曲线。在 FDTD 方法和 WGTD 方法中取 Courant 常数 $S = 0.5$。在 PITD 方法和 WG-PITD 方法中取 Courant 常数 $S = 1024$，预先选定的正整数 $N = 20$。这里，取空间采样密度 $N_\lambda \in (5, 20)$。

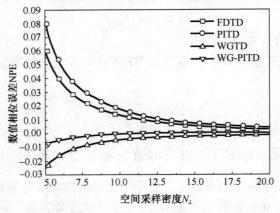

图 7.3.2　无损耗介质中数值相位误差 NPE 随空间采样密度 N_λ 的变化

从图 7.3.2 中可以看出，FDTD 方法和 PITD 方法的数值相位误差 NPE > 0，WGTD

方法和 WG-PITD 方法的数值相位误差 NPE < 0。它们的数值相位误差 NPE 绝对值都随空间采样密度 N_λ 的增大（空间步长减小）而减小。PITD 方法的数值相位误差 NPE 大于 FDTD 方法的数值相位误差 NPE。WG-PITD 方法的数值相位误差 NPE 大于 WGTD 方法的数值相位误差 NPE。WGTD 方法和 WG-PITD 方法数值相位误差 NPE 的绝对值小于 FDTD 方法和 PITD 方法数值色散误差 NPE 的绝对值，且其在空间采样密度 N_λ 较小时（$N_\lambda \in (5,10)$）就很小。在这四种方法中，WG-PITD 方法数值相位误差 NPE 的绝对值最小。这说明在无损耗介质中 FDTD 方法和 PITD 方法的数值相速度通常小于电磁波的真实波速，而 WGTD 方法和 WG-PITD 方法的数值相速度通常大于电磁波的真实波速。它们的数值色散误差都随空间步长减小而减小。基于相同的空间差分格式，应用时程精细算法的数值相速度小于应用时间中心差分技术的数值相速度。小波 Galerkin 空间差分格式的数值色散误差小于 Yee 空间差分格式的数值色散误差，且可以应用较大的空间步长（空间步长可以大于电磁波波长的 1/5）。在这四种方法中，WG-PITD 方法的数值色散误差最小。

7.3.4　电磁波传播方向对 WG-PITD 方法数值色散特性的影响

对于二维正方形网格（$\Delta x = \Delta y = \Delta$）情况，如图 7.3.3～图 7.3.5 所示，分别给出了在无损耗介质中 FDTD、PITD、WGTD 和 WG-PITD 这四种方法的数值相位误差 NPE 随电磁波传播方向 ϕ（电磁波传播方向与 x 轴方向的夹角）的变化曲线。在 FDTD 方法和 WGTD 方法中取 Courant 常数 $S = 0.5$。在 PITD 方法和 WG-PITD 方法中取 Courant 常数 $S = 1024$，预先选定的正整数 $N = 20$。在图 7.3.3～图 7.3.5 中，分别取空间采样密度 $N_\lambda = 5$、10 和 20。

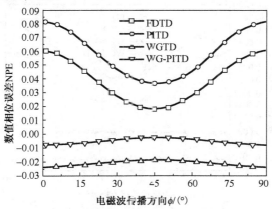

图 7.3.3　无损耗介质中数值相位误差 NPE 随电磁波传播方向 ϕ 的变化（$N_\lambda = 5$）

从图 7.3.3～图 7.3.5 中可以看出，FDTD 方法和 PITD 方法的数值相位误差 NPE 都是一条下凹的曲线，而 WGTD 方法和 WG-PITD 方法的数值相位误差 NPE 则是一条向上凸的曲线。但是，这四种方法的数值相位误差 NPE 绝对值都是在电磁波传播方

向 ϕ 为网格对角线方向时最小。WGTD 方法和 WG-PITD 方法的数值相位误差 NPE 曲线比 FDTD 方法和 PITD 方法的数值相位误差 NPE 曲线更加平直。在这四种方法中，WG-PITD 方法的数值相位误差 NPE 曲线最接近于 0，也最平直。这说明在无损耗介质中 FDTD 方法和 PITD 方法的数值相速度在电磁波传播方向 ϕ 为网格对角线方向时最小。WGTD 方法和 WG-PITD 方法的数值相速度在电磁波传播方向 ϕ 为网格对角线方向时最大。但是，这四种方法的数值色散误差都是在电磁波传播方向 ϕ 为网格对角线方向时最小。小波 Galerkin 空间差分格式的数值色散各向异性优于 Yee 空间差分格式的数值色散各向异性。在这四种方法中，WG-PITD 方法的数值色散各向异性最优。

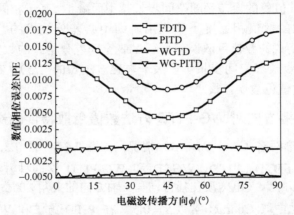

图 7.3.4　无损耗介质中数值相位误差 NPE 随电磁波传播方向 ϕ 的变化（$N_\lambda = 10$）

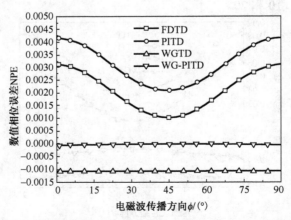

图 7.3.5　无损耗介质中数值相位误差 NPE 随电磁波传播方向 ϕ 的变化（$N_\lambda = 20$）

7.3.5　无损耗介质中 WG-PITD 方法的数值超光速现象

数值超光速现象最早发现于 FDTD 方法的数值色散特性分析之中。在空间步长过大时（空间采样密度 $N_\lambda < 3$），由 FDTD 方法的数值色散方程求解得出的数值相位常数 β 将是一个复数，而且 β 的实部小于电磁波的真实相位常数 β_0，β 的虚部小于 0。此时，FDTD 方法的数值波在传播过程中将快速地衰减，且其相速度大于电磁波的真实波速，相速度的最大值是电磁波真实波速的 2 倍[5]。

同样，在 PITD 方法、WGTD 方法和 WG-PITD 方法的数值色散特性分析之中也发现了数值超光速现象。为了定量地分析数值超光速现象，这里定义单位空间步长的数值衰减 $\alpha\Delta$ 和归一化数值相速度 v/c，有

$$\alpha\Delta = -\mathrm{Im}(\beta)\Delta \tag{7.3.8}$$

式中，$\mathrm{Im}(\beta)$ 是数值相位常数 β 的虚部；Δ 是空间步长。还有

$$\frac{v}{c} = \frac{\omega}{c\,\mathrm{Re}(\beta)} \tag{7.3.9}$$

式中，$\mathrm{Re}(\beta)$ 是数值相位常数 β 的实部。

对于一维均匀网格划分情况，如图 7.3.6 和图 7.3.7 所示，分别给出了在无损耗介

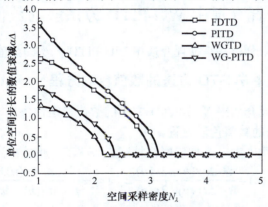

图 7.3.6　单位空间步长的数值衰减 $\alpha\Delta$ 随空间采样密度 N_λ 的变化

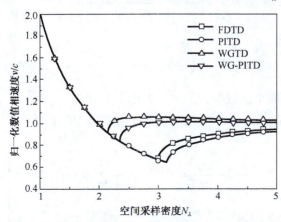

图 7.3.7　归一化数值相速度 v/c 随空间采样密度 N_λ 的变化

质中 FDTD、PITD、WGTD 和 WG-PITD 这四种方法的单位空间步长数值衰减 $\alpha\Delta$ 和归一化数值相速度 v/c 随空间采样密度 N_λ 的变化曲线。在 FDTD 方法和 WGTD 方法中取 Courant 常数 $S = 0.5$。在 PITD 方法和 WG-PITD 方法中取 Courant 常数 $S = 1024$，预先选定的正整数 $N = 20$。这里，取空间采样密度 $N_\lambda \in (1,5)$。

从图 7.3.6 中可以看出，在单位空间步长内的数值衰减 $\alpha\Delta$，WGTD 方法和 WG-PITD 方法小于 FDTD 方法和 PITD 方法的数值衰减 $\alpha\Delta$，且在空间采样密度 N_λ 更小时趋近于 0。从图 7.3.7 中可以看出中，在空间采样密度 N_λ 更小时，WGTD 方法和 WG-PITD 方法的归一化数值相速度 v/c 比 FDTD 方法和 PITD 方法的归一化数值相速度 v/c 更趋近于 1。就整体性能而言，WG-PITD 方法的归一化数值相速度 v/c 比 WGTD 方法的归一化数值相速度 v/c 更接近于 1。这说明在无损耗介质中小波 Galerkin 空间差分格式的数值超光速现象弱于 Yee 空间差分格式的数值超光速现象。在这四种方法中，WG-PITD 方法的数值超光速现象最弱，它可以应用的空间步长范围最广。

7.4　有损耗介质中 WG-PITD 方法解的数值稳定性

在本节中，我们来分析在有损耗介质中 WG-PITD 方法的数值稳定性条件。

7.4.1　有损耗介质中 WGTD 方法的数值色散方程

为了得到在有损耗介质中 WG-PITD 方法的数值稳定性条件，这里先推导在有损耗介质中 WGTD 方法的数值色散方程。

考虑在有损耗介质中的一维均匀网格情况，WGTD 方法的时域递进公式[1]：

$$E_x^{(k+1)}(n) = \frac{1 - \Delta t\gamma(n)/2\varepsilon(n)}{1 + \Delta t\gamma(n)/2\varepsilon(n)} E_x^{(k)}(n) - \frac{\Delta t/\varepsilon(n)}{1 + \Delta t\gamma(n)/2\varepsilon(n)}$$
$$\times \sum_{p=-3}^{2} a_p \frac{H_y^{(k+1/2)}(n+p+1/2)}{\Delta z} \tag{7.4.1}$$

和

$$H_y^{(k+1/2)}(n+1/2) = H_y^{(k-1/2)}(n+1/2) - \frac{\Delta t}{\mu(n+1/2)} \sum_{p=-3}^{2} a_p \frac{E_x^{(k)}(n+p+1)}{\Delta z} \tag{7.4.2}$$

将如下的一维时谐衰减平面波解代入式（7.4.1）可得

$$E_x^{(k)}(n) = E_{x0}e^{jk\omega\Delta t - n\tilde{k}_z\Delta z}, \quad H_y^{(k)}(n+1/2) = H_{y0}e^{jk\omega\Delta t - (n+1/2)\tilde{k}_z\Delta z} \tag{7.4.3}$$

有

$$\begin{bmatrix} \left(1 + \dfrac{\gamma\Delta t}{2\varepsilon}\right)e^{j\omega\Delta t/2} - \left(1 - \dfrac{\gamma\Delta t}{2\varepsilon}\right)e^{-j\omega\Delta t/2} & \dfrac{\Delta t}{\varepsilon\Delta z}\sum_{p=-3}^{2}a_p e^{-(2p+1)\tilde{k}_z\Delta z/2} \\[4mm] \dfrac{\Delta t}{\mu\Delta z}\sum_{p=-3}^{2}a_p e^{-(2p+1)\tilde{k}_z\Delta z/2} & e^{j\omega\Delta t/2} - e^{-j\omega\Delta t/2} \end{bmatrix} \begin{bmatrix} E_{x0} \\ H_{y0} \end{bmatrix} = 0 \tag{7.4.4}$$

方程式（7.4.4）的非平凡解要求其系数矩阵的行列式等于 0，即

$$-\frac{\sin^2(\omega\Delta t/2)}{\Delta t^2}+\mathrm{j}\frac{\gamma}{4\varepsilon}\sin(\omega\Delta t)=c^2\left\{\sum_{p=0}^{2}\frac{a_p\sinh\left[(2p+1)\tilde{k}_z\Delta z/2\right]}{\Delta z}\right\}^2 \qquad (7.4.5)$$

式（7.4.5）就是在有损耗介质中一维 WGTD 方法的数值色散方程。当时间步长 Δt 和空间步长 Δz 都趋近于 0 时，它将趋近于电磁波在有损耗介质中的色散关系式（3.9.23）。

在三维情况下，有损耗介质中 WGTD 方法的数值色散方程可以由一维情况下的数值色散方程直接拓展得到。此处不再赘述推导过程，下面给出结果：

$$-\frac{\sin^2(\omega\Delta t/2)}{\Delta t^2}+\mathrm{j}\frac{\gamma}{4\varepsilon}\sin(\omega\Delta t)=c^2\sum_{w=x,y,z}\left\{\sum_{p=0}^{2}\frac{a_p\sinh\left[(2p+1)\tilde{k}_w\Delta w/2\right]}{\Delta w}\right\}^2 \qquad (7.4.6)$$

7.4.2　有损耗介质中 WG-PITD 方法的稳定性条件

这里，应用 von Neumann 稳定性分析方法来分析在有损耗介质中 WG-PITD 方法的数值稳定性条件。与在第 3 章中一样，将在有损耗介质中的衰减平面波解式（3.9.2）代入常微分方程（7.1.23）～式（7.1.28），可以得到在谱域中的 PITD 方程：

$$\frac{\mathrm{d}X}{\mathrm{d}t}=MX \qquad (7.4.7)$$

式中，X 是一个由网格节点上的电场和磁场分量幅值所构成的列向量：

$$X=[E_x(t),E_y(t),E_z(t),H_x(t),H_y(t),H_z(t)]^{\mathrm{T}} \qquad (7.4.8)$$

M 是一个由空间步长 Δx、Δy 和 Δz，数值传播常数 $\tilde{k}_x=\alpha_x+\mathrm{j}\beta_x$、$\tilde{k}_y=\alpha_y+\mathrm{j}\beta_y$ 和 $\tilde{k}_z=\alpha_z+\mathrm{j}\beta_z$ 以及媒质介电常数 ε 和磁导率 μ 确定的系数矩阵，M 的具体形式为

$$M=\begin{bmatrix}
-\dfrac{\gamma}{\varepsilon} & 0 & 0 & 0 & -\dfrac{W_z}{\varepsilon} & \dfrac{W_y}{\varepsilon} \\[2mm]
0 & -\dfrac{\gamma}{\varepsilon} & 0 & \dfrac{W_z}{\varepsilon} & 0 & -\dfrac{W_x}{\varepsilon} \\[2mm]
0 & 0 & -\dfrac{\gamma}{\varepsilon} & -\dfrac{W_y}{\varepsilon} & \dfrac{W_x}{\varepsilon} & 0 \\[2mm]
0 & \dfrac{W_z}{\mu} & -\dfrac{W_y}{\mu} & 0 & 0 & 0 \\[2mm]
-\dfrac{W_z}{\mu} & 0 & \dfrac{W_x}{\mu} & 0 & 0 & 0 \\[2mm]
\dfrac{W_y}{\mu} & -\dfrac{W_x}{\mu} & 0 & 0 & 0 & 0
\end{bmatrix} \qquad (7.4.9)$$

其中

$$W_x = -\sum_{p=0}^{2} a_p \frac{\sinh[(2p+1)\tilde{k}_x \Delta x / 2]}{\Delta x / 2} \qquad (7.4.10)$$

$$W_y = -\sum_{p=0}^{2} a_p \frac{\sinh[(2p+1)\tilde{k}_y \Delta y / 2]}{\Delta y / 2} \qquad (7.4.11)$$

$$W_z = -\sum_{p=0}^{2} a_p \frac{\sinh[(2p+1)\tilde{k}_z \Delta z / 2]}{\Delta z / 2} \qquad (7.4.12)$$

在这里应该注意到，WGTD 方法和 WG-PITD 方法采用了相同的空间离散格式。因此，WGTD 方法的空间差分算子就是 WG-PITD 方法的空间差分算子。

根据矩阵理论，矩阵 $\boldsymbol{M}$ 分解成如下形式：

$$\boldsymbol{M} = \boldsymbol{P} \mathrm{diag}(\lambda_i) \boldsymbol{P}^{-1}, \quad i = 1, 2, 3, \cdots, 6 \qquad (7.4.13)$$

式中，$\boldsymbol{P}$ 是由系数矩阵 $\boldsymbol{M}$ 特征向量构成的矩阵；λ_i 是系数矩阵 $\boldsymbol{M}$ 的特征值。特征值 λ_i 是如下代数方程：

$$\lambda \left(\lambda + \frac{\gamma}{\varepsilon} \right) \left[\lambda \left(\lambda + \frac{\gamma}{\varepsilon} \right) - c^2 (W_x^2 + W_y^2 + W_z^2) \right]^2 = 0 \qquad (7.4.14)$$

的根。其中，$c = 1 / \sqrt{\mu \varepsilon}$。可以解其得到

$$\lambda_1 = 0, \quad \lambda_2 = -\frac{\gamma}{\varepsilon}, \quad \lambda_{3,4} = \mathrm{j}\zeta, \quad \lambda_{5,6} = -\mathrm{j}\zeta \qquad (7.4.15)$$

式中

$$\zeta = c \sqrt{\sum_{w=x,y,z} (\kappa_w^2 - \xi_w^2)} \qquad (7.4.16)$$

$$\kappa_w = \sum_{p=0}^{2} a_p \frac{\cosh[(2p+1)\alpha_w \Delta w / 2] \sin[(2p+1)\beta_w \Delta w / 2]}{\Delta w / 2} \qquad (7.4.17)$$

和

$$\xi_w = \sum_{p=0}^{2} a_p \frac{\sinh[(2p+1)\alpha_w \Delta w / 2] \cos[(2p+1)\beta_w \Delta w / 2]}{\Delta w / 2} \qquad (7.4.18)$$

与在前面对于无损耗介质中的数值稳定性分析一样，将式（7.4.13）代入如下矩阵指数 $\boldsymbol{T}$ 的计算公式：

$$\boldsymbol{T} = \left(\boldsymbol{I} + \tau \boldsymbol{M} + \frac{\tau^2 \boldsymbol{M}^2}{2!} + \frac{\tau^3 \boldsymbol{M}^3}{3!} + \frac{\tau^4 \boldsymbol{M}^4}{4!} \right)^{2^N} \qquad (7.4.19)$$

可知矩阵指数 $\boldsymbol{T}$ 也是可以对角化的，有

$$\boldsymbol{T} = \boldsymbol{P} \mathrm{diag}(r_i) \boldsymbol{P}^{-1}, \quad i = 1, 2, 3, \cdots, 6 \qquad (7.4.20)$$

在上面两式中，$\tau(=\Delta t/2^N)$ 是预先选定的子时间步长；r_i 是系数矩阵 $\boldsymbol{T}$ 的特征值。可以得到

$$r_i = \left(1 + \tau\lambda_i + \frac{\tau^2\lambda_i^2}{2!} + \frac{\tau^3\lambda_i^3}{3!} + \frac{\tau^4\lambda_i^4}{4!}\right)^{2^N}, \quad i = 1,2,3,\cdots,6 \tag{7.4.21}$$

将式（7.4.15）代入式（7.4.21），有

$$\begin{cases} r_1 = 1 \\ r_2 = \left(1 - \dfrac{\tau\gamma}{\varepsilon} + \dfrac{\tau^2\gamma^2}{2!\varepsilon^2} - \dfrac{\tau^3\gamma^3}{3!\varepsilon^3} + \dfrac{\tau^4\gamma^4}{4!\varepsilon^4}\right)^{2^N} \\ r_{3,4} = \left[1 - \dfrac{\tau^2\zeta^2}{2!} + \dfrac{\tau^4\zeta^4}{4!} + j\left(\tau\zeta - \dfrac{\tau^3\zeta^3}{3!}\right)\right]^{2^N} \\ r_{5,6} = \left[1 - \dfrac{\tau^2\zeta^2}{2!} + \dfrac{\tau^4\zeta^4}{4!} - j\left(\tau\zeta - \dfrac{\tau^3\zeta^3}{3!}\right)\right]^{2^N} \end{cases} \tag{7.4.22}$$

根据 von Neumann 稳定性要求，矩阵 $\boldsymbol{T}$ 所有本征值的模都小于或等于单位值。类似于在有损耗介质中传统 PITD 方法数值稳定性条件的推导过程，可以得到在有损耗介质中 WG-PITD 方法的数值稳定性条件。此处不再赘述推导过程，只给出结果，有

$$\begin{cases} \Delta t \leqslant 2^N \dfrac{3.2653\varepsilon}{\gamma} \\ \Delta t \leqslant \dfrac{3 \times 2^{N-3/2}}{c} \left(\dfrac{1}{\Delta x^2} + \dfrac{1}{\Delta y^2} + \dfrac{1}{\Delta z^2}\right)^{-1/2} \end{cases} \tag{7.4.23}$$

这就是在有损耗介质中 WG-PITD 方法解的数值稳定性条件。可以看出，在有损耗介质中，WG-PITD 方法的时间步长 Δt 要受到空间步长（Δx、Δy 和 Δz）和介质参数（ε 和 γ）的限制。在低损耗介质中（$\gamma \ll \omega\varepsilon$），式（7.4.23）中的第一个条件要弱于第二个条件对时间步长 Δt 的限制，此时 WG-PITD 方法的稳定性条件等同于在无损耗介质中 WG-PITD 方法的稳定性条件。在良导体中（$\gamma \gg \omega\varepsilon$），式（7.4.23）中的第一个条件要强于第二个条件对时间步长 Δt 的限制，此时 WG-PITD 方法的稳定性条件等同于在良导体中 PITD 方法的稳定性条件。

7.5 有损耗介质中 WG-PITD 方法解的数值色散特性

7.5.1 有损耗介质中 WG-PITD 方法的数值色散方程

类似于在有损耗介质中传统 PITD 方法数值色散方程的推导过程，可以得到在有损耗介质中 WG-PITD 方法的数值色散方程。此处不再赘述推导过程，只给出结果，有

$$\exp(j\omega\tau) = 1 - \frac{\tau^2\zeta^2}{2!} + \frac{\tau^4\zeta^4}{4!} + j\left(\tau\zeta - \frac{\tau^3\zeta^3}{3!}\right) \tag{7.5.1}$$

以及如下关系式:

$$\zeta^2 = c^2 \sum_{w=x,y,z} \left\{ \left[\sum_{p=0}^{2} \frac{a_p \cosh[\alpha_w \Delta w(2p+1)/2]\sin[\beta_w \Delta w(2p+1)/2]}{\Delta w/2} \right]^2 \\ - \left[\sum_{p=0}^{2} \frac{a_p \sinh[\alpha_w \Delta w(2p+1)/2]\cos[\beta_w \Delta w(2p+1)/2]}{\Delta w/2} \right]^2 \right\} \tag{7.5.2a}$$

和

$$\mu\sigma\zeta = 2 \sum_{w=x,y,z} \left\{ \sum_{p=0}^{2} \frac{a_p \sinh[\alpha_w \Delta w(2p+1)/2]\cos[\beta_w \Delta w(2p+1)/2]}{\Delta w/2} \\ \times \sum_{p=0}^{2} \frac{a_p \cosh[\alpha_w \Delta w(2p+1)/2]\sin[\beta_w \Delta w(2p+1)/2]}{\Delta w/2} \right\} \tag{7.5.2b}$$

当电导率 γ 趋近于 0 时,式 (7.5.2) 就趋近于在无损耗介质中 WG-PITD 方法的数值色散方程。

若考虑一维情况,式 (7.5.2) 就会简化为

$$\zeta^2 = c^2 \left\{ \left[\sum_{p=0}^{2} \frac{a_p \cosh[\alpha_z \Delta z(2p+1)/2]\sin[\beta_z \Delta z(2p+1)/2]}{\Delta z/2} \right]^2 \\ - \left[\sum_{p=0}^{2} \frac{a_p \sinh[\alpha_z \Delta z(2p+1)/2]\cos[\beta_z \Delta z(2p+1)/2]}{\Delta z/2} \right]^2 \right\} \tag{7.5.3a}$$

和

$$\mu\sigma\zeta = 2 \left\{ \sum_{p=0}^{2} \frac{a_p \sinh[\alpha_w \Delta w(2p+1)/2]\cos[\beta_w \Delta w(2p+1)/2]}{\Delta w/2} \\ \times \sum_{p=0}^{2} \frac{a_p \cosh[\alpha_w \Delta w(2p+1)/2]\sin[\beta_w \Delta w(2p+1)/2]}{\Delta w/2} \right\} \tag{7.5.3b}$$

7.5.2　时间步长对 WG-PITD 方法数值色散特性的影响

对于一维均匀网格划分,如图 7.5.1 和图 7.5.2 所示,分别为在有损耗介质中 WG-PITD 方法的数值损耗误差 NLE 和数值相位误差 NPE 随 Courant 常数 S 的变化曲线。这里,取 Courant 常数 $S \in (0.25, 1024)$,预先选定的正整数 $N = 20$,空间采样密度 $N_\lambda = 5$,电磁波的频率 $f = 300\text{MHz}$,介电常数 $\varepsilon = \varepsilon_0$,电导率 γ 分别等于 $1 \times 10^{-3}\text{S} \cdot \text{m}^{-1}$、$1 \times 10^{-1}\text{S} \cdot \text{m}^{-1}$ 和 $10\text{S} \cdot \text{m}^{-1}$。

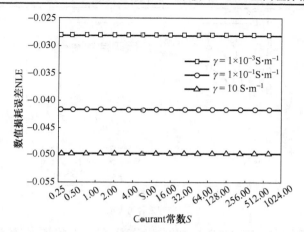

图 7.5.1　有损耗介质中 WG-PITD 方法的数值损耗误差 NLE 随 Courant 常数 S 的变化

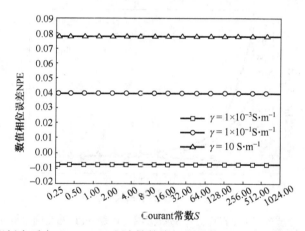

图 7.5.2　有损耗介质中 WG-PITD 方法的数值相位误差 NPE 随 Courant 常数 S 的变化

　　从图 7.5.1 和图 7.5.2 中可以分别看出，WG-PITD 方法的数值损耗误差 NLE < 0，数值相位误差 NPE 却可以大于 0 或小于 0，但是这些曲线都几乎是平直的。这说明在有损耗介质中 WG-PITD 方法的数值损耗通常小于电磁波的真实损耗，数值相速度可以大于或者小于电磁波的真实波速。由于数值色散方程式（7.5.1）中的子时间步长 τ 能被预先选定的正整数 N 限定在很小的范围内，所以 WG-PITD 方法的数值色散特性基本不受时间步长 Δt 的影响。

7.5.3　空间步长对 WG-PITD 方法数值色散特性的影响

　　对于一维均匀网格划分，如图 7.5.3 和图 7.5.4 所示，分别为在有损耗介质中 WG-PITD 方法的数值损耗误差 NLE 和数值相位误差 NPE 随空间采样密度 N_λ 的变化曲线。这里，取 Courant 常数 $S = 1024$，预先选定的正整数 $N = 20$，空间采样密度 $N_\lambda \in (5, 20)$，电磁波的

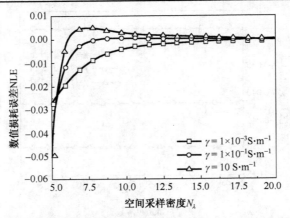

图 7.5.3　有损耗介质中 WG-PITD 方法的数值损耗误差 NLE 随空间采样密度 N_λ 的变化

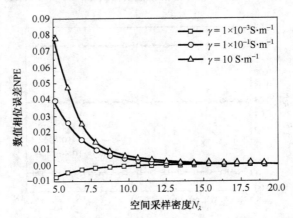

图 7.5.4　有损耗介质中 WG-PITD 方法的数值相位误差 NPE 随空间采样密度 N_λ 的变化

频率 $f = 300\text{MHz}$，介电常数 $\varepsilon = \varepsilon_0$，电导率 γ 分别等于 $1 \times 10^{-3}\text{S} \cdot \text{m}^{-1}$、$1 \times 10^{-1}\text{S} \cdot \text{m}^{-1}$ 和 $10\text{S} \cdot \text{m}^{-1}$。

　　从图 7.5.3 和图 7.5.4 中可以分别看出，WG-PITD 方法数值损耗误差 NLE 和数值相位误差 NPE 的绝对值都随空间采样密度 N_λ 的增大而减小。当空间采样密度较小时（$N_\lambda \in (5, 10)$），数值损耗误差 NLE 和数值相位误差 NPE 的绝对值都很大。这说明过大的空间步长（$N_\lambda \in (5, 10)$，即空间步长大于电磁波波长的 1/10）已不能够满足在有损耗介质中 WG-PITD 方法数值色散特性的要求。同时，在有损耗介质中 WG-PITD 方法的数值色散特性随空间步长减小而变好。

7.5.4　电导率对 WG-PITD 方法数值色散特性的影响

　　对于一维均匀网格划分，如图 7.5.5 和图 7.5.6 所示，分别为在有损耗介质中 FDTD、PITD、WGTD 和 WG-PITD 这四种方法的数值损耗误差 NLE 和数值相位误差 NPE 随电导

率 γ 的变化曲线。在 FDTD 方法和 WGTD 方法中取 Courant 常数 $S = 0.5$。在 PITD 方法和 WG-PITD 方法中取 Courant 常数 $S = 1024$，预先选定的正整数 $N = 20$。这里，取空间采样密度 $N_\lambda = 10$，电磁波的频率 $f = 300\text{MHz}$，介电常数 $\varepsilon = \varepsilon_0$，电导率 $\gamma \in (1 \times 10^{-3}, 10)\text{S} \cdot \text{m}^{-1}$。

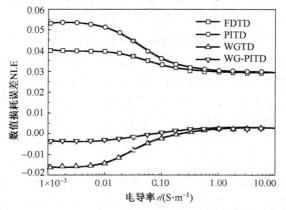

图 7.5.5　有损耗介质中数值损耗误差 NLE 随电导率 γ 的变化

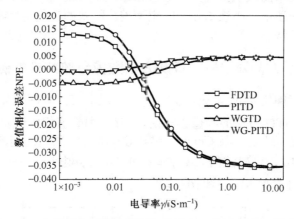

图 7.5.6　有损耗介质中数值相位误差 NPE 随电导率 γ 的变化

　　从图 7.5.5 中可以看出，FDTD 方法和 PITD 方法的数值损耗误差 NLE 均大于 0。在电导率 γ 较小时（WGTD 方法 $\gamma \leqslant 0.1870\text{S} \cdot \text{m}^{-1}$，WG-PITD 方法 $\gamma \leqslant 0.0726\text{S} \cdot \text{m}^{-1}$），WGTD 方法和 WG-PITD 方法的数值损耗误差 NLE 都小于 0；当电导率较大时（WGTD 方法 $\gamma > 0.1870\text{S} \cdot \text{m}^{-1}$，WG-PITD 方法 $\gamma > 0.0726\text{S} \cdot \text{m}^{-1}$）则都大于 0，且随电导率 γ 的增大而增大，并且它们趋近于同一个极限值。PITD 方法的数值损耗误差 NLE 大于 FDTD 方法的数值损耗误差 NLE。WG-PITD 方法的数值损耗误差 NLE 大于 WGTD 方法的数值损耗误差 NLE。WGTD 方法和 WG-PITD 方法数值损耗误差 NLE 的绝对值小于 FDTD 方法和 PITD 方法数值损耗误差 NLE 的绝对值。在这四种方法中，WG-PITD 方法数值损耗误差 NLE 的绝对值最小。

　　从图 7.5.6 中可以看出,在电导率较小时(WGTD 方法 $\gamma \leqslant 0.0676\mathrm{S}\cdot\mathrm{m}^{-1}$,WG-PITD 方法 $\gamma \leqslant 0.0133\mathrm{S}\cdot\mathrm{m}^{-1}$),WGTD 方法和 WG-PITD 方法的数值相位误差 NPE 都小于 0;在电导率较大时(WGTD 方法 $\gamma > 0.0676\mathrm{S}\cdot\mathrm{m}^{-1}$,WG-PITD 方法 $\gamma > 0.0133\mathrm{S}\cdot\mathrm{m}^{-1}$)则都大于 0,且随电导率 γ 增大而增大,并且它们趋近于同一个极限值。PITD 方法的数值相位误差 NPE 大于 FDTD 方法的数值相位误差 NPE。WG-PITD 方法的数值相位误差 NPE 大于 WGTD 方法的数值相位误差 NPE。WGTD 方法和 WG-PITD 方法数值相位误差 NPE 的绝对值小于 FDTD 方法和 PITD 方法数值相位误差 NPE 的绝对值。就整体来说,在这四种方法中,WG-PITD 方法数值损耗误差 NPE 的绝对值最小。这说明在电导率 γ 较小时 WGTD 方法和 WG-PITD 方法的数值损耗小于电磁波的真实损耗,而在电导率 γ 较大时则大于电磁波的真实损耗,且随电导率 γ 增大而趋近于一致。在电导率 γ 较小时,WGTD 方法和 WG-PITD 方法的数值相速度大于电磁波的真实波速,而在电导率 γ 较大时则小于电磁波的真实波速,且随电导率 γ 增大而趋近于一致。在有损耗介质中,基于相同的空间差分格式,应用时程精细积分算法的数值损耗大于应用时间中心差分技术的数值损耗,但数值相速度小于应用时间中心差分技术的数值相速度。在有损耗介质中,小波 Galerkin 空间差分格式的数值色散特性优于 Yee 空间差分格式的数值色散特性。

7.5.5　电磁波传播方向对 WG-PITD 方法数值色散特性的影响

　　对于二维正方形网格($\Delta x = \Delta y = \Delta$)划分,如图 7.5.7 和图 7.5.8 所示,分别为在有损耗介质中 WG-PITD 方法的数值损耗误差 NLE 和数值相位误差 NPE 随电磁波传播方向 ϕ 的变化曲线。这里,取 Courant 常数 $S = 1024$,预先选定的正整数 $N = 20$,空间采样密度 $N_\lambda = 10$,电磁波的频率 $f = 300\mathrm{MHz}$,介电常数 $\varepsilon = \varepsilon_0$,电导率 γ 分别等于 $1\times10^{-3}\mathrm{S}\cdot\mathrm{m}^{-1}$、$1\times10^{-1}\mathrm{S}\cdot\mathrm{m}^{-1}$ 和 $10\mathrm{S}\cdot\mathrm{m}^{-1}$。

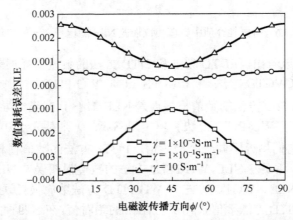

图 7.5.7　有损耗介质中 WG-PITD 方法的数值损耗误差 NLE 随电磁波传播方向 ϕ 的变化

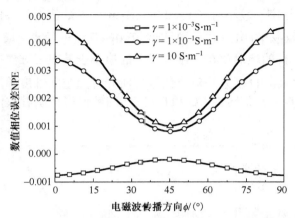

图 7.5.8　有损耗介质中 WG-PITD 方法的数值相位误差 NPE 随电磁波传播方向 ϕ 的变化

从图 7.5.7 中可以看出，当电导率较小时（$\gamma = 1 \times 10^{-3} \mathrm{S \cdot m^{-1}}$），数值损耗误差 NLE 是一条向上凸的曲线，而当电导率 γ 较大时（$\gamma \geq 1 \times 10^{-1} \mathrm{S \cdot m^{-1}}$）则是一条向下凹的曲线。但是，数值损耗误差 NLE 的绝对值在电磁波传播方向 ϕ 为网格对角线方向时最小。在图 7.5.8 中，当电导率较小时（$\gamma = 1 \times 10^{-3} \mathrm{S \cdot m^{-1}}$），数值相位误差 NPE 是一条向上凸的曲线，而当电导率 γ 较大时（$\gamma \geq 1 \times 10^{-1} \mathrm{S \cdot m^{-1}}$）则是一条向下凹的曲线。但是，数值相位误差 NPE 的绝对值在电磁波传播方向 ϕ 为网格对角线方向时最小。这说明在电导率 γ 较小时，WG-PITD 方法的数值损耗在电磁波传播方向 ϕ 为网格对角线方向时最大。在电导率 γ 较大时，WG-PITD 方法的数值损耗在在电磁波传播方向 ϕ 为网格对角线方向时最小。在电导率 γ 较小时，WG-PITD 方法的数值相速度在电磁波传播方向 ϕ 为网格对角线方向时最大。在电导率 γ 较大时，WG-PITD 方法的数值相速度在电磁波传播方向 ϕ 为网格对角线方向时最小。但是，WG-PITD 方法的数值色散特性在电磁波传播方向 ϕ 为网格对角线方向时最好。

7.5.6　电导率对 WG-PITD 方法数值色散各向异性的影响

在有损耗介质中，对于二维正方形网格（$\Delta x = \Delta y = \Delta$）和三维正方体网格（$\Delta x = \Delta y = \Delta z = \Delta$）情况，WG-PITD 方法的数值损耗各向异性 A_α 和数值相位各向异性 A_β 随电导率 γ 的变化分别如图 7.5.9 和图 7.5.10 所示。这里，取 Courant 常数 $S = 1024$，预先选定的正整数 $N = 20$，空间采样密度 $N_\lambda = 10$，电磁波的频率 $f = 300 \mathrm{MHz}$，介电常数 $\varepsilon = \varepsilon_0$，电导率 $\gamma \in (1 \times 10^{-3}, 0.1) \mathrm{S \cdot m^{-1}}$。

从图 7.5.9 中可以看出，当电导率 γ 较小时（$\gamma < 0.0753 \mathrm{S \cdot m^{-1}}$），数值损耗各向异性 $A_\alpha < 0$；当电导率 γ 较大时（$\gamma > 0.0753 \mathrm{S \cdot m^{-1}}$）则大于 0，且随电导率 γ 的增大而增大。数值损耗各向异性 A_α 的绝对值在二维情况下的值小于其在三维情况下的值。在

图 7.5.10 中，当电导率 γ 较小时（$\gamma < 0.0133\text{S} \cdot \text{m}^{-1}$），数值相位各向异性 $A_\beta < 0$，而当电导率 γ 较大时（$\gamma > 0.0133\text{S} \cdot \text{m}^{-1}$）则大于 0，且随电导率 γ 增大而增大。同样，数值相位各向异性 A_β 的绝对值在二维情况下的值小于其在三维情况下的值。这说明在有损耗介质中，WG-PITD 方法数值色散各向异性随空间维度的增大而增大。当电导率 γ 等于某一特定的数值时，WG-PITD 方法的数值损耗或者数值相速度几乎没有各向异性。

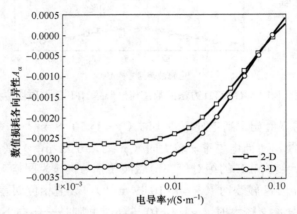

图 7.5.9　有损耗介质中 WG-PITD 方法的数值损耗各向异性 A_α 随电导率 γ 的变化

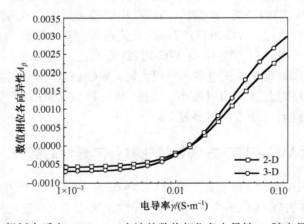

图 7.5.10　有损耗介质中 WG-PITD 方法的数值相位各向异性 A_β 随电导率 γ 的变化

参 考 文 献

[1]　Cheong Y W, Lee Y M, Ra K H, et al. Wavelet-Galerkin scheme of time-dependent inhomogeneous electromagnetic problems[J]. IEEE Microwave and Guided Wave Letters, 1999, 9 (8) : 297—299.

[2]　Sun G, Ma X K, Bai Z M. A low dispersion precise integration time domain method based on Wavelet Galerkin scheme[J]. IEEE Microwave and Wireless Components Letters, 2010, 20 (12): 651—653.

[3]　Sun G, Ma X K, Bai Z M. Stability condition and numerical dispersion of Wavelet Galerkin scheme-based precise integration time domain method[C]. Proceedings of the Asia-Pacific Microwave Conference 2011:74—77.

[4]　孙刚. 基于小波迦辽金空间差分格式的电磁波时域精细积分方法[D]. 西安: 西安交通大学博士学位论文, 2012.

[5]　Schneider J B, Wagner C L. FDTD dispersion revisited: Faster-than-light propagation[J].　IEEE Microwave and Guided Wave Letters, 1999, 9 (2): 54—56.

第8章　电磁波时程精细积分法——广义 WG-PITD 方法

在第 7 章中，我们分析了时间步长、空间步长、介质参数和电磁波传播方向对 WG-PITD 方法数值色散特性的影响。应该注意到，在这些分析中并没有考虑应用不同的尺度函数对 WG-PITD 方法数值色散特性的影响。在本章中，将把高阶 Daubechies 尺度函数和 Coifman 尺度函数作为基函数应用于 WG-PITD 方法的空间离散之中，来建立一种广义 WG-PITD 方法，并着重分析不同的尺度函数对广义 WG-PITD 方法的数值稳定性条件和数值色散特性的影响。

8.1　广义 WG-PITD 方法的空间离散形式

在广义 WG-PITD 方法中，电磁场量的空间采样点仍然按照 Yee 空间网格分布，电磁场分量在空间上用 Daubechies 尺度函数或者 Coifman 尺度函数位移的乘积展开，有

$$E_x(t) = \sum_{l,m,n} E_x(t)\big|_{l+1/2,m,n}\, \phi_{l+1/2}(x)\phi_m(y)\phi_n(z) \tag{8.1.1}$$

$$E_y(t) = \sum_{l,m,n} E_y(t)\big|_{l,m+1/2,n}\, \phi_l(x)\phi_{m+1/2}(y)\phi_n(z) \tag{8.1.2}$$

$$E_z(t) = \sum_{l,m,n} E_z(t)\big|_{l,m,n+1/2}\, \phi_l(x)\phi_m(y)\phi_{n+1/2}(z) \tag{8.1.3}$$

$$H_x(t) = \sum_{l,m,n} H_x(t)\big|_{l,m+1/2,n+1/2}\, \phi_l(x)\phi_{m+1/2}(y)\phi_{n+1/2}(z) \tag{8.1.4}$$

$$H_y(t) = \sum_{l,m,n} H_y(t)\big|_{l+1/2,m,n+1/2}\, \phi_{l+1/2}(x)\phi_m(y)\phi_{n+1/2}(z) \tag{8.1.5}$$

$$H_z(t) = \sum_{l,m,n} H_z(t)\big|_{l+1/2,m+1/2,n}\, \phi_{l+1/2}(x)\phi_{m+1/2}(y)\phi_n(z) \tag{8.1.6}$$

式中，$\phi_l(x) = \phi\left(\dfrac{x}{\Delta x} - l + M_1\right)$ 是 Daubechies 尺度函数或者 Coifman 尺度函数；$M_1 = \int_{-\infty}^{+\infty} x\phi(x)\mathrm{d}x$ 是 Daubechies 尺度函数或者 Coifman 尺度函数 $\phi(x)$ 的一阶矩[1]。如图 8.1.1 和图 8.1.2 所示，分别是 3 阶和 4 阶 Daubechies 尺度函数。如图 8.1.3 和图 8.1.4 所示，分别是 2 阶和 4 阶 Coifman 尺度函数。

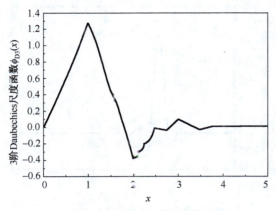

图 8.1.1　3 阶 Daubechies 尺度函数

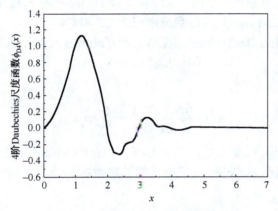

图 8.1.2　4 阶 Daubechies 尺度函数

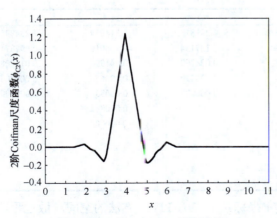

图 8.1.3　2 阶 Coifman 尺度函数

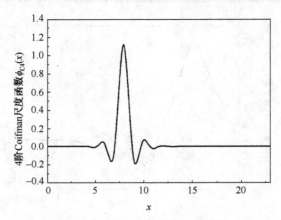

图 8.1.4　4 阶 Coifman 尺度函数

为方便起见，这里分别将 2 阶、3 阶和 4 阶 Daubechies 尺度函数记为 D2、D3 和 D4，将 2 阶和 4 阶 Coifman 尺度函数分别记为 C2 和 C4。

这里，应该注意到 Daubechies 尺度函数和 Coifman 尺度函数的正交性质：

$$\langle \phi_l(x), \phi_{l'}(x) \rangle = \delta_{l,l'} \Delta x \tag{8.1.7}$$

和紧支撑性质：

$$\left\langle \phi_l(x), \frac{\mathrm{d}\phi_{l'+1/2}(x)}{\mathrm{d}x} \right\rangle = \sum_{p=-L_s}^{L_s-1} a_p \delta_{l+p,l'} \tag{8.1.8}$$

式中，对于 Daubechies 尺度函数，$L_s = 2p-1$，对于 Coifman 尺度函数 $L_s = 3p-1$；p 是 Daubechies 尺度函数或 Coifman 尺度函数的阶数；当 $p \geqslant 0$ 时，系数 a_p 的值如表 8.1.1 所示；当 $p < 0$ 时，$a_p = -a_{-1-p}$。

表 8.1.1　广义 WG-PITD 方法中系数 $a_p (p \geqslant 0)$

p	D2	D3	D4	C2	C4
0	1.229167	1.291813	1.311034	1.234991	1.312090
1	−0.093750	−0.137134	−0.156010	−0.097371	−0.157746
2	0.010417	0.028762	0.041996	0.011708	0.043882
3		−0.003470	−0.008654	−0.000203	−0.009835
4		0.000008	0.000831	0.000000	0.001242
5			0.000011		−0.000058
6			−0.000000		0.000003
7					0.000000
8					0.000000
9					0.000000
10					0.000000

类似于在三维直角坐标系下 WG-PITD 方法的空间离散过程，首先将空间展开形式（8.1.1）～式（8.1.6）代入 Maxwell 旋度方程在三维直角坐标系下的展开式，然后

应用 Galerkin 方法对其两端同时进行内积，最后利用 Daubechies 尺度函数和 Coifman 尺度函数的正交性质和紧支撑性质，经过整理后，有

$$
\begin{aligned}
\frac{\mathrm{d}E_x(i+1/2,j,k)}{\mathrm{d}t} &= -\frac{\gamma(i+1/2,j,k)}{\varepsilon(i+1/2,j,k)}E_x(i+1/2,j,k) + \frac{1}{\varepsilon(i+1/2,j,k)} \\
&\times \sum_{p=-L_s}^{L_s-1} a_p \left(\frac{H_z(i+1/2,j+p+1/2,k)}{\Delta y} - \frac{H_y(i+1/2,j,k+p+1/2)}{\Delta z} \right)
\end{aligned} \tag{8.1.9}
$$

$$
\begin{aligned}
\frac{\mathrm{d}E_y(i,j+1/2,k)}{\mathrm{d}t} &= -\frac{\gamma(i,j+1/2,k)}{\varepsilon(i,j+1/2,k)}E_y(i,j+1/2,k) + \frac{1}{\varepsilon(i,j+1/2,k)} \\
&\times \sum_{p=-L_s}^{L_s-1} a_p \left(\frac{H_x(i,j+1/2,k+p+1/2)}{\Delta z} - \frac{H_z(i+p+1/2,j+1/2,k)}{\Delta x} \right)
\end{aligned} \tag{8.1.10}
$$

$$
\begin{aligned}
\frac{\mathrm{d}E_z(i,j,k+1/2)}{\mathrm{d}t} &= -\frac{\gamma(i,j,k+1/2)}{\varepsilon(i,j,k+1/2)}E_z(i,j,k+1/2) + \frac{1}{\varepsilon(i,j,k+1/2)} \\
&\times \sum_{p=-L_s}^{L_s-1} a_p \left(\frac{H_y(i+p+1/2,j,k+1/2)}{\Delta x} - \frac{H_x(i,j+p+1/2,k+1/2)}{\Delta y} \right)
\end{aligned} \tag{8.1.11}
$$

$$
\begin{aligned}
\frac{\mathrm{d}H_x(i,j+1/2,k+1/2)}{\mathrm{d}t} &= -\frac{1}{\mu(i,j+1/2,k+1/2)} \\
&\times \sum_{p=-L_s}^{L_s-1} a_p \left(\frac{E_z(i,j+p+1,k+1/2)}{\Delta y} - \frac{E_y(i,j+1/2,k+p+1)}{\Delta z} \right)
\end{aligned} \tag{8.1.12}
$$

$$
\begin{aligned}
\frac{\mathrm{d}H_y(i+1/2,j,k+1/2)}{\mathrm{d}t} &= -\frac{1}{\mu(i+1/2,j,k+1/2)} \\
&\times \sum_{p=-L_s}^{L_s-1} a_p \left(\frac{E_x(i+1/2,j,k+p+1)}{\Delta z} - \frac{E_z(i+p+1,j,k+1/2)}{\Delta x} \right)
\end{aligned} \tag{8.1.13}
$$

$$
\begin{aligned}
\frac{\mathrm{d}H_z(i+1/2,j+1/2,k)}{\mathrm{d}t} &= -\frac{1}{\mu(i+1/2,j+1/2,k)} \\
&\times \sum_{p=-L_s}^{L_s-1} a_p \left(\frac{E_y(i+p+1,j+1/2,k)}{\Delta x} - \frac{E_x(i+1/2,j+p+1,k)}{\Delta y} \right)
\end{aligned} \tag{8.1.14}
$$

上述常微分方程组式（8.1.9）～式（8.1.14）就是 Maxwell 旋度方程在三维直角坐标系下广义 WG-PITD 方法的空间离散形式[2, 3]。由式（8.1.9）～式（8.1.14）可知，在广义 WG-PITD 方法中，应用不同的尺度函数意味着不同的空间差分算子，即

$$
D_x = \frac{1}{\Delta x}\sum_{p=-L_s}^{L_s-1} a_p X_h^{-(2p+1)}, \quad D_y = \frac{1}{\Delta y}\sum_{p=-L_s}^{L_s-1} a_p Y_h^{-(2p+1)}, \quad D_z = \frac{1}{\Delta z}\sum_{p=-L_s}^{L_s-1} a_p Z_h^{-(2p+1)} \tag{8.1.15}
$$

除此之外，广义 WG-PITD 方法与 WG-PITD 方法之间相比较并无本质上的区别。

8.2 广义 WG-PITD 方法解的数值稳定性

由 WG-PITD 方法的数值稳定性条件直接拓展，可以得到广义 WG-PITD 方法的数值稳定性条件，这里不再赘述推导过程，只给出结果。在无损耗介质中广义 WG-PITD 方法的数值稳定性条件为

$$\Delta t \leqslant \frac{2^{N+1/2}}{c \sum\limits_{p=0}^{L_s-1} |a_p|} \left(\frac{1}{\Delta x^2} + \frac{1}{\Delta y^2} + \frac{1}{\Delta z^2} \right)^{-1/2} \tag{8.2.1}$$

在有损耗介质中广义 WG-PITD 方法的数值稳定性条件为

$$\begin{cases} \Delta t \leqslant 2^N \dfrac{3.2653\varepsilon}{\gamma} \\ \Delta t \leqslant \dfrac{2^{N+1/2}}{c \sum\limits_{p=-L_s}^{L_s-1} |a_p|} \left(\dfrac{1}{\Delta x^2} + \dfrac{1}{\Delta y^2} + \dfrac{1}{\Delta z^2} \right)^{-1/2} \end{cases} \tag{8.2.2}$$

在式（8.2.1）和式（8.2.2）中，预先选取较大的正整数 N，则相对于 2^N，$\sum\limits_{p=-L_s}^{L_s-1} |a_p|$ 将是一个很小的量。因此，广义 WG-PITD 方法的数值稳定性条件基本上不受尺度函数的影响。

8.3 广义 WG-PITD 方法解的数值色散特性

8.3.1 广义 WG-PITD 方法的数值色散方程

由 WG-PITD 方法数值色散方程的直接拓展，就可以得到在无损耗介质中广义 WG-PITD 方法的数值色散方程：

$$\exp(j\omega\tau) = 1 - \frac{\tau^2 \zeta^2}{2!} + \frac{\tau^4 \zeta^4}{4!} + j\left(\tau\zeta - \frac{\tau^3 \zeta^3}{3!} \right) \tag{8.3.1}$$

式中，$\tau(= \Delta t/2^N)$ 是预先选定的子时间步长，以及有

$$\zeta^2 = c^2 \sum_{w=x,y,z} \left\{ \sum_{p=0}^{L_s-1} \frac{a_p \sin\left[(2p+1)\beta_w \Delta w / 2 \right]}{\Delta w / 2} \right\}^2 \tag{8.3.2}$$

在有损耗介质中广义 WG-PITD 方法的数值色散方程为

$$\exp(j\omega\tau) = 1 - \frac{\tau^2 \zeta^2}{2!} + \frac{\tau^4 \zeta^4}{4!} + j\left(\tau\zeta - \frac{\tau^3 \zeta^3}{3!} \right) \tag{8.3.3}$$

式中，$\tau(=\Delta t/2^N)$ 是预先选定的子时间步长，以及有

$$\zeta^2 = c^2 \sum_{w=x,y,z} -\mathrm{Re}\left(\left\{\sum_{p=0}^{L_g-1} \frac{a_p \sinh\left[(2p+1)\tilde{k}_w\Delta w/2\right]}{\Delta w/2}\right\}^2\right) \quad (8.3.4a)$$

和

$$\mu\gamma\zeta = \sum_{w=x,y,z} \mathrm{Im}\left(\left\{\sum_{p=0}^{L_g-1} \frac{a_p \sinh\left[(2p+1)\tilde{k}_w\Delta w/2\right]}{\Delta w/2}\right\}^2\right) \quad (8.3.4b)$$

其中，$\tilde{k}_w=\alpha_w+\mathrm{j}\beta_w$ 是有损耗介质中的数值传播常数。

8.3.2 尺度函数对数值色散特性的影响

分析无损耗介质中的数值色散方程式（8.3.1）和有损耗介质中的数值色散方程式（8.3.3）可知，广义 WG-PITD 方法的数值色散可以看做由两部分构成：子时间步长 τ 的影响；尺度函数、空间步长和电磁波传播方向的影响。

这里，首先消除时间步长对数值色散特性的影响，即令时间步长 Δt 趋近于 0 时，有 $\omega=\zeta$，分别将其代入式（8.3.2）和式（8.3.4），对于无损耗介质情况有

$$\omega^2 = c^2 \sum_{w=x,y,z} \left\{\sum_{p=0}^{L_g-1} \frac{a_p \sin\left[(2p+1)\beta_w\Delta w/2\right]}{\Delta w/2}\right\}^2 \quad (8.3.5)$$

对于有损耗介质情况，有

$$\omega^2 = c^2 \sum_{w=x,y,z} -\mathrm{Re}\left(\left\{\sum_{p=0}^{L_g-1} \frac{a_p \sinh\left[(2p+1)\tilde{k}_w\Delta w/2\right]}{\Delta w/2}\right\}^2\right) \quad (8.3.6a)$$

和

$$\mu\gamma\omega = \sum_{w=x,y,z} \mathrm{Im}\left(\left\{\sum_{p=0}^{L_g-1} \frac{a_p \sinh\left[(2p+1)\tilde{k}_w\Delta w/2\right]}{\Delta w/2}\right\}^2\right) \quad (8.3.6b)$$

如果应用 Chebyshev 多项式，有

$$\sum_{p=0}^{L_g-1} a_p \sin\left[\frac{(2p+1)\beta_w\Delta w}{2}\right] = \sum_{p=0}^{L_g-1} d_p \sin^{2p+1}\left(\frac{\beta_w\Delta w}{2}\right) \quad (8.3.7a)$$

和

$$\sum_{p=0}^{L_g-1} a_p \sinh\left[\frac{(2p+1)\tilde{k}_w\Delta w}{2}\right] = \sum_{p=0}^{L_g-1}(-1)^p d_p \sinh^{2p+1}\left(\frac{\tilde{k}_w\Delta w}{2}\right) \quad (8.3.7b)$$

将式（8.3.7a）和式（8.3.7b）分别代入式（8.3.5）和式（8.3.6），对于无损耗介质情况，有

$$\omega^2 = c^2 \sum_{w=x,y,z} \left[\sum_{p=0}^{L_s-1} \frac{d_p \sin^{2p+1}(\beta_w \Delta w / 2)}{\Delta w / 2} \right]^2 \qquad (8.3.8)$$

对于有损耗介质情况，有

$$\omega^2 = c^2 \sum_{w=x,y,z} -\mathrm{Re}\left(\left[\sum_{p=0}^{L_s-1} \frac{(-1)^p d_p \sinh^{2p+1}(\tilde{k}_w \Delta w / 2)}{\Delta w / 2} \right]^2 \right) \qquad (8.3.9a)$$

和

$$\mu\gamma\omega = \sum_{w=x,y,z} \mathrm{Im}\left(\left[\sum_{p=0}^{L_s-1} \frac{(-1)^p d_p \sinh^{2p+1}(\tilde{k}_w \Delta w / 2)}{\Delta w / 2} \right]^2 \right) \qquad (8.3.9b)$$

首先，考虑在无损耗介质中的情况，如果在式（8.3.8）中取 d_p 的值能够使如下条件：

$$\sum_{p=0}^{L_s-1} d_p \sin^{2p+1}\left(\frac{\beta_w \Delta w}{2} \right) = \frac{\beta_w \Delta w}{2} \qquad (8.3.10)$$

成立，那么式（8.3.8）就将简化为在无损耗介质中的电磁波色散方程，即在无损耗介质中广义 WG-PITD 方法的数值色散被完全消除。这里，把满足式（8.3.10）的 d_p 值称为系数 d_p 的理想值，即

$$d_p = \frac{1}{(2p+1)!} \frac{\mathrm{d}^{2p+1} \arcsin(x)}{\mathrm{d}x^{2p+1}} \bigg|_{x=0} \qquad (8.3.11)$$

然后，考虑在有损耗介质中的一维情况，式（8.3.9a）和式（8.3.9b）就分别简化为

$$\omega^2 = -c^2 \mathrm{Re}\left(\left[\sum_{p=0}^{L_s-1} \frac{(-1)^p d_p \sinh^{2p+1}(\tilde{k}_z \Delta z / 2)}{\Delta z / 2} \right]^2 \right) \qquad (8.3.12a)$$

和

$$\mu\gamma\omega = \mathrm{Im}\left(\left[\sum_{p=0}^{L_s-1} \frac{(-1)^p d_p \sinh^{2p+1}(\tilde{k}_z \Delta z / 2)}{\Delta z / 2} \right]^2 \right) \qquad (8.3.12b)$$

当系数 d_p 取其理想值时，式（8.3.12b）就可以简化为在有损耗介质中的电磁波色散方程，即在有损耗介质中广义 WG-PITD 方法的数值色散被完全消除。

上述分析结果表明，系数 d_p 的取值可以反映出不同尺度函数对广义 WG-PITD 方法数值色散特性的影响。由表 8.3.1 可知，当 p 小于尺度函数的阶数 P 时，系数 d_p 的值等于其理想值。这说明应用更高阶次的尺度函数作为基函数可以改善广义 WG-PITD 方法的数值色散特性。尺度函数的紧支撑性质和对称性质对广义 WG-PITD 方法的数值色散特性并无显著的影响。

表 8.3.1　广义 WG-PITD 方法中的系数 d_p

p	理想值	D2	D3	D4	C2	C4
0	1.00000	1.00000	1.00000	1.00000	1.00000	1.00000
1	0.16667	0.16667	0.16667	0.16667	0.16667	0.16667
2	0.07500	0.16667	0.07500	0.07500	0.16464	0.07500
3	0.04464		0.21747	0.04464	0.21747	0.04464
4	0.03038		0.01205	0.24333	0.00000	0.21148
5	0.02237			−0.01111		0.01033
6	0.01735			−0.00002		0.01830
7	0.01396					−0.00157
8	0.01155					0.00000
9	0.00976					−0.00000
10	0.00839					0.00000

8.3.3　时间步长对数值色散特性的影响

在无损耗介质中，对于一维均匀网格情况，广义 WG-PITD 方法的数值相位误差 NPE 随 Courant 常数 S 的变化如图 8.3.1 所示。这里，取 Courant 常数 $S \in (0.25, 1024)$，预先选定的正整数 $N = 20$，空间采样密度 $N_\lambda = 5$。

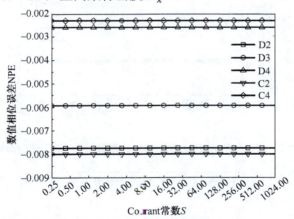

图 8.3.1　无损耗介质中广义 WG-PITD 方法的数值相位误差 NPE 随 Courant 常数 S 的变化

在低损耗介质中，对于一维均匀网格情况，广义 WG-PITD 方法的数值损耗误差 NLE 和数值相位误差 NPE 随 Courant 常数 S 的变化分别如图 8.3.2 和图 8.3.3 所示。这里，取 Courant 常数 $S \in (0.25, 1024)$，预先选定的正整数 $N = 20$，空间采样密度 $N_\lambda = 10$，电磁波的频率 $f = 300\text{MHz}$，介电常数 $\varepsilon = \varepsilon_0$，电导率 $\gamma = 1 \times 10^{-3} \text{S} \cdot \text{m}^{-1}$。

在良导体中，对于一维均匀网格情况，广义 WG-PITD 方法的数值损耗误差 NLE 和数值相位误差 NPE 随 Courant 常数 S 的变化分别如图 8.3.4 和图 8.3.5 所示。这里，取 Courant 常数 $S \in (0.25, 1024)$，预先选定的正整数 $N = 20$，空间采样密度 $N_\lambda = 10$，电磁波的频率 $f = 300\text{MHz}$，介电常数 $\varepsilon = \varepsilon_0$，电导率 $\gamma = 1\text{S} \cdot \text{m}^{-1}$。

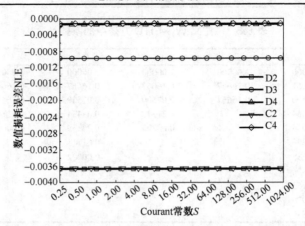

图 8.3.2　低损耗介质中广义 WG-PITD 方法的数值损耗误差 NLE 随 Courant 常数 S 的变化

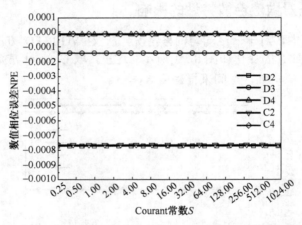

图 8.3.3　低损耗介质中广义 WG-PITD 方法的数值相位误差 NPE 随 Courant 常数 S 的变化

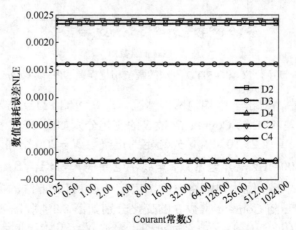

图 8.3.4　良导体中广义 WG-PITD 方法的数值损耗误差 NLE 随 Courant 常数 S 的变化

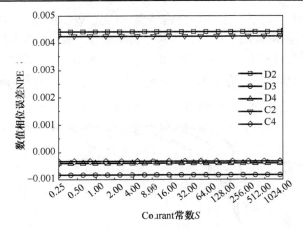

图 8.3.5　良导体中广义 WG-PITD 方法的数值相位误差 NPE 随 Courant 常数 S 的变化

从上面的计算结果中可以看出，相同阶数的尺度函数所对应的曲线较为接近，且所有的曲线都几乎是平直的。广义 WG-PITD 方法数值损耗常数 NLE 和数值相位误差 NPE 的绝对值都随尺度函数阶数的增大而减小。值得注意的是，在图 8.3.5 中，D3 所对应的曲线并不在 2 阶尺度函数和 4 阶尺度函数所对应的曲线之间。这说明广义 WG-PITD 方法的数值色散特性基本上不受时间步长 Δt 的影响，且随尺度函数阶数的增大而变好。但是，广义 WG-PITD 方法的数值相速度随尺度函数阶数的提高并不是单调的。

8.3.4　空间步长对数值色散特性的影响

在无损耗介质中，对于一维均匀网格情况，广义 WG-PITD 方法的数值相位误差 NPE 随空间采样密度 N_λ 的变化如图 8.3.6 所示。这里，取 Courant 常数 $S = 1024$，预先选定的正整数 $N = 20$，空间采样密度 $N_\lambda \in (5, 20)$。

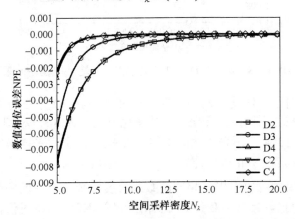

图 8.3.6　无损耗介质中广义 WG-PITD 方法的数值相位误差 NPE 随空间采样密度 N_λ 的变化

在低损耗介质中，对于一维均匀网格情况，广义 WG-PITD 方法的数值损耗误差 NLE 和数值相位误差 NPE 随空间采样密度 N_λ 的变化分别如图 8.3.7 和图 8.3.8 所示。这里，取 Courant 常数 $S = 1024$，预先选定的正整数 $N = 20$，空间采样密度 $N_\lambda \in (5, 20)$，电磁波的频率 $f = 300\text{MHz}$，介电常数 $\varepsilon = \varepsilon_0$，电导率 $\gamma = 1 \times 10^{-3} \text{S} \cdot \text{m}^{-1}$。

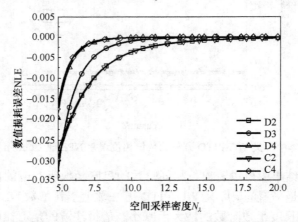

图 8.3.7　低损耗介质中广义 WG-PITD 方法的数值损耗误差 NLE 随空间采样密度 N_λ 的变化

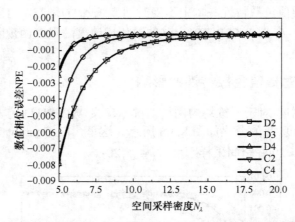

图 8.3.8　低损耗介质中广义 WG-PITD 方法的数值相位误差 NPE 随空间采样密度 N_λ 的变化

在良导体中，对于一维均匀网格情况，广义 WG-PITD 方法的数值损耗误差 NLE 和数值相位误差 NPE 随空间采样密度 N_λ 的变化分别如图 8.3.9 和图 8.3.10 所示。这里，取 Courant 常数 $S = 1024$，预先选定的正整数 $N = 20$，空间采样密度 $N_\lambda \in (5, 20)$，电磁波的频率 $f = 300\text{MHz}$，介电常数 $\varepsilon = \varepsilon_0$，电导率 $\gamma = 1\text{S} \cdot \text{m}^{-1}$。

从上述计算结果中可以看出，相同阶数的尺度函数所对应的曲线较为接近，广义 WG-PITD 方法数值损耗常数 NLE 和数值相位误差 NPE 的绝对值都随空间采样密度 N_λ 的增大（空间步长减小）而减小。高阶次尺度函数所对应的曲线在空间采样密度 N_λ

较小时趋近于 0。但是，在图 8.3.7 和图 8.3.10 中，D3 所对应的曲线并不在 2 阶尺度函数和 4 阶尺度函数所对应的曲线之间。这说明广义 WG-PITD 方法的数值色散特性随空间步长的减小而变好。但是，广义 WG-PITD 方法的数值损耗随尺度函数阶数的提高也不是单调的。

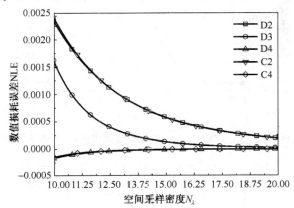

图 8.3.9　良导体中广义 WG-PITD 方法的数值损耗误差 NLE 随空间采样密度 N_λ 的变化

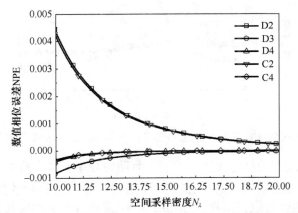

图 8.3.10　良导体中广义 WG-PITD 方法的数值相位误差 NPE 随空间采样密度 N_λ 的变化

8.3.5　电导率对有损耗介质中数值色散特性的影响

在有损耗介质中，对于一维均匀网格情况，广义 WG-PITD 方法的数值损耗误差 NLE 和数值相位误差 NPE 随电导率 γ 的变化分别如图 8.3.11 和图 8.3.12 所示。这里，取 Courant 常数 $S=1024$，预先选定的正整数 $N=20$，空间采样密度 $N_\lambda=10$，电磁波的频率 $f=300\text{MHz}$，介电常数 $\varepsilon=\varepsilon_0$，电导率 $\gamma \in (1\times10^{-3},10)\text{S}\cdot\text{m}^{-1}$。

从图 8.3.11 中可以看出，相同阶数的尺度函数所对应的曲线较为接近，4 阶尺度函数表现出了与 2 阶、3 阶尺度函数完全不同的性质。2 阶和 3 阶尺度函数所对应的数

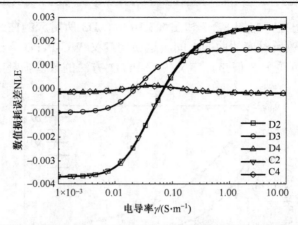

图 8.3.11　有损耗介质中广义 WG-PITD 方法的数值损耗误差 NLE 随电导率 γ 的变化

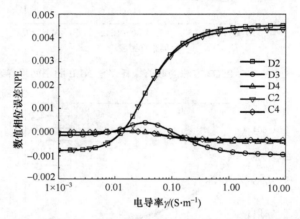

图 8.3.12　有损耗介质中广义 WG-PITD 方法的数值相位误差 NPE 随电导率 γ 的变化

值损耗误差 NLE 可以大于 0 也可以小于 0，且随电导率 γ 增大而增大。就整体性能而言，3 阶尺度函数的数值损耗误差 NLE 绝对值小于 2 阶尺度函数的数值损耗误差 NLE 绝对值。4 阶尺度函数的数值损耗误差 NLE < 0，随电导率 γ 的变化很小，且其绝对值最小。在图 8.3.12 中，相同阶数的尺度函数所对应的曲线较为接近，各阶次尺度函数表现出了完全不同的性质。2 阶和 3 阶尺度函数的数值相位误差 NPE 可以大于 0 也可以小于 0。2 阶尺度函数的数值相位误差 NPE 随电导率 γ 增大而增大。3 阶尺度函数的数值相位误差 NPE 随电导率 γ 增大先增大后减小。就整体性能而言，3 阶尺度函数的数值相位误差 NPE 绝对值小于 2 阶尺度函数的数值相位误差 NPE 绝对值。4 阶尺度函数数值相位误差 NPE < 0，随电导率 γ 的变化很小，且其绝对值最小。这说明应用 2 阶和 3 阶尺度函数时，在有损耗介质中广义 WG-PITD 方法的数值损耗可以大于电磁波真实损耗也可以小于电磁波真实损耗，其数值波速可以大于电磁波真实波速也可以小于电磁波真实波速。应用 4 阶尺度函数时，在有损耗介质中广义 WG-PITD 方法的

数值损耗小于电磁波真实损耗，其数值波速小于电磁波真实波速。就整体性能而言，广义 WG-PITD 方法的数值色散特性随尺度函数的阶数增大而变好。但是，对于特定的电导率 γ，并无一定的规律可言。

8.3.6　电磁波传播方向对数值色散特性的影响

在无损耗介质中，对于二维正方形网格（$\Delta x = \Delta y = \Delta$）情况，广义 WG-PITD 方法的数值相位误差 NPE 随电磁波传播方向 ϕ 的变化如图 8.3.13 所示。这里，取 Courant 常数 $S = 1024$，预先选定的正整数 $N = 20$，空间采样密度 $N_\lambda = 5$。

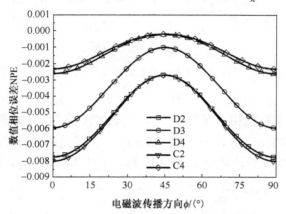

图 8.3.13　无损耗介质中广义 WG-PITD 方法的数值相位误差 NPE 随电磁波传播方向 ϕ 的变化

在低损耗介质中，对于二维正方形网格（$\Delta x = \Delta y = \Delta$）情况，广义 WG-PITD 方法的数值损耗误差 NLE 和数值相位误差 NPE 随电磁波传播方向 ϕ 的变化分别如图 8.3.14 和图 8.3.15 所示。这里，取 Courant 常数 $S = 1024$，预先选定的正整数 $N = 20$，空间采样密度 $N_\lambda = 10$，电磁波的频率 $f = 300\text{MHz}$，介电常数 $\varepsilon = \varepsilon_0$，电导率 $\gamma = 1 \times 10^{-3}\,\text{S}\cdot\text{m}^{-1}$。

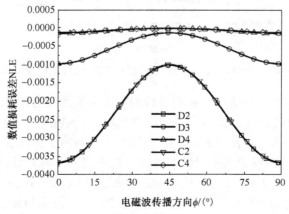

图 8.3.14　低损耗介质中广义 WG-PITD 方法的数值损耗误差 NLE 随电磁波传播方向 ϕ 的变化

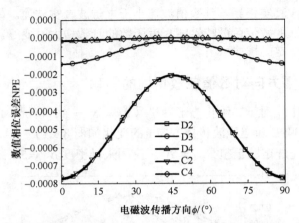

图 8.3.15　低损耗介质中广义 WG-PITD 方法的数值相位误差 NPE 随电磁波传播方向 ϕ 的变化

在良导体中，对于二维正方形网格（$\Delta x = \Delta y = \Delta$）情况，广义 WG-PITD 方法的数值损耗误差 NLE 和数值相位误差 NPE 随电磁波传播方向 ϕ 的变化分别如图 8.3.16 和图 8.3.17 所示。这里，取 Courant 常数 $S = 1024$，预先选定的正整数 $N = 20$，空间采样密度 $N_\lambda = 10$，电磁波的频率 $f = 300\text{MHz}$，介电常数 $\varepsilon = \varepsilon_0$，电导率 $\gamma = 1\text{S} \cdot \text{m}^{-1}$。

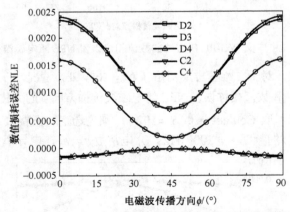

图 8.3.16　良导体中广义 WG-PITD 方法的数值损耗误差 NLE 随电磁波传播方向 ϕ 的变化

从上述计算结果中可以看出，相同阶数的尺度函数所对应的曲线较为接近，且广义 WG-PITD 方法数值损耗误差 NLE 和数值相位误差 NPE 的曲线都随尺度函数阶数的增加而变得更加平直。在图 8.3.13～图 8.3.15 中，所有的曲线都是向上凸的。在图 8.3.16 中，2 阶和 3 阶尺度函数所对应的曲线是向下凹的，4 阶尺度函数所对应的曲线是向上凸的。在图 8.3.17 中，2 阶尺度函数所对应的曲线是向下凹的，3 阶和 4 阶尺度函数所对应的曲线是向上凸的。但是，广义 WG-PITD 方法数值损耗误差 NLE 和数值相位误差NPE 的绝对值在电磁波传播方向 ϕ 为网格对角线方向时最小。值得注意的是，在图 8.3.17 中，D3 所对应的曲线并不在 2 阶尺度函数和 4 阶尺度函数所对应的曲线之间。这说明广义 WG-PITD 方法的数值色散特性在电磁波传播方向 ϕ 为空间网格对角线方向时最好，且随尺度函数阶数的增加而变好。但是，广义 WG-PITD 方法的数值相位各向异性随尺度函数阶数的提高并不是单调的。

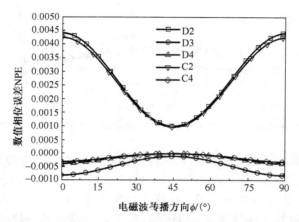

图 8.3.17　良导体中广义 WG-PITD 方法的数值相位误差 NPE 随电磁波传播方向 ϕ 的变化

8.3.7　数值色散特性的各向异性

在有损耗介质中，对于二维正方形网格（$\Delta x = \Delta y = \Delta$）情况，广义 WG-PITD 方法的数值损耗各向异性 A_α 和数值相位各向异性 A_β 随电导率 γ 的变化分别如图 8.3.18 和图 8.3.19 所示。这里，取 Courant 常数 $S=1024$，预先选定的正整数 $N=20$，空间采样密度 $N_\lambda=10$，电磁波的频率 $f=300\text{MHz}$，介电常数 $\varepsilon=\varepsilon_0$，电导率 $\gamma \in (1 \times 10^{-3}, 1)\text{S} \cdot \text{m}^{-1}$。

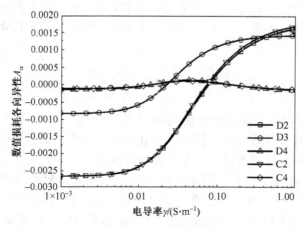

图 8.3.18　有损耗介质中广义 WG-PITD 方法的数值损耗各向异性 A_α 随电导率 γ 的变化

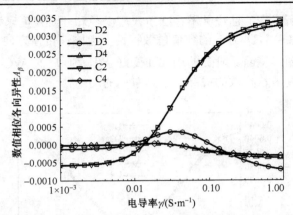

图 8.3.19　有损耗介质中广义 WG-PITD 方法的数值相位各向异性 A_β 随电导率 γ 的变化

在图 8.3.18 中可以看出，相同阶数尺度函数所对应的曲线较为接近，4 阶尺度函数表现出了与 2 阶、3 阶尺度函数完全不同的性质。2 阶和 3 阶尺度函数的数值损耗各向异性 A_α 可以大于 0 也可以小于 0，且随电导率 γ 增大而增大。就整体性能而言，3 阶尺度函数的数值损耗各向异性 A_α 绝对值小于 2 阶尺度函数的数值损耗各向异性 A_α 绝对值。4 阶尺度函数的数值损耗各向异性 $A_\alpha < 0$，随电导率 γ 的变化很小，且其绝对值最小。在图 8.3.19 中，相同阶数尺度函数所对应的曲线较为接近，各阶次尺度函数表现出了完全不同的性质。2 阶和 3 阶尺度函数的数值相位各向异性 A_β 可以大于 0 也可以小于 0。2 阶尺度函数的数值相位各向异性 A_β 随电导率 γ 增大而增大，3 阶尺度函数的数值相位各向异性 A_β 随电导率 γ 增大先增大后减小。就整体性能而言，3 阶尺度函数的数值相位各向异性 A_β 绝对值小于 2 阶尺度函数的数值相位各向异性 A_β 绝对值。4 阶尺度函数的数值相位各向异性 $A_\beta < 0$，随电导率 γ 的变化很小，且其绝对值最小。就整体性能而言，这说明广义 WG-PITD 方法的数值色散各向异性随尺度函数阶数的提高而变好。但是，对于特定的电导率 γ，并无一定的规律可言。

8.4　数　值　示　例

为了说明 WG-PITD 方法的有效性，在本节中将应用 WG-PITD 方法计算三维谐振腔问题。虽然这个算例比较简单，但是由于在数值计算中不涉及吸收边界条件，所以能够反映时程精细积分法自身的计算精度和计算效率。此外，为了检验 WG-PITD 方法的计算精度和计算效率以及尺度函数对其计算精度和计算效率的影响，分别应用 FDTD、PITD、WGTD、WG-PITD 和广义 WG-PITD 方法计算了图 8.4.1 所示的三维矩形真空谐振腔和图 8.4.2 所示的三维矩形介质谐振腔的归一化谐振频率（TE_{110} 模态，令空间步长等于 1，令光在真空中的速度等于 1）。

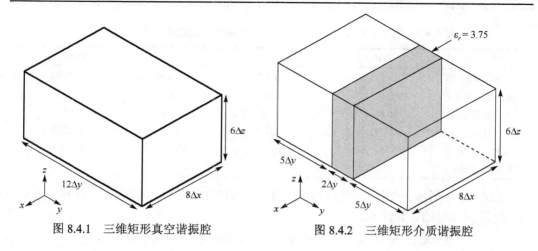

图 8.4.1　三维矩形真空谐振腔　　　　　　　图 8.4.2　三维矩形介质谐振腔

8.4.1　计算模型

对于图 8.4.1 所示的三维矩形真空谐振腔,在 FDTD 方法和 PITD 方法中应用 $8\times12\times6$ 的空间网格,在 WGTD 方法、WG-PITD 方法和广义 WG-PITD 方法中应用 $4\times6\times3$ 的空间网格。在 FDTD 方法取 Courant 常数 $S=1/\sqrt{3}$,即 Courant 稳定性条件所容许的最大值。在 WGTD 方法中取 Courant 常数 $S=1/2\sqrt{3}$ 。在 PITD 方法、WG-PITD 方法和广义 WG-PITD 方法中取 Courant 常数 $S=4/\sqrt{3}$,预先选定的正整数 $N=20$ 。由于小波 Galerkin 空间差分格式是非紧致格式,因此不能在 WGTD 方法、WG-PITD 方法和广义 WG-PITD 方法中直接应用理想导电体边界条件或者理想导磁体边界条件。在这里,我们应用镜像原理来实现 WGTD 方法、WG-PITD 方法和广义 WG-PITD 方法中的理想导电体边界条件。在应用镜像原理时,使用一个开域空间来替换理想导电体。在这个开域空间中,电场切向量关于理想导电体成偶对称,磁场切向量关于理想导电体成奇对称。

对于图 8.4.2 所示的三维矩形介质谐振腔,在 FDTD 和 PITD 方法中应用 $8\times12\times6$ 的空间网格,在 WGTD、WG-PITD 和广义 WG-PITD 方法中应用 $4\times6\times3$ 的空间网格。在 FDTD 方法取 Courant 常数 $S=1/\sqrt{11.25}$,即 Courant 稳定性条件所容许的最大值。在 WGTD 方法中取 Courant 常数 $S=1/2\sqrt{11.25}$ 。在 PITD 方法、WG-PITD 方法和广义 WG-PITD 方法中取 Courant 常数 $S=4/\sqrt{11.25}$,预先选定的正整数 $N=20$ 。这里,应用镜像原理来实现 WGTD、WG-PITD 和广义 WG-PITD 方法中的理想导电体边界条件。

8.4.2　WG-PITD 方法的计算精度和计算效率分析

如表 8.4.1 所示,给出了应用 FDTD、PITD、WGTD 和 WG-PITD 方法计算图 8.4.1 归一化谐振频率的计算结果。

表 8.4.1　图 8.4.1 归一化谐振频率的计算结果（理论值为 0.07511）

项　　目	FDTD	WGTD	PITD	WG-PITD
空间网格	8×12×6	4×6×3	8×12×6	4×6×3
Courant 常数	0.5774	0.2887	2.3094	2.3094
计算结果	0.0744	0.0744	0.0742	0.0752
相对误差	0.9132%	0.9132%	1.1866%	0.1136%
CPU 时间/s	0.131590	0.665801	0.066788	0.058991
内存需求/MB	0.0357	0.0051	167.1378	3.3891

如表 8.4.2 所示，给出了应用 FDTD、PITD、WGTD 和 WG-PITD 方法计算图 8.4.2 归一化谐振频率的计算结果。

表 8.4.2　图 8.4.2 归一化谐振频率的计算结果（理论值为 0.05221）

项　　目	FDTD	WGTD	PITD	WG-PITD
空间网格	8×12×6	4×6×3	8×12×6	4×6×3
Courant 常数	0.2981	0.1491	1	1
计算结果	0.0524	0.0524	0.0498	0.0518
相对误差	0.3789%	0.3789%	4.607%	0.8661%
CPU 时间/s	0.152537	0.746205	0.071411	0.064575
内存需求/MB	0.0357	0.0051	167.1378	3.3891

从表 8.4.1 和表 8.4.2 中可以看出，由于采用小波 Galerkin 空间差分格式，所以 WGTD 方法和 WG-PITD 方法的空间步长可以远大于 FDTD 方法和 PITD 方法的空间步长。应用时程精细积分技术，可以使得 PITD 方法和 WG-PITD 方法的时间步长远大于 FDTD 方法和 WGTD 方法的时间步长。在这四种方法中，WG-PITD 方法对三维矩形真空谐振腔的计算结果精度最高；FDTD 方法对三维矩形介质谐振腔的计算结果精度最高（这是因为在三维矩形介质谐振腔中，电磁波沿对角线方向传播比电磁波沿坐标轴方向传播对计算精度的影响大。在 FDTD 方法中，选取时间步长为"魔术步长"时，FDTD 方法中电磁波沿对角线方向传播几乎没有数值色散）。WG-PITD 方法所需的 CPU 时间最短。

8.4.3　广义 WG-PITD 方法的计算精度和计算效率分析

如表 8.4.3 所示，给出了应用广义 WG-PITD 方法分别计算三维矩形真空谐振腔和三维矩形介质谐振腔归一化谐振频率的结果。由于采用了时程精细积分技术，所以不同尺度函数对广义 WG-PITD 方法的 CPU 时间和内存需求影响很小，在表中没有列出 CPU 时间和内存需求。

从表 8.4.3 中可以看出，在广义 WG-PITD 方法中，采用高阶尺度函数可以提高计算精度，而且并不需要更多的 CPU 时间和内存需求。

表 8.4.3　应用广义 WG-PITD 方法计算三维矩形真空谐振腔和三维矩形介质谐振腔归一化谐振频率的计算结果

项	目	D2	D3	D4	C2	C4
三维矩形真空谐振腔	计算结果	0.07520	0.07518	0.07517	0.07520	0.07517
	相对误差/%	0.1136	0.0932	0.0799	0.1136	0.0799
三维矩形介质谐振腔	计算结果	0.05176	0.05192	0.05208	0.05176	0.05208
	相对误差/%	0.8661	0.5554	0.2490	0.8661	0.2490

参 考 文 献

[1]　Cheong Y W, Lee Y M, Ra K H, et al. Wavelet-Galerkin scheme of time-dependent inhomogeneous electromagnetic problems[J]. IEEE Microwave and Guided Wave Letters, 1999, 9 (8) : 297—299.

[2]　Sun G, Ma X K, Bai Z M. Numerical stability and dispersion analysis of the precise-integration time-domain method in lossy media[J]. IEEE Transactions on Microwave Theory and Techniques, 2012, 60(9): 2723—2729.

[3]　孙刚. 基于小波迦辽金空间差分格式的电磁波时域精细积分方法[D]. 西安: 西安交通大学博士学位论文, 2012.

第9章　柱坐标系中的电磁波时程精细积分法

在前面几章中，已经详细地讨论了时程精细积分法在直角坐标系下应用的基本原理及其实现方法。在本章中，将把时程精细积分法拓展到柱坐标系中。

9.1　轴对称情况下柱坐标系中的时程精细积分法

9.1.1　轴对称情况下柱坐标系中时程精细积分法的空间差分格式

在轴对称情况下，电磁波具有 TE 模和 TM 模两组独立解。其中，TE 波包含 E_ϕ、H_ρ 和 H_z 分量；TM 波包含 H_ϕ、E_ρ 和 E_z 分量。对 TM 波，Maxwell 方程可以写为

$$\frac{\partial E_\rho}{\partial z} - \frac{\partial E_z}{\partial \rho} = -\mu_0 \frac{\partial H_\phi}{\partial t} \tag{9.1.1}$$

$$\frac{\partial H_\phi}{\partial z} = -\varepsilon_0 \frac{\partial E_\rho}{\partial t} \tag{9.1.2}$$

$$\frac{1}{\rho} \frac{\partial(\rho H_\phi)}{\partial t} = \varepsilon_0 \frac{\partial E_z}{\partial t} \tag{9.1.3}$$

将上式对空间进行中心差分离散[1]，设空间间隔为 $\Delta\rho$ 和 Δz，记电磁波分量为

$$E_\rho\left[\left(i+\frac{1}{2}\right)\Delta\rho, j\Delta z\right] = E_\rho\left(i+\frac{1}{2}, j\right) \tag{9.1.4}$$

$$E_z\left[i\Delta\rho, \left(j+\frac{1}{2}\right)\Delta z\right] = E_\rho\left(i, j+\frac{1}{2}\right) \tag{9.1.5}$$

如图 9.1.1 所示，包含 z 轴的剖面上的网格及相应的场分量的位置。电场和磁场在空间上交替取样。离散后的 Maxwell 方程可以写为

$$\frac{\mathrm{d}H_\phi\left(i+\frac{1}{2}, j+\frac{1}{2}\right)}{\mathrm{d}t} = -\frac{1}{\mu_0}\left[\frac{E_\rho\left(i+\frac{1}{2}, j+1\right) - E_\rho\left(i+\frac{1}{2}, j\right)}{\Delta z}\right.$$
$$\left. - \frac{E_z\left(i+1, j+\frac{1}{2}\right) - E_z\left(i, j+\frac{1}{2}\right)}{\Delta\rho}\right] \tag{9.1.6}$$

$$\frac{\mathrm{d}E_\rho\left(i+\frac{1}{2},j\right)}{\mathrm{d}t} = -\frac{1}{\varepsilon_0}\frac{H_\phi\left(i+\frac{1}{2},j+\frac{1}{2}\right)-H_\phi\left(i+\frac{1}{2},j-\frac{1}{2}\right)}{\Delta z} \tag{9.1.7}$$

$$\frac{\mathrm{d}E_z\left(i,j+\frac{1}{2}\right)}{\mathrm{d}t} = \frac{1}{\varepsilon_0\rho_i}\frac{\rho_{i+1/2}H_\phi\left(i+\frac{1}{2},j+\frac{1}{2}\right)-\rho_{i-1/2}H_\phi\left(i-\frac{1}{2},j+\frac{1}{2}\right)}{\Delta\rho} \tag{9.1.8}$$

式（9.1.6）～式（9.1.8）就是 Maxwell 旋度方程在柱坐标系下的空间离散形式[2, 3]。

但是应该注意到，在轴线上 E_z 需要单独处理。如图 9.1.2 所示，根据安培环路定律：

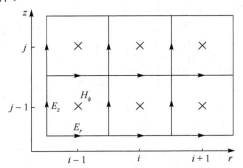

图 9.1.1　轴对称情况下的网格划分

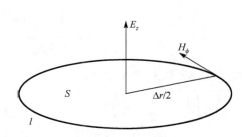

图 9.1.2　轴线上的边界条件

$$\oint_l \boldsymbol{H} \cdot \mathrm{d}\boldsymbol{l} = \frac{\partial}{\tilde{c}t}\int_S \varepsilon \boldsymbol{E} \cdot \mathrm{d}\boldsymbol{S} \tag{9.1.9}$$

可得

$$\frac{\mathrm{d}E_z(0,j+1/2)}{\mathrm{d}t} = \frac{4}{\varepsilon\Delta r}H_\phi(1/2,j+1/2) \tag{9.1.10}$$

式（9.1.10）为轴线上场分量的空间离散格式。

9.1.2　吸收边界条件

采用数值方法求解电磁波问题，在计算区域的边界上必须设置吸收边界以模拟无限大的开放空间。下面讨论一阶近似吸收边界条件的空间离散形式。

1. 沿 ρ 方向的吸收边界条件

沿 ρ 方向的一阶近似吸收边界条件[1]可以写为

$$\frac{\partial H_\phi}{\partial \rho} + \frac{H_\phi}{2\rho} + \frac{\partial H_\phi}{c\partial t} = 0 \tag{9.1.11}$$

在右截断边界 $(I_{\max}, j+1/2)$ 点对式（9.1.11）进行差分离散，由差分公式：

$$\frac{\mathrm{d}H_\phi\left(I_{\max},j+\frac{1}{2}\right)}{\mathrm{d}\rho} = \frac{H_\phi\left(I_{\max}+\frac{1}{2},j+\frac{1}{2}\right)-H_\phi\left(I_{\max}-\frac{1}{2},j+\frac{1}{2}\right)}{\Delta\rho} \tag{9.1.12}$$

和插值公式：

$$H_\phi\left(I_{\max},j+\frac{1}{2}\right) = \frac{1}{2}\left[H_\phi\left(I_{\max}+\frac{1}{2},j+\frac{1}{2}\right)+H_\phi\left(I_{\max}-\frac{1}{2},j+\frac{1}{2}\right)\right] \tag{9.1.13}$$

可以得到

$$\frac{\mathrm{d}H_\phi\left(I_{\max}+\frac{1}{2},j+\frac{1}{2}\right)}{\mathrm{d}t} = 2c\left[-\frac{H_\phi\left(I_{\max}+\frac{1}{2},j+\frac{1}{2}\right)-H_\phi\left(I_{\max}-\frac{1}{2},j+\frac{1}{2}\right)}{\Delta\rho}\right.$$
$$\left.-\frac{H_\phi\left(I_{\max},j+\frac{1}{2}\right)}{2\rho_{I\max}}\right]-\frac{\mathrm{d}H_\phi\left(I_{\max}-\frac{1}{2},j+\frac{1}{2}\right)}{\mathrm{d}t} \tag{9.1.14}$$

将式（9.1.6）代入式（9.1.14），得到

$$\frac{\mathrm{d}H_\phi\left(I_{\max}+\frac{1}{2},j+\frac{1}{2}\right)}{\mathrm{d}t}$$

$$=-2c\left[\frac{\left(\rho_{I\max}+\frac{1}{4}\Delta\rho\right)H_\phi\left(I_{\max}+\frac{1}{2},j+\frac{1}{2}\right)-\left(\rho_{I\max}-\frac{1}{4}\Delta\rho\right)H_\phi\left(I_{\max}-\frac{1}{2},j+\frac{1}{2}\right)}{\Delta\rho\ \ \rho_{I\max}}\right]$$

$$+\frac{1}{\mu_0}\left[\frac{E_\rho\left(I_{\max}-\frac{1}{2},j+1\right)-E_\rho\left(I_{\max}-\frac{1}{2},j\right)}{\Delta z}-\frac{E_z\left(I_{\max},j+\frac{1}{2}\right)-E_z\left(I_{\max}-1,j+\frac{1}{2}\right)}{\Delta\rho}\right] \tag{9.1.15}$$

式（9.1.15）即为沿 ρ 方向在 $\rho=(I_{\max}+1/2)\Delta\rho$ 截断边界处关于 H_ϕ 的一阶近似边界条件的空间离散公式。

2. 沿 z 方向的吸收边界条件

沿 z 方向的一阶近似吸收边界条件[1]可以写为

$$\frac{\partial H_\phi}{\partial z}+\frac{\partial H_\phi}{c\partial t}=0 \tag{9.1.16}$$

在截断边界 $(i+1/2,J_{\max})$ 上对式（9.1.16）进行空间中心差分离散，有

$$\frac{\mathrm{d}H_\phi\left(i+\frac{1}{2}, J_{\max}\right)}{\mathrm{d}z} = \frac{H_\phi\left(i+\frac{1}{2}, J_{\max}+\frac{1}{2}\right) - H_\phi\left(i+\frac{1}{2}, J_{\max}-\frac{1}{2}\right)}{\Delta z} \qquad (9.1.17)$$

利用如下插值公式：

$$H_\phi\left(i+\frac{1}{2}, J_{\max}\right) = \frac{1}{2}\left[H_\phi\left(i+\frac{1}{2}, J_{\max}+\frac{1}{2}\right) + H_\phi\left(i+\frac{1}{2}, J_{\max}-\frac{1}{2}\right)\right] \qquad (9.1.18)$$

可以得到

$$\frac{\mathrm{d}H_\phi\left(i+\frac{1}{2}, J_{\max}+\frac{1}{2}\right)}{\mathrm{d}t} = -2c\frac{H_\phi\left(i+\frac{1}{2}, J_{\max}+\frac{1}{2}\right) - H_\phi\left(i+\frac{1}{2}, J_{\max}-\frac{1}{2}\right)}{\Delta z}$$
$$-\frac{\mathrm{d}H_\phi\left(i+\frac{1}{2}, J_{\max}-\frac{1}{2}\right)}{\mathrm{d}t} \qquad (9.1.19)$$

将式（9.1.6）代入式（9.1.19），得到

$$\frac{\mathrm{d}H_\phi\left(i+\frac{1}{2}, J_{\max}+\frac{1}{2}\right)}{\mathrm{d}t} = -2c\frac{H_\phi\left(i+\frac{1}{2}, J_{\max}+\frac{1}{2}\right) - H_\phi\left(i+\frac{1}{2}, J_{\max}-\frac{1}{2}\right)}{\Delta z}$$
$$+\frac{1}{\mu_0}\left[\frac{E_\rho\left(i+\frac{1}{2}, J_{\max}\right) - E_\rho\left(i+\frac{1}{2}, J_{\max}-1\right)}{\Delta z}\right. \qquad (9.1.20)$$
$$\left.-\frac{E_z\left(i+1, J_{\max}-\frac{1}{2}\right) - E_z\left(i, J_{\max}-\frac{1}{2}\right)}{\Delta \rho}\right]$$

式（9.1.20）即为沿 z 方向在 $z=(J_{\max}+1/2)\Delta z$ 截断边界处关于 H_ϕ 的一阶近似边界条件的空间离散公式。

9.2　数 值 算 例

算例 9.2.1　如图 9.2.1 所示，这里应用时程精细积分算法来计算对称振子天线的电磁波辐射。

由于对称振子天线是轴对称结构，所以只需计算其中的一个剖面。元胞尺寸为 $1\mathrm{mm}\times1\mathrm{mm}\times1\mathrm{mm}$，元胞总数为 $10\times31=310$；导体中的元胞数为 2×10，导体的电导率为 $1\times10^7\mathrm{S/m}$。$E_z(0,16)$ 被强加为如下的矩形脉冲：幅值 1V/m，持续时间 500ns；空气相对介电常数为 1.0；采用 Engquist-Majda 一阶吸收边界条件。首先采用 FDTD 法

进行仿真，根据 CFL 稳定性条件，应有 $\Delta t \leqslant \Delta \rho /(\sqrt{2}c) = 2.357 \times 10^{-12}$ s ，这里选取时间步长 1×10^{-11} s 。图 9.2.2 给出了观察点(7.5,16)的计算结果，可以看出数值解很快发散。

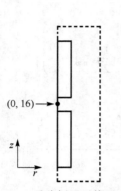

图 9.2.1　对称振子天线示意图

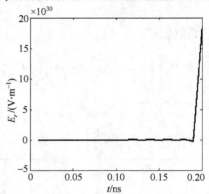

图 9.2.2　FDTD 方法的计算结果

当采用时程精细积分法对对称振子天线进行模拟时，选取时间步长 $\Delta t = 1 \times 10^{-7}$ s 并与时间步长 $\Delta t = 1 \times 10^{-12}$ s 时 FDTD 方法的计算结果进行比较。图 9.2.3 给出了不同时间步长下观察点(7.5,6)、(7.5,16)和(7.5,28)处电场分量 E_ρ 幅值的计算结果。从图 9.2.3 中可以看出，时程精细积分法的计算结果保持稳定，且当时间步长是 FDTD 法的时间步长的 10^5 倍的情况下，时程精细积分法的计算结果与 FDTD 法的结果仍很接近。

表 9.2.1 给出了 PITD 法和 FDTD 法计算效率的比较结果。可以看到，尽管对矩阵的存储和计算需要占用相当的内存和 CPU 时间，但由于时间步长增大导致迭代次数的减少，时程精细积分法的总 CPU 时间仍然比 FDTD 方法要少得多。

表 9.2.1　PITD 方法和 FDTD 法计算效率的比较

方　法	时间步长/s	迭代步数	CPU 时间/s	内存占用/MB
FDTD	1×10^{-12}	5×106	220	0.8
PITD	1×10^{-7}	50	109	29.6

对称振子天线算例表明，时程精细积分法时间步长的选择可以摆脱 CFL 稳定性的限制，从而使递推次数显著减少，计算效率得以提高。

算例 9.2.2　为了分析时间步长对时程精细积分法计算精度的影响，这里计算圆柱谐振腔问题。

圆柱谐振腔的几何尺寸分别为 5cm×20cm。其中，电介质为空气，并假设谐振腔腔壁为良导体。时程精细积分法、FDTD 方法和 ADI-FDTD 方法的空间步长均取为 1cm，根据 CFL 稳定性条件 $\Delta t_{\text{FDTDMAX}} = 2.357 \times 10^{-11}$ s ，FDTD 方法的时间步长取为 $\Delta t_{\text{FDTD}} = 1 \times 10^{-12}$ s ；ADI-FDTD 法的时间步长取为 $\Delta t = 1 \times 10^{-11}$ s ，而时程精细积分法时间步长取为 $\Delta t = 1 \times 10^{-12}$ s 和 $\Delta t = 6 \times 10^{-11}$ s 。激励源为 $E_\rho(0.5,10)$ ，当 $t \leqslant 1.2$ns 时，$E_\rho(0.5,10) = 1$V/m ；其余时刻 $E_\rho(0.5,10) = 0$ 。图 9.2.4 给出了在点(0.5,16)、(0.5,4)和(2.5,10)处电场分量 E_ρ

的幅值。可以看出，时程精细积分法不仅能够保持稳定，且计算结果与 FDTD 方法的结果很接近；而 ADI-FDTD 方法的计算结果与 FDTD 方法的相差较大。

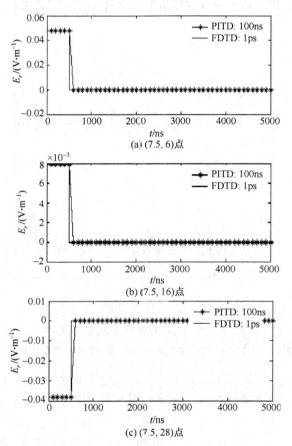

图 9.2.3　时域精细积分法与 FDTD 法计算结果的对比

为了进一步分析时间步长 Δt 对 PITD 法计算精度的影响，分别采用时程精细积分法和 ADI-FDTD 方法计算谐振腔 TM_{113} 模式的谐振频率，其解析解为 4.296GHz。时间步长 Δt 分别选为 4×10^{-11}s、6×10^{-11}s 和 8×10^{-11}s，表 9.2.2 给出了计算结果。可以看出，时程精细积分法的相对误差并没有因时间步长 Δt 的增加而增大，它只与空间离散的数值色散有关；而 ADI-FDTD 法的相对误差则会随着时间步长 Δt 的增加而增大。

表 9.2.2　PITD 法和 ADI-FDTD 法在不同时间步长下对主模频率计算结果的对比

方　　法	$\Delta t = 4 \times 10^{-11}$s		$\Delta t = 6 \times 10^{-11}$s		$\Delta t = 8 \times 10^{-11}$s	
	谐振频率/GHz	相对误差/%	谐振频率/GHz	相对误差/%	谐振频率/GHz	相对误差/%
PITD	4.302	0.140	4.302	0.140	4.302	0.140
ADI-FDTD	4.042	5.912	3.776	12.10	3.490	18.76

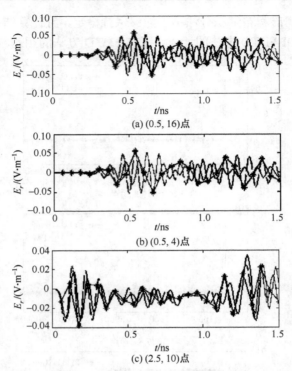

图 9.2.4　PITD、FDTD 计算 E_ρ 的结果对比

（实线：ADI-FDTD；虚线：FDTD；点划线：$\Delta t = 10\text{ps}$ 的 PITD；带*的实线：$\Delta t = 60\text{ps}$ 的 PITD）

图 9.2.5 所示为分别采用 ADI-FDTD 方法和时程精细积分方法计算圆柱谐振腔主模的相对误差曲线。为了清楚起见，这里采用相对时间步长 $\Delta t / \Delta t_{\text{FDTDMAX}}$ 作为横坐标。

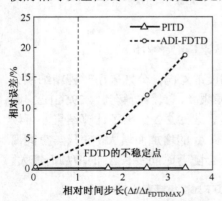

图 9.2.5　ADI-FDTD 和 PITD 相对时间步长的相对误差示意图

可以看到，当 $\Delta t / \Delta t_{\text{FDTDMAX}} \leqslant 1$ 时，ADI-FDTD 方法和 PITD 方法两者的相对误差差异不大；但当 $\Delta t / \Delta t_{\text{FDTDMAX}} > 1$ 时，ADI-FDTD 方法的相对误差随时间步长 Δt 的增加而增大，而时程精细积分法的相对误差则保持不变。

表 9.2.3 给出了分别用 FDTD 方法、ADI-FDTD 方法和时程精细积分法计算得到的五个谐振频率点。FDTD 方法的时间步长为 $1 \times 10^{-12}\text{s}$，ADI-FDTD 方法和时程精细积分法的时间步长均为 $4 \times 10^{-11}\text{s}$。计算结果表明，时程精细积分法的计算结果与 FDTD 方法的相同，而 ADI-FDTD 方法的计算结果则显示出明显的差异。

为了比较 ADI-FDTD 方法和时程精细积分法的计算效率，取 ADI-FDTD 方法的时间步

长为 2×10^{-12} s，时程精细积分法的时间步长为 4×10^{-11} s，计算五个谐振频率，得到表 9.2.4 所示的计算结果，同时给出了 FDTD 法的计算结果。三种方法计算得到各谐振频率的相对误差几乎相同。表 9.2.5 给出了三种方法占用计算资源的对比。可以看到，在相同精度的条件下，时程精细积分法占用的 CPU 时间比 ADI-FDTD 法的要短。

表 9.2.3　FDTD 法、ADI-FDTD 法和 PITD 法计算五个谐振频率的结果

解析解/GHz	FDTD 法		ADI-FDTD 法		PITD 法	
	谐振频率/GHz	相对误差/%	谐振频率/GHz	相对误差/%	谐振频率/GHz	相对误差/%
2.416	2.391	1.035	2.331	3.518	2.391	1.035
3.215	3.182	1.026	3.078	4.261	3.182	1.026
4.296	4.302	0.140	4.042	5.912	4.302	0.140
5.324	5.479	2.911	4.922	7.550	5.479	2.911
6.065	6.198	2.192	5.646	6.908	6.198	2.192

表 9.2.4　FDTD 法、ADI-FDTD 法和 PITD 法计算五个谐振频率的结果

解析解/GHz	FDTD 法		ADI-FDTD 法		PITD 法	
	谐振频率/GHz	相对误差/%	谐振频率 GHz	相对误差/%	谐振频率/GHz	相对误差/%
2.416	2.391	1.035	2.391	1.035	2.391	1.035
3.215	3.182	1.026	3.182	1.026	3.182	1.026
4.296	4.302	0.140	4.302	0.140	4.302	0.140
5.324	5.479	2.911	5.479	2.911	5.479	2.911
6.065	6.198	2.192	6.198	2.192	6.193	2.110

表 9.2.5　FDTD 法 ADI-FDTD 法和 PITD 法占用计算资源的对比

方　法	CPU 时间/s	内存占用/MB	时间步长/s	时间步数
FDTD	35	1	1×10^{-12}	1.92×10^{5}
ADI-FDTD	13	1.8	2×10^{-12}	9.6×10^{4}
PITD	6	4	4×10^{-11}	4800

圆柱谐振腔算例表明，时程精细积分法的计算精度不会由于时间步长的增大而降低，这一特性也是由时程精细积分的运算决定的。总之，由于时程精细积分法在时域上的求解不是采用差分近似，而是利用积分直接得到计算精度范围内的解析解，时间步长的大小对计算精度不会有显著的影响。

参 考 文 献

[1] 葛德彪, 闫玉波. 电磁波时域有限差分法[M]. 西安: 西安电子科技大学出版社, 2002:19—24, 169—173.

[2] Zhao X T, Ma X K, Zhao Y Z. An unconditionally stable precise integration time domain method for the numerical solution of Maxwell's equations in circular cylindrical coordinates[J]. Progress in Electromagnetics Research-Pier, 2007, 69: 201—217.

[3] 赵鑫泰. 瞬态电磁场问题分析中的时域精细积分方法研究[D]. 西安: 西安交通大学博士学位论文, 2007.